基于数字图像的电磁诊断方法
—— 气体放电状态、金属温度、电磁场设计

叶齐政　李兴旺　郭自清　著
王玉伟　袁　哲　程子鹏

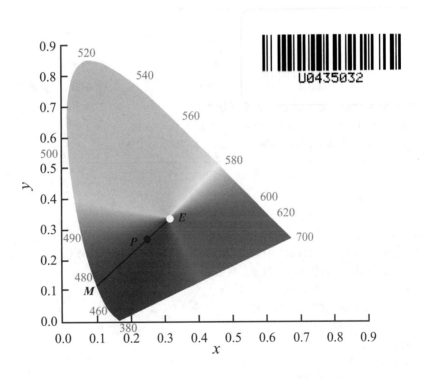

华中科技大学出版社
http://press.hust.edu.cn
中国·武汉

内 容 简 介

本书将数字图像处理技术以及机器学习技术融合到传统的电磁分析中,通过自辐射光图像、日光反射光图像和数据生成的可见光数字图像,研究三种电磁状态的图像分析、识别和理解的方法,形成一种基于三基色灰度概率密度函数(灰度直方图)及其统计指标的场-像分析和理解的方法,并应用于放电状态无接触检测、日光下常温金属表面无接触温度测量和均匀场的优化设计。

全书共分9章。第1章介绍了研究现状;第2章介绍了数字图像处理技术;第3、4、5章介绍了电晕放电、沿面放电、介质阻挡放电的可见光图像及诊断技术;第6章介绍了气体放电发射光谱的色品坐标;第7章介绍了气体放电可见光图像人工智能状态诊断方法;第8章介绍了电气设备可见光图像人工智能温升监控方法;第9章介绍了基于数值计算云图的均匀电磁场人工智能设计方法。

本书对上述领域的发展现状进行了总结,并重点介绍了作者在相关领域的研究成果和一些思考。
本书可以作为电工理论与电磁新技术领域从事气体放电电磁分析、图像处理、机器学习研究与应用的相关专业技术人员的参考书。

图书在版编目(CIP)数据

基于数字图像的电磁诊断方法:气体放电状态、金属温度、电磁场设计 / 叶齐政等著. -- 武汉:华中科技大学出版社,2025.3. -- ISBN 978-7-5772-1678-2
I. O441
中国国家版本馆CIP数据核字第2025FN2524号

基于数字图像的电磁诊断方法
——气体放电状态、金属温度、电磁场设计
Jiyu Shuzi Tuxiang de Dianci Zhenduan Fangfa
——Qiti Fangdian Zhuangtai、Jinshu Wendu、Diancichang Sheji

叶齐政　李兴旺　郭自清　著
王玉伟　袁　哲　程子鹏

策划编辑:范　莹
责任编辑:余　涛
封面设计:秦　茹
责任监印:曾　婷

出版发行:华中科技大学出版社(中国·武汉)　　电话:(027)81321913
　　　　　武汉市东湖新技术开发区华工科技园　　邮编:430223
录　　排:武汉市洪山区佳年华文印部
印　　刷:武汉科源印刷设计有限公司
开　　本:787mm×1092mm　1/16
印　　张:15.75
字　　数:370千字
版　　次:2025年3月第1版第1次印刷
定　　价:78.00元

本书若有印装质量问题,请向出版社营销中心调换
全国免费服务热线:400-6679-118　　竭诚为您服务
版权所有　侵权必究

前言

电磁场分析与计算的对象是电磁场的空间分布,可视化光学图像呈现的是颜色的二维空间分布,两者都涉及空间分布。电磁场在空间的每个点都用电场和磁场的大小和方向描述,可视化光学图像在空间的每个点都用三基色的灰度描述(任意一种色光的视觉效果都可以用三种基色红 R、绿 G、蓝 B 的灰度组合来表示),这里都涉及二维场的描述。电磁场的综合评价有均匀或非均匀、电准静态场或磁准静态场,等等;可视化光学图像整体观感有像或不像、清晰或不清晰、偏蓝或偏红、偏亮或偏暗,等等。

电磁波辐射在可见光波段的成分可以产生可视的光学图像,将电磁分析与数字化图像技术联系起来,并形成场-像分析方法,会带来新的电磁场综合评价方法。图像处理学包含 3 个层次:图像处理、图像分析和图像理解。可视化光学图像的电气应用已有很多,但应用的目的大多是改善图像的视觉效果或突出有用信息,以识别缺陷、磨损或其他异常情况,在数字图像领域属于图像处理(image processing)。图像处理的重点是图像之间进行的调整和变换,以期获得准确的图像。图像分析(image analysis)主要是对图像中感兴趣的目标进行检测和测量,以获得它们的客观信息,从而建立对图像的描述,是一个从图像到数据的过程。图像理解(image understanding)则是在图像分析的基础上,进一步研究图像中各目标的性质和它们之间的相互联系,并得出对图像内容含义的理解以及对原来客观场景的解释,从而指导和规划行动。传统电磁分析与计算的重点在于准确计算电磁场分布和优化设计,与图像处理有些类似,强调的是准确,而电磁状态的诊断方法(综合评价)属于场的图像理解。

最早,图像在气体放电领域的利用比较初级,大家只是用胶片相机拍摄气体放电自辐射光照片,即模拟图像(analog image),定性分析图像的形状和面积,后来因为很快出现了数码相机(数字信号)以及计算机快捷存储技术,人们开始尝试利用数码相机拍摄和定量分析气体放电的数字图像(digital image)。由于曝光时间和光圈的人为选择,指标的客观性是当时需要克服的一个问题,我们一个重要的发现是气体放电产生的数字图像的某些特征指标在一定曝光时间和光圈范围内具有物理特性的表征功能,这些量化的特征指标的基础是灰度概率密度函数(GLPDF)或称为灰度直方图(可认为是一种二维辐射场分布特征的描述),这引导我们探讨三基色灰度概率密度函数(RGB-GLPDF)对放电状态识别的意义,即放电因果关系的建模问题。

在将数字图像技术引入放电研究后,我们对 RGB 色度空间变换有了很大兴趣,发现了放电图像的色品坐标在等能白点和主波长点之间直线"流动"的规律。通俗地说,等能白点完全是白光的点,也可以代替一般图像无法避免的日光;主波长就是放电产物产生的主要的光谱色，而不同放电阶段就是在这两个点之间流动，因此是一个综合评价电磁辐射状态的图像方法。我们在放电发射光谱转换为图像色品坐标后也发现同样的规律，这样就形成一种从宏观图像到反映微观光辐射过程的光谱之间的多尺度研究模型和方法。

工业应用领域温升故障的诊断一般用红外热成像仪，不用可见光相机，原因是热辐射的波段问题，简单地说，肉眼无法分辨日光下一杯装满热水或冰水的茶杯区别，如果可见光图像能识别物体表面温度（高温物体肉眼可以识别状态，常温物体则非常困难）将在应用领域取得极大的经济价值。在这个领域探索中，我们已经观察到常温温升可以造成三基色灰度概率密度函数发生变化，但是其规律难以简单表述，特别是在现场应用中，环境光复杂、设备表面老化等因素使得因果关系不明显，我们开始尝试用机器学习方法来解决这些温升相关关系的建模问题，并实现了利用普通相机就能识别日光下常温物体表面温度的变化，当然这里需要大数据建模。

利用自辐射光图像进行状态诊断时，放电图像状态和电压具有确定的因果关系，可以物理建模，剩下的任务是选择一个综合状态评价量以便于工业应用。利用日光下反射光图像进行温度诊断，金属物体图像状态和温度的因果关系不是很有规律，具有的是相关关系（日光环境下，金属温度变化造成的反射光图像变化是多变量、非线性的复杂关系，有的甚至无法给予确定性量化，只能是统计关系），因此只能依靠大数据建模。在大数据建模中，状态评价量可能是一个多维的量，模型多半也是一个黑匣子。这里令我们感兴趣的是机器模型有非常好的温升识别效果，却不可解释。

我们最新的一个应用探索方向是将机器学习和数字图像技术引入电场和磁场的均匀设计领域。这里的图像实际是人为编制程序、由数据生成的强度云图。结构尺寸（边界条件）和云图具有确定的因果关系，并不需要建立新的模型，只是关心场的均匀性设计，即按照工程目的设计合适的结构尺寸。这方面，虽然已经有一些经典的寻优方法，但是利用场图的三基色灰度概率密度函数和机器学习来解决这个电磁场逆问题成为我们的新进展，也产生了一些我们尚未解决的时变电磁场的色度表征、电准静态场和磁准静态场的区分等问题。传统的分析电磁场整体特征的一个方法是电路分析，利用三种电路元件R、L、C的不同网络组合来等价一个复杂电磁系统的响应特性，而三基色R、G、B的灰度概率密度函数以及相关的统计特征分析是从另一个角度看电磁场综合评价问题。

回顾过往，由于技术的进步，我们开始利用数字化产品代替模拟化产品，进而找到利用三基色灰度概率密度函数作为综合评价电磁辐射场的一个图像指标，进行物理建模；由于因果关系在工业应用现场和实验室的不同，更多呈现相关关系，我们开始应用机器学习的方法，进而利用三基色灰度概率密度函数作为特征指标，进行数据建模；最后由于科学探索的兴趣，我们利用三基色灰度概率密度函数这个指标来探索电磁场逆问题分析的机器学习新方法。一路走来，在场-像理解的相关关系（统计学）中寻找因果关系（物理机制）以及取得应用一直是我们关心的问题。

写作本书的目的一是对过去工作的一个总结，建立了场-像分析方法，二是和同行交流一些由此带来的新的方法和技术。数字图像技术日新月异，机器学习等人工智能方法发展之快更是一日千里。技术可以更新，算法可能淘汰，方法却永葆活力。

本书的撰写工作是由我和指导的研究生共同完成的，撰写的主要内容是近年的一些博士研究生论文的部分章节。叶齐政撰写第1、2章，郭自清撰写第3章，王玉伟撰写第4章，李兴旺撰写第5章，郭自清和王玉伟撰写第6章，袁哲撰写第7章，袁哲和聂晓菲撰写第8章，程子鹏撰写第9章；全书由叶齐政统稿。本书还凝聚了课题组其他一些研究生的工作，他们包括吴云飞（博士）、蔡焕青、邱正茂、陈田（博士）、杨苏黎、于大海（博士）、罗晶、孙祎、杨铭、吴骜、胡昱、孔德山、李飞行、董轩、胡佳慧、王明、何旸、李文矛等；还有一些研究生虽然没有做和图像技术直接相关的工作，但是也做了与气体放电和电磁计算相关的工作，这些工作帮助我们探索一些思路的可行性和对物理现象的理解。在此向他们表示诚挚的感谢。

本书得到国家自然科学基金委多个面上项目（项目号 51577081、52077090）的支持，也得到南方电网科研项目（项目号 GDKJXM20184425（030700KK52180140）、GDKJXM20231287（030000KC23110062））的支持，在此也表示感谢。

由于著者水平有限，加之时间仓促，特别是很多跨学科的新技术手段和方法层出不穷，本书缺点、错误和不当之处在所难免，敬请读者批评指正。

叶齐政

2024 年 10 月 28 日于武汉喻家山

目 录

1 绪论 …………………………………………………………………… (1)
   1.1 数字图像 ………………………………………………………… (1)
   1.2 基于可见光图像的气体放电、温度、电磁场设计研究现状 ………… (2)
   1.3 机器学习和图像处理在气体放电、温度和电磁场设计方面的应用 …… (7)
   1.4 本章参考文献 …………………………………………………… (9)

2 可见光数字图像处理、分析与理解 …………………………………… (17)
   2.1 数字图像的量化 ………………………………………………… (17)
   2.2 数字图像灰度指标 ……………………………………………… (20)
   2.3 数字图像色度指标 ……………………………………………… (22)
   2.4 数字图像模式识别 ……………………………………………… (29)
   2.5 本章参考文献 …………………………………………………… (32)

3 电晕放电可见光图像及状态诊断 …………………………………… (33)
   3.1 装置与方法 ……………………………………………………… (33)
   3.2 交流电晕图像灰度信息 ………………………………………… (37)
   3.3 交流电晕图像色度信息 ………………………………………… (47)
   3.4 负直流电晕图像色度信息 ……………………………………… (55)
   3.5 小结 ……………………………………………………………… (64)
   3.6 本章参考文献 …………………………………………………… (66)

4 沿面放电可见光图像及状态诊断 …………………………………… (67)
   4.1 装置与沿面放电图像 …………………………………………… (67)
   4.2 交流沿面放电色度信息 ………………………………………… (68)

- 4.3 染污沿面放电色度信息 (79)
- 4.4 染污程度的色度识别方法 (87)
- 4.5 小结 (91)
- 4.6 本章参考文献 (92)

5 介质阻挡放电可见光图像及均匀性评价 (93)
- 5.1 介质阻挡放电简介 (93)
- 5.2 平板电极 DBD 模式识别 (94)
- 5.3 丝网电极 DBD 均匀性评价 (102)
- 5.4 旋转电极 DBD 均匀性评价 (105)
- 5.5 本章参考文献 (109)

6 气体放电发射光谱的色品坐标 (110)
- 6.1 放电发射光谱 (110)
- 6.2 电晕发射光谱的色品坐标 (112)
- 6.3 沿面放电发射光谱的色品坐标 (118)
- 6.4 介质阻挡放电发射光谱的色品坐标 (119)
- 6.5 小结 (121)
- 6.6 本章参考文献 (121)

7 气体放电可见光图像人工智能状态诊断方法 (122)
- 7.1 沿面放电可见光图像的机器学习综合诊断方法 (122)
- 7.2 电晕放电可见光图像的机器学习综合诊断方法 (140)
- 7.3 小结 (147)
- 7.4 本章参考文献 (147)

8 电气设备可见光图像人工智能温升监控方法 (149)
- 8.1 实验装置与机理验证 (149)
- 8.2 基于图像色度特征的金属表面机器学习测温方法 (156)
- 8.3 基于图像差分色度特征的金属表面温差监测方法 (171)
- 8.4 日光环境下金属器件测温应用 (177)
- 8.5 日光环境下现场金属器件应用 (184)
- 8.6 本章参考文献 (202)

9 基于数值计算云图的均匀电磁场人工智能设计方法 ································ (204)
    9.1 均匀电磁场设计现状 ··· (204)
    9.2 机器学习建模方法 ··· (205)
    9.3 两个平行圆盘电极间均匀电场优化 ·· (208)
    9.4 两个平行线圈间均匀磁场优化实例 ·· (214)
    9.5 本章参考文献 ··· (219)

附录 A 彩图 ··· (223)

附录 B 课题组在该领域发表的论文和授权的专利 ·· (239)

1

绪　　论

1.1　数字图像

图像(image)是人类视觉的基础,是物质的客观反映,也是一种形象的思维模式。

人类文明萌芽之初,还未出现文字,人们用图画来表达自己的生活和情感,其后出现的文字也是象形文字;今天,人们也是通过"看图识字"来学习文字,现在"读图时代"成为一种风尚,说明图像依然是一种方便有用的工具。

"图"是物体反射或透射光的分布,"像"是人的视觉系统所接受的图在人脑中所形成的印象或认识。广义上,图像就是所有具有视觉效果的画面,它包括纸介质上的,底片或照片上的,电视、投影仪或计算机屏幕上的。根据图像记录方式的不同,图像可分为两大类:模拟图像和数字图像。模拟图像可以通过某种物理量(如光、电等)的强弱变化来记录图像的亮度信息,如模拟电视图像;而数字图像则是用计算机存储的数据来记录图像上各点的亮度信息。随着数字采集技术和信号处理理论的发展,越来越多的图像以数字形式存储,因而,有些情况下"图像"一词实际上是指数字图像。

数字图像来源于物体的光辐射、反射或透射,以及计算生成的结果,如图 1.1.1 所示。在电气工程领域,物质的辐射图像可用于检测物体的表面温度分布,如红外测温;用于识别物质的状态,如放电模式识别。反射光使得日光下设备外观得以呈现,可用于形状识别、故障监控;计算生成的图像是研究如何利用计算机技术由非图像形式的数据

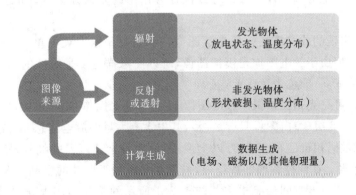

图 1.1.1　数字图像的来源及本书中的应用

生成图像,以提高数据分析和传递的效率、获得数据背后的深入认识、完成优化设计等任务,如数值模拟的电场强度分布云图,归属于计算机图形学。由于这三类图像采用的是同样的技术,本书讨论中都将其归为一类。

目前,数字图像技术已经发展到彩色数字图像、三维图像、全息图像等,如图 1.1.2 所示;这些技术进步使得数字图像技术在电气工程领域的应用有了快速的发展,特别是彩色数字图像。

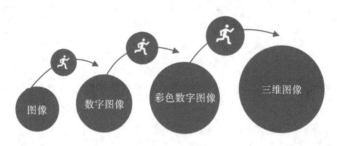

图 1.1.2　技术进步带来的新手段

本书讨论的数字图像将限制在可见光波段的彩色数字图像和数值模拟计算生成的数字图像。

1.2　基于可见光图像的气体放电、温度、电磁场设计研究现状

1.2.1　气体放电状态识别

1. 简介

气体放电的研究是一个古老的也在不断取得发展的研究领域,气体放电实验能够定量测量和分析放电状态的宏观物理量,目前主要集中在电信号[1,2]、光强信号[3]、光谱信号、电磁波、超声波、气体成分[4]等方面。例如,传统的局部放电检测方法是基于《高电压试验技术　局部放电测量》(GB/T 7354—2018)/标准的脉冲电流方法(IEC 60270:2000)[5,6]和特高频检测方法[7-9]、放电基础研究中为抗电磁干扰采用的光强检测方法、放电等离子体污染治理或医疗应用中的光谱方法等。光学图像方面的研究相对较少。

其实最早出现的放电描述就是光学图像,例如,电晕这个英文单词 corona 就是从放电图像而来,但由于放电图像是模拟图像,所以图像描述多是定性的,如丝状、晕状、球形,发光的强或弱,颜色为黄或紫,等等[10-13]。

另一方面,可见光相机拍摄的放电图像(也称可见光图像)是彩色的,即使变化后的灰度图像也有 256 级(黑白图像只有 2 级),其中含有大量的放电信息。目前,售价一两万元的可见光数码相机已有 3000 万以上像素,而售价十几万元的红外、紫外相机只有 30 万左右的像素。在同样幅面的视场内,可见光相机拍摄照片的空间分辨率显然要高很多,因此含有的放电空间信息更多。图 1.2.1 所示的是我们用 Flir 红外热成像仪、UV See TC80 紫外成像仪、ICCD Andor New istar 高速相机、D800 数码相机(曝光时

间 2 s)拍摄的交流电晕放电照片(长刷状阶段),可以看到 8 mm 间隙内可见光相机拍摄的图像空间信息丰富,红外相机基本没有成像(如果进行更细致的分析可能含有有效信息,但至少空间分辨率很低),紫外相机拍摄的照片的信息依赖于量子点数的累加,在图像形态上只有黑白两个区域。放电的光谱虽然大多处于紫外波段,应该说放电的有效信息在紫外波段居多,但紫外成像仪的空间信息含量较低,如何挖掘更多的空间结构信息需要可见光相机的辅助,其实目前将紫外图像和同机拍摄的可见光图像融合算法的研究也是为了解决紫外相机低像素的问题,只是提炼的放电信息基本限制在放电形状这个量上。总之,高像素的可见光数码相机在拍摄同样幅面的物体时,可提供更多的空间信息用于放电的形态学研究,可以补充紫外成像仪的不足。

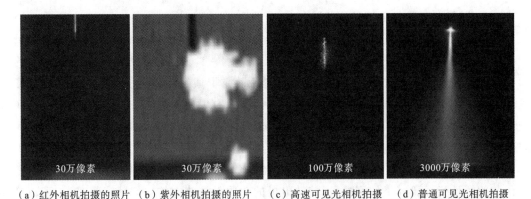

(a)红外相机拍摄的照片　(b)紫外相机拍摄的照片　(c)高速可见光相机拍摄的照片(曝光时间200 ns)　(d)普通可见光相机拍摄的照片(曝光时间2 s)

图 1.2.1　不同相机拍摄的棒板(间隙 8 mm)电晕放电照片

可见光图像另外一个突出的优点是含有色度信息。已有的利用可见光图像色度信息的工作主要在热等离子体的控制中,近年来发展到电弧射流等离子体。但在气体放电领域,相当一部分放电现象属于非热平衡等离子体,也就是说,仅用"一个"温度来描述是不可能的。例如,我们虽然可以利用发射光谱测量低温等离子体转动温度、分子振动温度及电子激发温度的空间分布,但做不到对宏观温度进行描述,且用于测量温度的设备价格昂贵。而可见光图像的色度信息有可能提供一个与宏观"温度"等效的量,这个量既是图像的低层特征信息,也由于其可以被快捷地提取与分析,用于等离子体材料处理过程的控制量;但是,其是否具有"等效温度"的含义还需要深入研究。色度信息的深入挖掘可能为放电基础研究提供一个新的视角,特别是为低温等离子体的诊断提供一个新的可检测状态量。

从微观上看,气体放电本质上是一个随机过程,由于这种内在的随机特性及放电模型和电源制作的问题,放电实际上很难在一个较长的时间范围内保持稳定的状况,低温等离子体"稳定性"的含义也是一个需要给出清楚回答的问题,目前的研究只在特定的放电源中才简单涉及。在长时间尺度上的状态检测必须用到统计分析,这是由放电具有随机性决定的。基于谱线的研究可以跟踪某几个物质成分的变化,但要整体评价状态,还需要进一步分析。常用的电信号和特高频电磁波的时间序列分析、相位序列分析就用到一些统计工具。例如,在线监测系统中得到广泛应用的局部放电相位解析(phase resolved partial discharge,PRPD)分析方法,该方法以局部放电发生的工频相

位 Φ、视在放电量 q 和放电次数 n 三个参数作为局部放电模式识别的基本参数,将所有放电脉冲叠加在一定数量的相位窗中,可得到局部放电的各种 PRPD 谱图,然后再提取统计特征,并用各种神经网络、专家系统、支持向量机以及图像处理分析方法(注意这里是电信号谱图的灰度图像)完成放电模式识别工作(某种意义上也是一种稳定性描述)。可见光放电图像是曝光时间内累积的光信号结果,在长时间尺度上含有大量的放电时间序列信息。目前采用的图像低层特征提取方法实际上和电信号 PRPD 方法的指标提取有异曲同工之妙,但由于图像的形态学和色度学的低层特征描述并不能直接反映放电状态,因此高层语义表征就显得特别重要,这就需要借鉴 PRPD 方法中模式识别的工作,并结合一些关联物理量进行研究。

2. 基于灰度的综合评价指标

随着摄影技术的发展,模拟图像可以转变为数字图像,图像研究工作开始有了定量分析的角度,如将数字图像处理技术用于击穿路径[14],它们利用数字图像研究通道的亮度信息与电流的相关性,同时研究了分支通道与母通道亮度的关联性[15],以及分形理论的应用[16-18]。图像灰度的利用,早期是因为只有黑白相机,后来是将彩色图像转换成灰度指标。

在介质阻挡放电方面,2008 年董丽芳的研究在形态学方面[19],后来逐渐出现利用可见光图像提取的灰度信息进行各种统计指标的定量研究,我们曾利用灰度概率密度函数的统计指标研究了丝网电极、旋转电极的介质阻挡放电的均匀性问题[20-24],张颖等利用图像边缘处理技术提取放电面积[25],近年熊紫兰等利用图像灰度概率密度函数信息研究放电模式转变——臭氧模式转变为 NO_x 模式[26]。

在电晕方面,我们在 2014 年的定量研究是利用灰度图像的统计指标"变异系数"的空间分布研究电晕的长度[27],后来也通过统计分析发现了短间隙尖板电晕先导现象,这也是图像应用的一个重要成果[28]。2017 年有研究者利用彩色图像的亮度分量,相当于还是用灰度指标研究电晕功率,而功率本身也是一个放电的综合评价指标,因此这也是证明综合指标之间存在关联的一个重要成果[29]。也可利用亮度分量研究电晕形态[30],以及利用高动态范围相机克服传统图像施加的限制,如像素范围限制、过饱和和欠饱和等[31]。

3. 基于色度的综合评价指标

由于彩色数码相机的出现和普及,一些关于可见光图像颜色的研究开始出现,主要从以下几个方面展开。

1) 介质阻挡放电方面

较早出现的研究是形态研究,2002 年葛袁静等利用软件将数码相机拍摄的每一张彩色照片分为三张,分别对应于 400~500 nm(蓝色照片)、500~600 nm(绿色照片)和 600~700 nm(红色照片)的波长。这意味着每张单色照片对应于宽度为 100 nm 的范围。用这个方法成功地测量了大气压下感应介质阻挡放电(induced dielectric barrier discharge,IDBD)等离子体的空间起伏行为[32]。近年来,我们也利用 HIS 色度系统研究不同介质阻挡放电的模式,发现色相和饱和度指标可以不受曝光时间影响,能够反映大气压空气、低气压空气、大气压氩气和氮气放电模式的区别[33]。

2)电晕方面

1995年,Hikita等学者在放电图像研究中提出了RGB比色法,将图像的G分量用于空气和氮气中的放电分类[34]。2009年,有研究者尝试建立可见光图像红、蓝色度空间分布信息与局部真空击穿过程的电极附近电子能量高低之间的关联[35],这为放电图像的色度信息研究奠定了重要基础。

2019年,我们提出利用RGB色度空间中蓝红分量之比和HIS(色相、饱和度、强度)色度空间放电特征色相(240°~300°)来反映交流电晕区域的空间结构和色度变化。我们的实验结果证明了交流电晕形成的过程可分为发展阶段、抑制阶段、稳定阶段和预击穿阶段[36],在负直流电晕的特里切尔脉冲的HIS色度空间研究中进一步发现,色相H与电流脉冲幅度虽然各自随电压非单调变化,但二者之间有很强的正相关关系;亮度值I和电流脉冲重复频率随电压单调增加,二者之间也有很强的正相关关系,说明利用可见光图像的色度关系可以很好地描述放电状态[37]。2020年,有研究者提出利用低成本的CMOS彩色相机对航空压力条件下的电晕放电进行探测和识别[38]。

3)沿面放电研究方面

2013年,Fracz提出利用套管和绝缘子表面放电图像RGB分量强度与外加电压的关系,根据红色、绿色和蓝色的变化来分析放电形态[39]。我们在研究中发现随着沿面放电的发展,色品空间的色度坐标沿着等能白点和主光谱颜色点之间的直线滑动。色度坐标越接近主光谱颜色,沿面放电的发展越接近击穿。颜色坐标不受相机曝光时间和材料颜色的影响。该方法可应用于在黑暗环境中工作的设备,如气体绝缘开关设备(GIS),设备在日光下的放电状态检测需要进一步研究[40]。

4)等离子体电弧研究方面

2010年,Kim等学者使用以氮原子线为中心的窄带通滤波器CCD摄像机,检测整个电弧中的氮浓度,从而显示周围气体渗透到纯氧等离子体中的情况[41]。

4. 光谱的颜色

2000年,Russell介绍了利用色度来监控等离子体状态的方法。直接将等离子体辐射通过三种波段(RGB)的光电管探测(不是图像),与色匹配函数乘积积分转化为CIE XYZ系统中x、y坐标,再转化为HSL(hue,saturation,lightness)三刺激值,直接监测等离子体状态的稳定性,并认为色相对应主波长、亮度对应总功率、饱和度对应输入光谱分布的宽度。与其他技术(如高温计)相比,色度传感系统对干扰不太敏感,而且可以快速简单地监控工业生产中等离子体的状态[42,43]。2006年,Djakov等学者使用同样的光谱HSL色度参数监控喷涂等离子体的状态[44]。2016年,Serrano等人使用等离子体光谱的颜色信息监测弧焊,分析了传统光谱参数和色度参数对不同焊接扰动的响应,结果表明光谱的色度指标优于基于光谱估算得到的电子温度[45]。这些方法虽然没有用到图像,但涉及可见光颜色利用的方法。

2020年,我们提出了基于图像和光谱颜色的电晕诊断方法。光谱转化为色品坐标,图像也可以转化为色品坐标,发现电晕光谱的色品坐标与图像的色品坐标关联性良好,实现了图像色品坐标对放电等离子体物理参数的估算[46]。在对电晕、表面放电、介质阻挡放电的光谱的色品坐标研究中,发现随着电压的增加,色品坐标在等能白点和与主波长对应的特定颜色之间呈线性变化,这表明颜色的主波长在放电过程中保持不变[47]。2022年,柴树等学者使用可见光图像校正了等离子体光谱,这可以显著减少原始光谱强度的波动[48]。

1.2.2 温度检测

温度测量在工业生产、科学实验和检测设备故障等方面都具有非常重要的作用。在电力系统内,电气设备上的一些小故障可能会威胁系统的稳定运行,发展到严重阶段甚至导致系统瘫痪,而这些小故障的发生一般都伴随着温度变化,因此温度检测能及时发现异常、排除隐患,保证供电稳定可靠。温度测量方法分为接触测量和无接触测量两种方法。无接触温度测量方法一般依据的机制有热辐射测温和反射光测温两种。

热辐射测温依据普朗克黑体辐射定理(Planck's blackbody radiation law),它描述了在任意温度下,从一个黑体中发射出的电磁辐射率与频率之间的关系。黑体是在任何条件下,对任何波长的外来辐射完全吸收而无任何反射的物体。按照该定理,辐射能量在红外波段较强,因此红外测温技术应用最为广泛[49-54]。由于电力设备表面不是黑体,并且包含了一些入射光的反射,因此黑体辐射定理必须通过一个称为发射率的物质相关因子进行缩放。发射率又取决于物体的表面性质、几何结构、波长和温度,必须知道每个物体表面的发射率才能获得准确的热分布,因此在现场测试时,如何调整该参数是一项重要工作。红外测温技术的另一个问题是空间分辨率比较低,测量得到的热图像不是很清晰。可见光相机虽然像素很高,但是常温物体在可见光波段的热辐射远弱于红外波段,如图 1.2.2 所示,温度超过 1000 K,可见光波段的辐射能量密度才可能达到红外波段 300 K 左右的热辐射,300 K 相当于 27 ℃的常温。电力设备故障的温升一般在常温范围,因此电力设备故障温升检测多采用红外测温技术。考虑到红外图像的像素远比可见光图像要低,造成空间定位不准,目前只能借助于可见光图像和红外图像的后期融合完成定位和测试[55,56]。

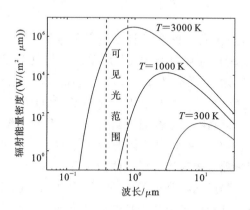

图 1.2.2 普朗克黑体辐射

反射光测温。物质的光反射率 R 与温度有关,反射光测温是利用日光下设备表面的可见光反射信号含有的反射物温度信息来反映设备温度,光反射率的相对变化与温度变化之间的关系可以近似为

$$\frac{\Delta R}{R} = \left(\frac{1}{R}\frac{\partial R}{\partial T}\right)\Delta T = \kappa(\lambda)\Delta T \tag{1.1}$$

式中：λ 是入射光波长；κ 是材料热反射校准系数，取决于样品材料、入射光的波长、入射角，以及表面粗糙度和样品的成分[57,58]。目前主要采用显微测量，过去将其称为热反射显微（thermo-reflectance microscopy）测温技术。因为并非入射光热量的反射，而是物体温度变化调制了反射光，所以反射光测温是一种热调制反射光测温方法。该技术最早来源于利用热反射光谱研究半导体的能带结构和介电响应函数[59]。作为一种热成像技术，它有基于点的激光扫描方法和多点检测方法[60-62]，目前主要应用于半导体材料、磁性薄膜组成的微电子领域的测温[63,64]。但是热调制反射光显微测温技术需要特定光源照射（单一波长），使得这种技术在日光照射下的应用受到限制。另外，金属材料光反射测温研究较少，但金属表面反射率受温度影响是确定的[65]。热调制反射光显微测温技术最大的优点是可以利用可见光进行测量。对于大多数金属和半导体，反射系数的取值范围为 $10^{-5} \sim 10^{-2}$ K^{-1}，因此在实际应用中，需要运用高灵敏度的测量技术来获得被测器件的温度。

1.2.3 电磁场优化设计

电磁场问题是在已知电磁装置的几何尺寸和激励源的情况下求解场值和特性，由于边界条件是关键的定解条件，因此电磁场的计算又称为边值问题。电磁场逆问题是根据工程应用要求的场值或分布特性求解电磁装置的几何尺寸和激励源。对电磁场逆问题的求解一般都是将其分解为一系列正问题，然后借助优化算法进行求解。

电磁场优化设计通常是指在给定的约束条件下，通过调整电磁系统的设计参数（如边界条件、材料参数等），以实现某种预期的性能指标，如电磁场均匀化、增强电磁辐射效率或减少电磁干扰等。优化设计是一个正问题，它从已知参数触发，通过迭代计算寻找最优解。但是在某种程度上也可以看作是一种逆问题，即从希望的性能指标"逆推"出设计参数。

工程电磁场优化问题一般归结为有约束的多（冲突）目标函数的数学规划问题。对于这类优化问题，由于存在不同目标的无法比较和相互冲突现象，不可能存在让所有目标都取其极值点的最优解。因此，对于多目标函数的数学规划问题，通常存在一系列无法进行简单比较的可行解，即以不同权因子考虑各目标函数的最优折中解。目前，梯度法是求解电磁场逆问题使用较多的优化方法，但梯度法在求解多极值的全局最优点时，具有很大局限性。为了能准确找到全局最优点或其邻域内的某点，研究者研究出一些新的有效方法，如模拟退火法和进化法。这两种方法的共同特点是它们既有随机性，又有规律性。随机性表现在每次迭代的设计点由上次迭代的设计点加随机步长构成；规律性表现在好、坏点的取舍是根据一定的概率分布来确定的，并不是好点就一定能取上。

基于可见光图像或者云图的电磁场优化设计的研究相对较少。

1.3 机器学习和图像处理在气体放电、温度和电磁场设计方面的应用

1.3.1 气体放电状态识别

将机器学习方法用于气体放电状态的研究有很多，如放电电流波形、特高频信号的

识别、PRPD 谱图的分析等,但是利用可见光辐射产生的图像进行机器学习的模型训练还是较少。较早时,磁约束条件核聚变的视频监控图像用于模式识别,但只是根据视频的内容来搜索视频的存储库[66]。

对于电晕,我们在 2020 年使用机器学习方法研究了电晕放电状态[67]。首先,建立了不同电压和不同曝光时间下的图片库,然后使用 RGB 灰度概率密度函数(直方图)、灰度概率密度函数(直方图)、方向梯度直方图作为特征量训练模型,使用了四种不同的机器学习算法:支持向量机(SVM)、k-最近邻回归(KNN)、单层感知器(SLP)和决策树(DT)算法。预测结果表明,当使用颜色作为特征时,KNN 的误差在四种算法中最小。

沿面放电方面:2020 年,Ferrah 根据放电图像的颜色识别和分类在污染绝缘表面上传播的放电模式,开发了用于放电识别的彩色图像模型和用于放电分类的 BP 神经网络。首先,从闪络视频中提取了不同放电阶段的图像。提取的图像包含六种颜色:蓝色、紫色、红色、橙色、黄色和白色,然后使用 RGB(红、绿和蓝)编码系统对图像进行编码。再计算每种颜色的像素数,计算特征向量元素,其中每个元素对应于图像中一种颜色的像素数与总像素数的比率。特征向量由六个指标(每种颜色一个指标)组成,用作人工神经网络的输入[68]。2021 年,我们使用监督学习算法,包括经典算法和深度学习,来训练识别沿面放电状态的模型。结果表明,基于颜色特征的模型具有较高的识别精度;人工神经网络的精度达到 0.982,明显高于经典学习算法的精度 0.886[69]。

2021 年,杨勇等学者直接利用电弧放电、电晕放电、爬行放电和等离子体射流的出版物中的图片,并通过随机处理扩充了图像库,利用基于深度学习的卷积神经网络(CNN)进行了放电类型识别,获得良好效果[70]。2022 年,熊紫兰等学者利用 CNN 对表面微放电的工作模式进行识别,提出了一种基于 CNN 的工作模式在线识别方法,避免了复杂的特征提取和选择过程[71]。近年,在各种等离子体的工业应用中也有一些状态控制研究[72]。杨勇等学者还利用放电图像和机器学习(ML)方法对等离子体分子温度进行连续预测和诊断[73],Biró 使用纹影成像装置来测量原子蒸气中等离子体通道的几何尺寸,利用机器学习技术从图像中提取定量信息,表明神经网络提供的参数估计对于测量过程中可能发生的实验参数的轻微变化具有弹性[74]。

总之,可见光图像中包含的放电信息丰富和完整,尤其是色度信息,值得深入挖掘。同时,高分辨率的可见光图像更有利于保存放电的位置和形状信息,有助于实现状态识别和故障定位的同步。机器学习的应用可以有效地容忍不同外部条件造成的影响,并准确识别图像的相应放电状态,大大减少了人工工作,确保了状态识别的高效性和准确性,节省了成本。

1.3.2 温度检测

目前,利用数字图像处理方法和机器学习方法进行电力设备形状识别已经有一些研究[75],但用于温度测量和状态识别一般都还是在红外领域,且是利用热辐射[76,77]。

在日光环境下,利用反射光的可见光图像直接测试温度,特别是低温时有很多困难。与单色激光正入射不同,日光环境下的温度测量存在诸多难点:一方面,日光强度多变、波段宽,并非单一频率光源;另一方面,日光对金属材料的表面是多角度入射,如图 1.3.1 所示,这使得可见光图像特征与目标状态量之间的关系具有非线性、非单调性以及多变量的特点，因此，图像RGB灰度值和材料表面温度之间存在复杂的关系，传统的建模方法难以对此建立有效的映射模型。但是，机器学习的方法善于寻找高维数据间的规律，并且不需要预设变量间的函数形式，弥补了传统方法的缺点。我们前期曾利用机器学习方法和图像处理技术建立了高维图像特征和材料表面温度之间的模型，适合用于解决日光环境下的图像测温问题，取得了较好的效果[78-80]。

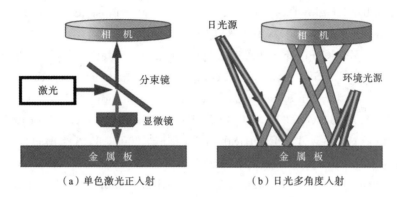

(a) 单色激光正入射　　　　(b) 日光多角度入射

图 1.3.1　金属板表面温度测量方式对比

1.3.3　电磁场优化设计

在电磁领域使用机器学习方法有许多优势[81]，相比于传统的基于已知规律的数学模型，机器学习更注重数据驱动和模型自适应，算法中已经包含了一些数学原理和公式。使用机器学习方法进行优化设计的例子，包括基于神经网络的高压电器绝缘设计[82]、采用人工神经网络对电极形状进行优化[83]、利用机器学习求解电磁逆散射问题[84]。它们克服了传统方法可能会遇到的一些困难，比如求解过程中固有的强非线性、病态问题及大量迭代和高计算成本。也有使用机器学习方法结合其他方法实现优化设计的例子，包括采用支持向量机结合间接边界元法优化高压系统支撑绝缘子的沿面电场[85]、使用Big M算法结合边界元法优化电极上的电场强度分布[86]，使用深度神经网络结合有限元分析去优化压力机腔体中的磁通密度分布[87]、机器学习结合有限元软件优化设计真空灭弧室等高压设备内部形状[88]、哈希集成自适应遗传算法和电荷模拟法结合设计支撑绝缘子的外形[89]。这些优化方法都能有效获得想要的场分布，拥有更好的准确性，还能降低时间成本。

总体来说，这些研究证明了机器学习在优化设计方面的潜力，并强调了电磁和机器学习领域之间跨学科合作的重要性，但是使用图像或云图结合机器学习的研究很少，我们也只是做初步探索[90,91]。

1.4　本章参考文献

[1] PAOLETTI G J, GOLUBEV A. Partial discharge theory and technologies related to medium-voltage electrical equipment[J]. IEEE Transactions on industry applications, 2001, 37(1): 90-103.

[2] MASAYUKI H, SHIGEMITSU O, HIROSHI M, et al. Cross-equipment evaluation of partial discharge measurement and diagnosis techniques in electric power apparatus for transmission and distribution[J]. IEEE Transactions on dielectrics and electrical insulation, 2008, 15(2): 505-518.

[3] LUO Haiyun, LIANG Zhuo, LV Bo, WANG Xinxin, et al. Radial evolution of dielectric barrier glowlike discharge in helium at atmospheric pressure[J]. Applied physics letters, 2007, 91(23): 231504.

[4] TANG Ju, ZENG Fuping, PAN Jianyu, et al. Correlation analysis between formation process of SF6 decomposed components and partial discharge qualities[J]. IEEE Transactions on dielectrics and electrical insulation, 2013, 20(3): 864-875.

[5] DANIKAS M G, GAO N, ARO M. Partial discharge recognition using neural networks: A review[J]. Electrical engineering, 2003, 85(2): 87-93.

[6] LI Jian, LIAO Ruijin, GRZYBOWSKI S, et al. Oil-paper aging evaluation by Fuzzy clustering and factor analysis to statistical parameters of partial discharges[J]. IEEE Transactions on dielectrics and electrical insulation, 2010, 17(3): 756-763.

[7] TANG Zhiguo, LI Chengrong, CHENG Xu, et al. Partial discharge location in power transformers using wideband RF detection[J]. IEEE Transactions on dielectrics and electrical insulation, 2006, 13(6): 1193-1199.

[8] LUO Yongfen, JI Shengchang, LI Yanming. Phased-ultrasonic receiving-planar array transducer for partial discharge location in transformer[J]. IEEE Transactions on ultrasonics, ferroelectrics, and frequency control, 2006, 53(3): 614-622.

[9] HOU Huijuan, SHENG Gehao, JIANG Xiuchen. Robust time delay estimation method for Locating UHF signals of partial discharge in substation[J]. IEEE Transactions on power delivery, 2013, 28(3): 1960-1968.

[10] MARKUS D T, LEE T S. A method of direct corona imaging on a dielectric transparency[J]. IEEE Transactions on industry applications. 1996, 32(4): 832-836.

[11] YASUSHI A, TOMIO F, MITSUYASU Y. Image evaluation of atmospheric corona discharge applied for road tunnel high-velocity electrostatic precipitator[J]. IEEE Transactions on plasma science, 2005, 33(2): 312-313.

[12] CECCATO P H, GUAITELLA O, LE GLOAHEC M R, et al. Time-resolved nanosecond imaging of the propagation of a corona-like plasma discharge in water at positive applied voltage polarity[J]. Journal of physics D: applied physics, 2010, 43(17): 175202.

[13] ABOLMASOV S N, KUNIHIDE T, TATSURU S. Mechanisms of pattern formation in dielectric barrier discharges[J]. IEEE Transactions on plasma science, 2011, 39(11): 2090-2091.

[14] WATSON D B, KHO S K, SAMUELS K A, et al. Impulse flashover trajectory in air in nonuniform fields[J]. IEEE Transactions on dielectrics and electrical insulation, 1993, 28(2): 200-208.

[15] AMARASINGHE D, SONNADARA U, BERG M, et al. Correlation between Brightness and Channel Currents of Electrical Discharges[J]. IEEE Transactions on dielectrics and electrical insulation, 2007. 14(5): 1154-1160.

[16] NIEMEYER L, PIETRONERO L, WIESMANN H J. Fractal dimension of dielectric breakdown[J]. Physics review letters, 1984, 52(12): 1033-1036.

[17] EHARA Y, NAOE M, URANO K, et al. Fractal Analysis of the treeing process from luminous discharge image and measurement of discharge magnitude [J]. IEEE Transactions on dielectrics and electrical insulation, 1998, 5(5): 728-733.

[18] KEBBABI L, BEROUAL A. Fractal analysis of creeping discharge patterns propagating at solid/liquid interfaces: influence of the nature and geometry of solid insulators [J]. Journal of physics D: applied physics, 2006, 39(1): 177-183.

[19] DONG L F, FAN W L, HE Y F, et al. Self-organized gas-discharge patterns in a dielectric-barrier discharge system[J]. IEEE Transactions on plasma science, 2008, 36(4): 1356-1357.

[20] YE Qizheng, WU Yunfei, LI Xingwang, et al. Uniformity of dielectric barrier discharges using mesh electrodes[J]. Plasma sources science and technology, 2012, 21(6): 065008.

[21] WU Yunfei, YE Qizheng, LI Xingwang, et al. Classification of dielectric barrier discharges using digital image processing technology[J]. IEEE Transactions on plasma science, 2012, 40(5): 1371-1379.

[22] YU Dahai, YE Qizheng, YANG Fuli, et al. Influence of a rotating electrode on the uniformity of an atmospheric pressure air filamentary barrier discharge[J]. Plasma processes and polymers, 2013, 10(10): 880-887.

[23] YE Qizheng, YU Dahai, YANG Fuli, et al. Application of the gray-level standard deviation in the analysis of the uniformity of DBD caused by the rotary electrode[J]. IEEE Transactions on plasma science, 2013, 41(3): 540-544.

[24] WU Yunfei, YE Qizheng, LI Xingwang, et al. Applications of autocorrelation function method for spatial characteristics analysis of dielectric barrier discharge [J]. Vacuum, 2013, 91: 28-34.

[25] ZHANG Ying, QIN Taotao, LI Jie, et al. Morphological Image Analysis of Surface Dielectric Barrier Discharge at Atmospheric Air[J]. IEEE Transactions on plasma science, 2017, 45(11): 2988-2993.

[26] LU Chen, CHEN Xingyu, WANG Yuqi, et al. Effect of dielectric parameters on the transformation of operation mode and the energy cost of nitrogen fixation

of surface microdischarge in air[J]. Plasma process and polymers, 2022, 19(2): 2100107.

[27] YE Qizheng, LI Xingwang, HU Yu, et al. Research the length of the positive corona using the digital image processing technology[C]//IEEE Dielectrics and Electrical Insulation Society. 2014 IEEE Conference on Electrical Insulation and Dielectric Phenomena. IA: IEEE, 2014: 98-101.

[28] LI Xingwang, YE Qizheng, GU Wenguo. Statistical evaluation of AC corona images in long-time scale and characterization of short-gap leader [J]. IEEE Transactions on dielectrics and electrical insulation, 2016, 23(1): 165-173.

[29] PRASAD D S, REDDY B S. Corona degradation of the polymer insulator samples under different fog conditions[J]. IEEE Transactions on dielectrics and electrical insulation, 2016, 23(1): 359-367.

[30] PRASAD D S, REDDY B S. Impact of Lightning Channel Base Current (CBC) Function Modeling on Computed Lightning Induced Overvoltage Waveshapes [J]. IEEE Transactions on industry applications, 2022, 58(3): 3977-3984.

[31] PRASAD D S, REDDY B S. Study of corona degradation of polymeric insulating samples using high dynamic range imaging technique[J]. IEEE Transactions on dielectrics and electrical insulation, 2017, 24(2): 1169-1177.

[32] GE Yuanjing, ZHANG Guangqiu, LIU Yimin, et al. Spectral measurement of atmospheric pressure plasma by means of digital camera[J]. Plasma science and technology, 2002, 4(1): 1107-1112.

[33] HU Jiahui, YE Qizheng, LI Xingwang. Research on HSI chromaticity of visible light Image in dielectric barrier discharge[C]//China Electrotechnical Society. 2021 IEEE 4th International Electrical and Energy Conference. Wuhan: IEEE, 2021: 1-5.

[34] HIKITA M, FUJIMORI M, HAYAKAWA N, et al. Image process discharge classification under nonuniform fields in air and He at low pressure[J]. IEEE Transactions on dielectrics and electrical insulation, 1995, 2(2): 263-268.

[35] KOPPISETTY K, SERKAN M, KIRKICI H. Image analysis: a tool for optical-emission characterization of partial-vacuum breakdown[J]. IEEE Transactions on plasma science, 2009, 37(1): 153-158.

[36] GUO Ziqing, YE Qizheng, LI Feixing, et al. Study on corona discharge spatial structure and stages division based on visible digital image colorimetry information[J]. IEEE Transactions on dielectrics and electrical insulation, 2019, 26(5): 1448-1455.

[37] GUO Ziqing, YE Qizheng, WANG Yuwei, et al. Study of the development of negative DC corona discharges on the basis of visible digital images[J]. IEEE Transactions on plasma science, 2020, 48(7): 2509-2514.

[38] RIBA J R, GÓMEZ-PAU Á, MORENO-EGUILAZ M. Sensor comparison for

corona discharge detection under low pressure conditions[J]. IEEE Sensors journal, 2020, 20(19): 11698-11706.

[39] FRACZ P. Measurement of optical signals emitted by surface discharges on bushing and post insulator[J]. IEEE Transactions on dielectrics and electrical insulation, 2013, 20(5): 1909-1914.

[40] WANG Yuwei, YE Qizheng, GUO Ziqing. Surface Discharge Status diagnosis based on optical image chromaticity coordinates[J]. IEEE Transactions on plasma science, 2021, 49(5): 1574-1579.

[41] KIM S, HEBERLEIN J, LINDSAY J, et al. Methods to evaluate arc stability in plasma arc cutting torches[J]. Journal of physics D: applied physics, 2010, 43(50): 505202.

[42] RUSSELL P C, JONES G R. Chromatic monitoring of plasma and plasma systems[J]. Vacuum, 2000, 58(2): 88-99.

[43] RUSSELL P C, DJAKOV B E, ENIKOV R, et al. Monitoring plasma jets containing micro particles with chromatic techniques[J]. Sensor review, 2003, 23(1): 60-65.

[44] DJAKOV B E, ENIKOV R, OLIVER D H, et al. Chromatic monitoring of DC plasma torches: the latest developments [J]. Plasma processes and polymers, 2006, 3(2): 170-173.

[45] SERRANO J M, RUIZ-LOMBERA R, VALDIANDE J J, et al. Colorimetric analysis for on-line arc-welding diagnostics by means of plasma optical spectroscopy[J]. IEEE Sensors journal, 2016, 16(10): 3465-3471.

[46] GUO Ziqing, YE Qizheng, WANG Yuwei, et al. Colorimetric method for discharge status diagnostics based on optical spectroscopy and digital images[J]. IEEE Sensors journal, 2020, 20(16): 9427-9436.

[47] WANG Yuwei, LI Xingwang, GUO Ziqing, et al. Discharge status diagnosis based on chromaticity coordinates [J]. Applied optics, 2021, 60(14): 4245-4250.

[48] CHAI Shu, PENG Haimeng, ZHAO Ziqing, et al. Image-based plasma morphology determination and LIBS spectra correction in combustion environments [J]. Plasma science and technology, 2022, 24(8): 084001.

[49] 杨武,王小华,荣命哲,等. 基于红外测温技术的高压电力设备温度在线监测传感器的研究[J]. 中国电机工程学报, 2002, 22(9): 113-117.

[50] 武胜斌,郑研,陈志彬. 基于红外测温技术的 GIS 导体温度在线监测的方案[J]. 高压电器, 2009, 45(4): 100-110.

[51] 段绍辉,丁庆,夏晶,等. 基于红外图像识别的电气设备温升检测[J]. 机电工程, 2014, 31(1): 7-11.

[52] 王有元,李后英,梁玄鸿. 基于红外图像的变电设备热缺陷自调整残差网络诊断模型[J]. 高电压技术, 2020, 46(9): 3000-3007.

［53］朱颖，王昕，王爱平，等. 基于MVOtsu和对数型模糊隶属度函数的电力设备NSST域红外图像增强［J］. 高压电器，2020，56（9）：0179-0185.

［54］WIECEK P，ZGRAJA J，SANKOWSKI D. Temperature measurement using NIR camera with automatic adjustment of integration time for monitoring high temperature industrial processes［J］. Quantitative infrared thermography journal，2018，15（1）：132-144.

［55］金立军，田治仁，高凯，等. 基于红外与可见光图像信息融合的绝缘子污秽等级识别［J］. 中国电机工程学报，2016，36（13）：3682-3691.

［56］何立夫，陆佳政，刘毓. 输电线路山火可见光·红外多光源精准定位技术［J］. 高电压技术，2018，44（8）：2548-2555.

［57］FARZANEH M，MAIZE K，LUERBEN D，et al. CCD-based thermo reflectance microscopy：principles and applications［J］. Journal of physics D：applied physics，2009，42（14）：143001.

［58］ZHANG H，WEN S B，BHASKAR A. Two-wavelength thermo reflectance in steady-state thermal imaging［J］. Applied physics letters，2019，114（15）：151902.

［59］MATATAGUI E，THOMPSON A G，CARDONA M. Thermo reflectance in semiconductors［J］. Physics review，1968，176（3）：950-960.

［60］GUIDOTTI D，VAN DRIEL H M. Spatially resolved defect mapping in semiconductors using laser modulated thermo reflectance［J］. Applied physics letters，1985，47（12）：1336-1338.

［61］CHRISTOFFERSON J，SHAKOURI A. Thermo reflectance based thermal microscope［J］. Review of science instruments，2005，76（2）：24903.

［62］GRAUBY S，FORGET B C，HOLE S，et al. High resolution photothermal imaging of high frequency phenomena using a visible charge coupled device camera associated with a multichannel lock-in scheme［J］. Review of science instruments，1999，70（9）：3603-3608.

［63］翟玉卫，梁法国，郑世棋，等. 用热反射测温技术测GaN HEM的瞬态温度［J］. 半导体技术，2016，41（1）：76-80.

［64］YANG H Z，LEONG S H，AN C W，et al. Thermo reflection measurement of magnetic thin films［J］. IEEE Transactions on magnetics，2013，49（6）：2827-2830.

［65］YILBAS B S，DANISMAN K，YILBAS Z. Measurement of temperature-dependent reflectivity of Cu and Al in the range 30～1000 ℃［J］. Measurement science and technology，1991，2（7）：668-674.

［66］MURARI A，VEGA J，MAZON D，et al. Image manipulation for high temperature plasmas［J］. Contributions to plasma physics，2011，51（2-3）：187-193.

［67］YE Qizheng，YE Pingxiao，GUO Ziqing，et al. A corona recognition method based on visible light color and machine learning［J］. IEEE Transactions on plasma science，2020，48（1）：31-35.

［68］FERRAH I，CHAOU A K，MAADJOUDJ D，et al. A novel colour image encoding system combined with ANN for discharges pattern recognition on polluted insulator model[J]. IET Science, measurement & technology, 2020, 14(6): 718-725.

[69] YUAN Zhe, YE Qizheng, WANG Yuwei, et al. State recognition of surface discharges by visible images and machine learning[J]. IEEE Transactions on instrumentation and measurement, 2021, 70: 5004511.

[70] YANG Yong, YANG Shuai, LI Chuan, et al. Recognition of plasma discharge patterns based on CNN and visible images[J]. IEEE Access, 2021, 9: 67232-67240.

[71] LU Chen, PENG Tao, XIONG Zilan. Operation-mode recognition of surface microdischarge based on visible image and deep learning[J]. Journal of physics D: applied physics, 2022, 55(30): 305202.

[72] BONG C, KIM B S, ALI MHA, et al. Machine learning-based prediction of operation conditions from plasma plume images of atmospheric-pressure plasma reactors[J]. Journal of physics D: applied physics, 2023, 56(25): 254002.

[73] YANG Yong, YANG Shuai, LI Chuan, et al. Visible image-based regression: a novel approach for continuous and real-time diagnosis of plasma molecular temperatures[J]. IEEE Sensors journal, 2024, 24(9): 15566-15574.

[74] BIRÓ G, POCSAI M, BARNA I F, et al. Machine learning methods for schlieren imaging of a plasma channel in tenuous atomic vapor[J]. Optics & laser technology, 2023, 159: 108948.

[75] 崔昊杨, 许永鹏, 孙岳, 等. 基于自适应遗传算法的变电站红外图像模糊增强[J]. 高电压技术, 2015, 41(3): 902-908.

[76] 彭向阳, 梁福逊, 钱金菊, 等. 基于机载红外影像纹理特征的输电线路绝缘子自动定位[J]. 高电压技术, 2019, 45(3): 922-928.

[77] 徐凯, 梁志坚, 张镱议, 等. 基于GoogLeNet Inception-V3模型的电力设备图像识别[J]. 高压电器, 2020, 56(9): 0129-0135.

[78] YUAN Zhe, YE Qizheng, WANG Yuwei, et al. Temperature measurement of metal surface at normal temperatures by visible images and machine learning[J]. IEEE Transactions on instrumentation and measurement, 2021, 70: 2514516.

[79] YUAN Zhe, YE Qizheng, LI Wenmao, et al. Temperature difference measurement of metal surfaces at normal temperatures under sunlight by differential chromatic features of visible images[J]. IEEE Sensors journal, 2021, 21(19): 21221-21238.

[80] 杜文娇, 叶齐政, 袁哲, 等. 基于可见光图像和机器学习的金具温升识别方法[J]. 高压电器, 2022, 58(10): 221-229.

[81] BARBA P D. Future trends in optimal design in electromagnetics[J]. IEEE Transactions on magnetics, 2022, 58(9): 1-4.

[82] OKUBO H, OTSUKA T, KATO K, et al. Electric field optimization of high voltage electrode based on neural network[J]. IEEE Transactions on power sys-

tems, 1997, 12(4): 1413-1418.

[83] MUKHERJEE P K, TRINITIS C, STEINBIGLER H. Optimization of HV electrode systems by neural networks using a new learning method[J]. IEEE Transactions on dielectrics and electrical insulation, 1996, 3(6): 737-742.

[84] WANG Yan, ZHAO Yanwen, WU Lifeng, et al. Hybrid dilated convolutional neural network for solving electromagnetic inverse scattering problems[J]. International journal of RF and microwave computer-aided engineering, 2022, 32(3): 23023.

[85] BANERJEE S, LAHIRI A, BHATTACHARYA K. Optimization of support insulators used in HV systems using support vector machine[J]. IEEE Transactions on dielectrics and electrical insulation, 2007, 14(2): 360-367.

[86] DASGUPTA S, BARAL A, LAHIRI A. Optimization of electric stress in a vacuum interrupter using Charnes' Big M algorithm[J]. IEEE Transactions on dielectrics and electrical insulation, 2023, 30(2): 877-882.

[87] BARMADA S, FONTANA N, FORMISANO A, et al. A deep learning surrogate model for topology optimization[J]. IEEE Transactions on magnetics, 2021, 57(6): 1-4.

[88] SHEMSHADI A, AKBARI A, TAGHI B S. A novel approach for reduction of electric field stress in vacuum interrupter chamber using advanced soft computing algorithms[J]. IEEE Transactions on dielectrics and electrical insulation, 2013, 20(5): 1951-1958.

[89] CHEN W, YANG H, HUANG H. Optimal design of support insulators using hashing integrated genetic algorithm and optimized charge simulation method[J]. IEEE Transactions on dielectrics and electrical insulation, 2008, 15(2): 426-433.

[90] CHENG Zipeng, YE Qizheng, NIE Xiaofei, et al. Uniform electric-field optimal design method using machine learning[J]. Journal of electrostatics, 2024, 132: 103990.

[91] CHENG Zipeng, YE Qizheng, LI Chengye, et al. Optimal design method for uniform magnetic field of two parallel coils using numerical cloud images and machine learning[C]//Technical University of Berlin. 2024 IEEE International Conference on High Voltage Engineering and Applications. Berlin: IEEE, 2024: 1-4.

2

可见光数字图像处理、分析与理解

图像处理分为两类：一类是用光学方法（如傅里叶光学系统）对模拟信号组成的图像进行某些光学变换，得到需要的结果；另一类是数字图像处理（digital image Processing），又称为计算机图像处理，是指将图像信号转换成数字信号并利用计算机对其进行处理的过程。它有三个层次：第一个层次是低级图像处理，从图像到图像，图像处理的目的是改善图像的质量，以改善人的视觉效果，如灰度变换、几何变换、平滑和锐化、清晰化等；第二个层次是图像分析，从图像到数据，也称为图像分析或模式识别，以提取图像有用信息（高层语义特征）为目的，如医学诊断、工业检测、机器人视觉等；第三个层次是图像理解，是从图像到理解，根据图像提取模式识别、状态诊断的综合评判指标，此时数字图像实际已成为一种中间手段。

本章首先介绍设备检测和记录图像的数字化表征方法，但因为彩色图像涉及颜色的原始定义，因此也会介绍来自人眼观察的色度学知识；然后介绍数码相机的颜色记录方式；最后介绍与图像处理技术相关的模式识别方法。

2.1 数字图像的量化

2.1.1 电磁波谱与光谱

光是一种电磁波，可见光是波长为 380～780 nm 的电磁波，可见光仅是电磁波中很小的一部分，如图 2.1.1 所示。紫、蓝的波长为 430～470 nm；青、绿的波长为 500～530 nm；黄绿、黄、橙、红的波长为 620～700 nm。

光源的辐射能按波长分布的规律随着光源的不同而变化，单位波长对应的辐射量称为光谱密度，光源的光谱密度与波长之间的关系称为光谱分布函数（spectral distribution function），一般简称光谱。光谱可分为发射光谱、吸收光谱和散射光谱，本书主要指的是发射光谱。

空气中针-板电晕发射光谱，如图 2.1.2 所示，显示了两个电压下的光谱，可以发现电压不同，放电的发射光谱不一样，反映了物质成分（原子、分子、离子）不同，激发态也

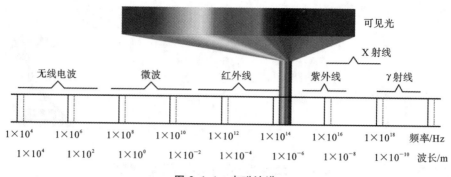

图 2.1.1 电磁波谱

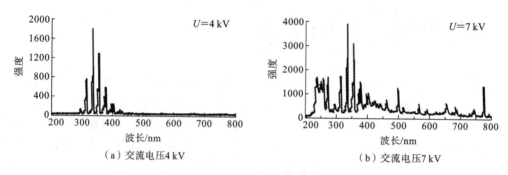

(a) 交流电压 4 kV　　　　　　　　(b) 交流电压 7 kV

图 2.1.2　空气中针-板电晕发射光谱

不同。图中,空气中针的针头直径为 0.64 mm,间隙长度为 8 mm,光谱仪为 Maya 2000Pro,最小波长分辨率为 0.45 nm。

2.1.2　辐射度量与光度量

图像需要光源产生,辐射度量是描述光源辐射能的客观物理量,包括辐射通量、辐射强度和辐照度三个物理量。光度量是光辐射能为人眼接受所引起的视觉刺激大小的度量,由物理学、生理、心理共同作用,包括光通量、发光强度和光照度三个物理量。光度量和辐射度量的定义一一对应。

1. 辐射度量

(1) 辐射通量(radiant flux)是单位时间内的辐射能,用 Φ_e 表示,$\Phi_e = dQ/dt$,单位是瓦(W)。其中 Q 是辐射能,单位是焦耳(J)。

(2) 辐射强度(radiation intensity)是在给定传输方向上单位立体角内光源发出的辐射通量,用 I_e 表示,$I_e = d\Phi/d\Omega$,单位是瓦/球面度(W/sr),其中立体角的单位是球面度(sr)。

(3) 辐照度(irradiance)是单位面元被照射的辐射通量,用 E_e 表示,$E_e = d\Phi/dA$,单位是瓦/平方米(W/m^2)。

2. 光度量

(1) 光通量是按人眼的感觉来度量的单位时间内的辐射能,用 Φ_v 表示,$\Phi_v = dQ/dt$,单位是流明(lm)。由于人眼对不同波长光的亮度的敏感程度不同,因而某一波长的光通量不仅与该波长的辐射通量有关,还与人眼对该波长的敏感程度有关,当波长为555 nm时,1 lm=1/683 W=0.001464 W。光通量和辐射通量可通过人眼视觉特性进行转换,即

$$\Phi_v(\lambda) = K_m \int_0^\infty \varphi(\lambda) \Phi_e(\lambda) d\lambda \tag{2.1}$$

式中,$K_m\varphi(\lambda)$是与人眼反应有关的平均人眼光谱光视效率,有规定的标准值。

(2) 发光强度用I_v表示,$I_v = d\Phi_v/d\Omega$,单位是坎德拉(cd)。当波长为555 nm,在给定方向上的辐射强度为1/683 W/sr时,光源在该方向上的发光强度为1 cd。

(3) 光照度用E_v表示,$E_v = d\Phi_v/dA$,单位是勒克斯(lx或lm/m²)

2.1.3 数字图像采样与量化

数字图像是通过图像传感器获取的,图像传感器是利用光电器件的光电转换功能将感光面上的光像转换为与光像成相应比例关系的电信号的功能器件。与光敏二极管、光敏三极管等"点"光源的光敏元件相比,图像传感器是将其受光面上的光像,分成许多小单元,然后将其转换成可用的电信号的一种功能器件。图像传感器的两大主流器件是电荷耦合器件(charge coupled device,CCD)和互补金属氧化物半导体(complementary metal oxide semiconductor,CMOS),图像质量方面前者较高,后者略低;价格方面前者也较昂贵。为了缩小不同设备在显示上的区别,显示设备会按照同一个标准进行校准,但还是会有细微差别。

通过图像传感器获取的图像是一个平面能量分布图,其亮度(或称灰度)可能逐点不同,这种变化可用连续函数$u(x,y)$表示,在x,y处的值被称为图像的灰度,为非负值。根据设备的灵敏度和采样时间(如相机的曝光时间)不同,u一般有个取值范围$[u_{min}, u_{max}]$,其中u_{min}表示黑色,u_{max}表示白色。$u(x,y)$是连续函数,对应的图像称为模拟图像。图像数字化是对灰度连续变化的图像的坐标及幅度进行离散。空间坐标的离散称为采样;灰度幅度的离散称为量化。首先介绍两个概念。

像素(pixel):是图像的最小单元。在对模拟图像进行数字化时,需要将画面分割成一个个小方格,如图2.1.3所示(见附录A)。考虑到计算机的采样和存储能力,也不可能将小方格面积取为无穷小,因此一张图只能是有限像素$M \times N$,这种空间离散化处理类似于电磁场数值计算方法中场域的离散。当图片尺寸以像素为单位时,我们需要指定其空间分辨率,才能将图片尺寸与现实中的实际尺寸相互转换。空间分辨率是指图像中可辨别的最小细节,单位距离内可分辨的最少黑白线对数目(线对数/毫米)。如果不与实际物体大小进行比较,图像的空间分辨率为$M \times N$。

灰度(gray scale,gray level):是像素的亮度值,某一像素的亮度反映的是该方格内亮度信息的平均值,也称灰度级。如果亮度值以8位二进制数存储在像素点内,灰度级u的取值范围是[0,255],其中0表示黑色,255表示白色,而其他值表示中间的灰度级。每个像素上的灰度离散化是数字图像量化的过程,该过程由来源于图像传感器的检测范围和人为定义,因而量化范围不同于物理量的范围可以取无穷大,灰度只是和物理上的光照度相关,是一个归一化的相对值。灰度级分辨率是指在灰度级中可分辨的最小变化。

采样和量化结合后,每个像素只是一个"点",点上只有一个灰度级 $u(x,y)$,其中 $x\in M, y\in N$。

利用计算机数值计算物理、工程问题时,大量的场分布数据可以用数字图像表示,如能反映天空中云的尺度、形状、纹理、分布等特征的天气云图,以及我们熟悉的电场强度分布云图。云图可以是灰度图,也可以是彩色图,其灰度级也是人为定义的,云图的优点是直观,便于理解和分析。

数字图像处理的优点:一是可以较为容易达到很高的精度,而模拟图像精度提高一个数量级,需要大幅改进装置;二是再现性好,在传送和复制数字图像时,只在计算机内部处理,数据不会丢失或遭破坏;三是可视化方便,用计算机对图像进行后处理,如提取特征信息、优化设计时更为方便。数字图像处理的缺点是处理速度慢,需要存储的空间大。

2.2 数字图像灰度指标

图像形态学是从图像中提取对于表达和描绘区域形状有意义的图像分量,使后续的识别工作能抓住目标对象最为本质(最具区分能力)的形状特征,如边界、骨架和连通区域等,本书主要介绍后续工作常用到的相关指标——灰度,这是最简单的形态学指标。

2.2.1 灰度概率密度函数(灰度直方图)

由于图像是由像素组成的,并由二维矩阵($M\times N$)表示,因此图像中包含的像素总数,即图像的大小为 $M\times N$,如图 2.1.3 所示(见附录 A)。提取固定区域全部像素点 $M\times N$ 的灰度值后,可以经过计算得到该区域具有的某种灰度级(如灰度级 20)的像素个数,它们与区域总像素点个数 $M\times N$ 的比值即该灰度级所占面积的比率 $f(R=20)$,进而得到所有灰度级的比率分布 f,称为灰度直方图(gray level histogram,GLH),其中横坐标为灰度级,纵坐标为灰度比率(图像中各灰度级的像素点数占总像素点数的比例),如图 2.2.1 所示(见附录 A)。也可以将图像中像素灰度级看成一个随机变量,其分布情况反映了图像的统计特性,这可用概率密度函数(probability density function,PDF)来描述,为了避免本书中出现太多"图"和"图像"的称谓,后文我们都用灰度概率密度函数(GLPDF)这个名称。

GLPDF 可用于判断图像量化是否恰当,一般来说,数字化获取的图像应该利用全部可能利用的灰度级,最简单的是图像曝光时间过长,以致饱和,即灰度级 255 的频率过高,其他灰度级的频率过低,很多有用的信息没有获得。图像的对比度对 GLPDF 也有很大影响,如图 2.2.1 所示(见附录 A),因此,对 GLPDF 的客观性还需要深入研究,这从另一个方面也说明对图像非形态的、细微的变化,GLPDF 有非常敏感的反应,是诊断状态的一个很好的基础特征。

GLPDF 与像素位置无关,从而 GLPDF 无法了解该区域图像的形状,但可以评价该区域图像的整体特征。如果将一幅图像分割为很多子区域,而每个子区域又有很多像素,则子区域也可以提取 GLPDF,而不同子区域 GLPDF 的特征变化就可以反映整幅图像的空间分布变化规律,这也是我们研究场空间分布的一种方法,只是每个子区域必须具有足够多的像素,才能利用 GLPDF 这样一个统计函数。

需要指出的是,在图像学科中也有灰度概率的概念,是灰度值变化剧烈程度的指标,是灰度在平面空间上的梯度。

2.2.2 平均灰度值、方差、变异系数、偏度、峰度

根据图像整体或图像某子区域 $M \times N$ 的灰度 $u(x,y)$ 分布,我们可以提取相关信息。

(1) $M \times N$ 图像的平均灰度值(mean gray level):也称为灰度的一阶矩,有

$$\bar{u} = \frac{1}{M \times N} \sum_{x=0}^{M-1} \sum_{y=0}^{N-1} u(x,y) \tag{2.2}$$

(2) $M \times N$ 图像的灰度方差(standard deviation):也称为灰度的二阶矩(还称方差),描述一组数据偏离该组数据平均值的距离的平均数,可用于描述该组数据的离散程度,方差越小,表明数据点越接近于平均值;反之,则越偏离平均值。灰度方差的计算公式为

$$\begin{aligned} \text{std} &= \sqrt{\frac{1}{(M \times N - 1)} \left\{ \sum_{x=0}^{M-1} \sum_{y=0}^{N-1} [u(x,y) - \bar{u}]^2 \right\}} \\ &= \sqrt{\frac{1}{(M \times N)(M \times N - 1)} \left\{ (M \times N) \sum_{x=0}^{M-1} \sum_{y=0}^{N-1} u(x,y)^2 - \left[\sum_{x=0}^{M-1} \sum_{y=0}^{N-1} u(x,y) \right]^2 \right\}} \end{aligned}$$
(2.3)

(3) $M \times N$ 图像的灰度变异系数(coefficient of variation):它是方差与平均值的比,是对灰度 $u(x,y)$ 分布离散程度的归一化量度。当需要比较两组数据离散程度大小的时候,如果两组数据的测量尺度相差太大,或者数据量纲不同,不合适直接使用方差来进行比较,此时就应当消除测量尺度和量纲的影响,而变异系数可以做到这一点。灰度变异系数的计算公式为

$$\text{CV} = \frac{\text{std}}{\bar{u}} \tag{2.4}$$

(4) $M \times N$ 图像的灰度偏度(skewness):反映了 GLPDF 的对称性程度,也称为灰度的三阶矩。偏度为零,说明 GLPDF 基本是对称分布的;负的偏度表示 GLPDF 左偏,左侧的尾部比右侧的长;正的偏度表示 GLPDF 右偏,右侧的尾部比左侧的长。灰度偏度的计算公式为

$$\text{skewness} = \frac{M \times N}{(M \times N - 1)(M \times N - 2)} \sum_{x=0}^{M-1} \sum_{y=0}^{N-1} \left(\frac{u(x,y) - \bar{u}}{\text{std}} \right)^3 \tag{2.5}$$

(5) $M \times N$ 图像的灰度峰度(kurtosis):反映了 GLPDF 相对于正态分布的陡峭或平坦程度,也称为灰度的四阶矩。灰度峰度越大,GLPDF 越趋向于在灰度平均值附近存在一个陡峭的峰;反之,灰度峰度越小,GLPDF 将越趋向于在灰度平均值附近存在一个平坦而不是陡峭的峰。灰度峰度的计算公式为

$$\begin{aligned} \text{kurtosis} &= \left\{ \frac{(M \times N) \times (M \times N + 1)}{(M \times N - 1) \times (M \times N - 2) \times (M \times N - 3)} \sum_{x=0}^{M-1} \sum_{y=0}^{N-1} \left[\frac{u(x,y) - \bar{u}}{\text{std}} \right]^4 \right\} \\ &\quad - \frac{3(M \times N - 1)^2}{(M \times N - 2) \times (M \times N - 3)} \end{aligned}$$
(2.6)

图 2.2.2(见附录 A)显示的是介质阻挡放电(DBD)的图像和相应的灰度概率密度函数 GLPDF,无气流放电的 GLPDF 比较尖锐。不过需要注意的是,这里的 GLPDF "峰"代表的是黑色区域的灰度概率,不是白色的放电点;有气流放电的 GLPDF 比较平缓,"峰"代表的是放电区域的灰度概率,因为放电区域的像素占比(面积占比)比较大。图 2.2.1(见附录 A)中沿面放电图像对应的 GLPDF 图形无法形象地说明峰度和偏度,只是一个统计指标,理解及分析时需要注意。

2.3 数字图像色度指标

数字图像技术的发展,带来了彩色数字图像,彩色图像的量化离不开人眼,因此我们首先从人眼观察的彩色介绍。

2.3.1 颜色(人眼识别、三基色)

物体的颜色来自外界光的刺激引起视觉响应的过程,涉及物理、化学、生理学和心理学等方面的知识。因为有心理学的知识参与这个过程,所以有人为的因素在里面,这种人为因素既与人类对自身视觉系统的认识有关,也与人类研究光刺激物理量和颜色感知心理量关联过程中的一些颜色模型有关。人眼光敏细胞包括锥状细胞(光的强弱和颜色,日视觉)和杆状细胞(黑白,夜视觉)。

三基色是指红蓝绿 RGB 三色,人眼对 RGB 三色最为敏感,大多数的颜色可以通过 RGB 三色按照不同的比例合成产生。同样,绝大多数单色光(光谱色)也可以分解成 RGB 三种基色的组合,这是色度学的最基本原理,即三基色原理。三种基色是相互独立的,任何一种基色都不能由其他两种基色合成。

对颜色的感知是由人眼和大脑的视觉系统来完成的。两种颜色混合产生新的颜色,其实并不是两种色光叠加产生新的频率。客观来说,光是电磁波,不同频率的电磁波干涉时,频率并不会变化,即不会得到另一种频率的颜色,三基色原理是人类的视觉效果。红色和蓝色相混而成的紫色,也不是色光意义上的紫色。如果分别透过红色或蓝色的分光镜去看混合后的颜色,依然可以看到相应的颜色(即红色或蓝色)。人眼之所以认为混合后的颜色是紫色,是因为两种色光在视网膜上的共同作用。

色度学要解决颜色度量的客观性问题,必须找到外界光刺激与颜色知觉量之间的对应关系,物理测量与颜色知觉量之间的变换关系、描述颜色的色空间,以及均匀色空间及其色差计算等构成了色度学研究的主要内容。

视觉可以知觉颜色的三个基本特征,又称为心理三属性,分别是明度、色相、饱和度,大致与颜色的物理属性(亮度、主波长和纯度)相对应。通常把色相与饱和度通称为色度(chromaticness)。

明度(lightness):表征颜色的明亮程度。发光物体的亮度(brightness)越高,则明度越高;非发光物体的反射比越高,明度越高。

色相(hue):表征不同颜色特征的量,是人眼看到一种或多种波长的光时产生的感觉,代表颜色的类别,是颜色最基本的特性,如红色、枣红色等。发光物体的色相取决于它的光辐射的光谱;非发光物体的色相取决于照明光源(或环境光)的光谱和物体本身的光谱反射(透射)特性。

饱和度(saturation):表征颜色纯度,即颜色掺入白光的程度或指颜色的深浅程度,白光掺入越多饱和度就越低;当掺入白光为零时,饱和度为100%。一种颜色越接近单色光(光谱色),其饱和度越好,换句话说就是单色光饱和度最高。

2.3.2 色光匹配实验

颜色的量化是依靠人眼的实验,定下标准后,各种仪器设备检测的颜色才可以量化。我们先看单色光的颜色量化方法,它是通过颜色匹配实验来完成的。

国际照明委员会(International Commission on Illumination,CIE)标准色度系统的颜色匹配实验是在一种特定的简化观察条件(viewing condition)下进行的。通常把这种建立在标准光源、标准观察条件以及标准观察者条件下的颜色体系称为CIE标准色度系统,也称为三刺激色度学(tristimulus colorimetry)、基本色度学(basic colorimetry)或传统色度学。国际照明委员会(CIE)规定三种基本色的波长分别为 $R=700$ nm, $G=546.1$ nm, $B=435.8$ nm。

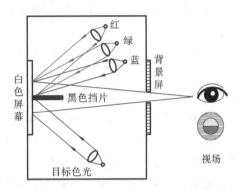

图 2.3.1 颜色匹配实验

把两种颜色调整到视觉相同的方法称为颜色匹配实验。图 2.3.1 中左方是一块白色屏幕(简称白屏),上方是红、绿、蓝三基色光,下方为需要配成的目标色光,三基色光照射到白屏的上方,目标色光照射到白屏的下方,中间用一个黑色挡片隔开。由白屏发射出来的光通过小孔进入右方观察者的眼内,形成视场。调节三基色的光强度,当人眼的视场中的两部分色光相同时,视场中的分界线消失,此时人为目标色光和三基色混合色光达到匹配。目标色光可以是单色光(光谱色),也可以是颜色光。

2.3.3 格拉斯曼定律

1854 年,德国的格拉斯曼(H. Grassmann,1809—1877)将颜色现象及颜色混合总结如下,称为格拉斯曼定律或颜色混合定律。

(1) 人的视觉只能分辨颜色的三种变化(明度、色相、饱和度)。

(2) 在由两个成分组成的混合色中,如果一个成分连续地变化,混合色的外貌也连续地变化,由这一定律可导出以下两个定律。

● 补色律。每一种颜色都有一个相应的补色。如果某一颜色与其补色按适当的比例混合,便产生白色或灰色。如果两者按其他比例混合,便产生近似比例大的颜色成分的非饱和色。

● 中间色律。任何两个非补色相混合,便产生中间色,其色相取决于两颜色的相对数量,其饱和度取决于两者在色相顺序上的远近。

(3) 代替律。颜色外貌相同的光,不管它们的光谱组成是否一样,在颜色混合中具有相同的效果。换言之,凡是在视觉上相同的颜色都是等效的。由这一定律导出颜色

的代替律,即相似色混合后仍相似,可以表示为:如果

$$颜色 A \equiv 颜色 B, 颜色 C \equiv 颜色 D$$

其中≡为视觉上的匹配,那么

$$A+C \equiv B+D$$

代替律表明,尽管两种颜色的光谱成分是不一样的,只要在感觉上颜色是相似的,便可以相互代替,从而得到同样的视觉效果。例如,设 $A+B \equiv C$,如果没有 B,而 $X+Y \equiv B$,那么 $A+(X+Y) \equiv C$,这个由代替颜色产生的混合色 C 与原来的混合色 C 在视觉上具有相同的效果。颜色混合的代替律是一条非常重要的定律,传统色度学就建立在这一定律的基础上,利用颜色混合方法来产生或代替各种所需要的颜色。

(4) 亮度相加律。由几个颜色组成的混合色的亮度是各颜色光亮度的总和。

格拉斯曼定律是色度学的一般规律,说明了颜色混合的各种现象,除了在亮度水平极高或极低的状态之外,此定律适用于各种颜色光的相加混合,但不适用于染料或涂料的混合。

颜色匹配实验的结果可用格拉斯曼定律表示为

$$C(C) \equiv R(R)+G(G)+B(B) \tag{2.7}$$

式中:(C)为被匹配颜色 C 的单位;(R)、(G)、(B)为三基色的单位。R、G、B 为代数量,可为负值。原因是当待匹配颜色为单色光,其饱和度很高,而三基色光混合后饱和度必然降低,为了实现颜色匹配,在实验中须将图 2.3.1 上方红、绿、蓝一侧的三基色光之一移到待匹配颜色一侧,并与之相加混合,从而使上下色光的饱和度相匹配。例如,将红原色移到待匹配颜色一侧,实现了颜色匹配,则颜色方程为

$$C(C)+R(R) \equiv G(G)+B(B) \tag{2-8}$$

移动后,R 出现负值。

2.3.4 三刺激值

1. 单色光(光谱色)三刺激值

在颜色匹配实验中(把两种颜色调整到人眼视觉相同的方法),如果将目标色光选择为单色光(光谱色),并将目标单色光的辐射能量值都保持为相同,则得到的三刺激值称为光谱三刺激值 $\bar{r}(\lambda)$、$\bar{g}(\lambda)$、$\bar{b}(\lambda)$,又称为颜色匹配函数(color matching function, CMF),CIE 1931 RGB 光谱三刺激值(颜色匹配函数)如图 2.3.2 所示。

$$C(\lambda)=\bar{r}(\lambda)[R]+\bar{g}(\lambda)[G]+\bar{b}(\lambda)[B] \tag{2.9}$$

式中:$[R]$、$[G]$、$[B]$ 是色度学单位。

颜色匹配函数是色彩空间的基础,可以将任何一种物理上的光谱分布转换到线性色彩空间中,有重要的应用。虽然是同样一个线性空间,由于选取的基底不同,表示的形式也会不同,表达能力和方便程度也会有

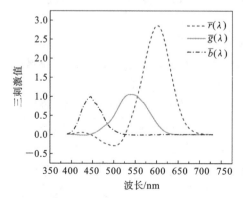

图 2.3.2 CIE 1931 RGB 光谱三刺激值(颜色匹配函数)

所不同。为了不同的用途和目的,人们发展了很多不同的线性色彩空间的表达形式。此外,人类的色视觉在某些方面还存在一定程度的非线性,所以在线性色彩空间基础上人们又发展了一些非线性的色彩空间。

2. 颜色三刺激值

如果 $\varphi_\lambda(\lambda)$ 为某发光物体相对光谱功率分布(在本书中即为放电光谱),则一般颜色光的 RGB 三刺激值为

$$\begin{cases} R = \int_\lambda \varphi_\lambda(\lambda)\bar{r}(\lambda)\mathrm{d}\lambda \\ G = \int_\lambda \varphi_\lambda(\lambda)\bar{g}(\lambda)\mathrm{d}\lambda \\ B = \int_\lambda \varphi_\lambda(\lambda)\bar{b}(\lambda)\mathrm{d}\lambda \end{cases} \tag{2.10}$$

2.3.5 色品坐标

(1) 对单色光(光谱色)而言,如果用总辐射能量 $\bar{r}(\lambda)+\bar{g}(\lambda)+\bar{b}(\lambda)$ 归一化处理,有

$$\begin{cases} r(\lambda) = \dfrac{\bar{r}(\lambda)}{\bar{r}(\lambda)+\bar{g}(\lambda)+\bar{b}(\lambda)} \\ g(\lambda) = \dfrac{\bar{g}(\lambda)}{\bar{r}(\lambda)+\bar{g}(\lambda)+\bar{b}(\lambda)} \end{cases} \tag{2.11}$$

则可以将三维空间的光谱色表达变换成二维空间的色品坐标 $r(\lambda)$ 和 $g(\lambda)$,形成一个色品图。因为是总能量归一,因此色品坐标与亮度属性无关,而只与颜色属性有关,对于状态分析中克服一些环境光和相机设置参数的影响是有好处的。

(2) 对一般颜色而言,色品坐标表示为

$$\begin{cases} r = \dfrac{R}{R+G+B} \\ g = \dfrac{H}{R+G+B} \end{cases} \tag{2.12}$$

2.3.6 CIE 1931 标准色度系统

CIE 1931 RGB 使用红、绿和蓝三基色系统匹配某些可见光谱单色光(光谱色)时,需要使用基色的负值,如图 2.3.2 所示,不仅不容易理解,而且使用也不方便。1931 年国际照明委员会采用了一种新的颜色系统,称为 CIE 1931 XYZ 标准色度系统,所有的 X、Y 和 Z 值都是正的,匹配光谱颜色时不需要一种负值的基色,如图 2.3.3 所示,这个系统采用想象的 X、Y 和 Z 三种基色,注意它们与可见光视觉颜色并不对应。

(1) 与光谱三刺激值的变换关系为

$$\begin{cases} \bar{x}(\lambda) = 0.4900\bar{r}(\lambda) + 0.3100\bar{g}(\lambda) + 0.2000\bar{b}(\lambda) \\ \bar{y}(\lambda) = 0.1769\bar{r}(\lambda) + 0.8124\bar{g}(\lambda) + 0.0106\bar{b}(\lambda) \\ \bar{z}(\lambda) = 0.0000\bar{r}(\lambda) + 0.0100\bar{g}(\lambda) + 0.9900\bar{b}(\lambda) \end{cases} \tag{2.13}$$

单色光(光谱色)的色品坐标为

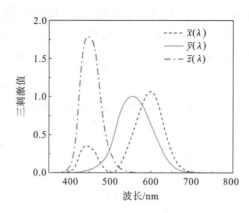

图 2.3.3　CIE 1931 XYZ 标准三刺激值(颜色匹配函数)

$$\begin{cases} x(\lambda)=\dfrac{\bar{x}(\lambda)}{\bar{x}(\lambda)+\bar{y}(\lambda)+\bar{z}(\lambda)}=\dfrac{0.4900\bar{r}(\lambda)+0.3100\bar{g}(\lambda)+0.2000\bar{b}(\lambda)}{0.6669\bar{r}(\lambda)+1.1324\bar{g}(\lambda)+1.2006\bar{b}(\lambda)} \\ y(\lambda)=\dfrac{\bar{y}(\lambda)}{\bar{x}(\lambda)+\bar{y}(\lambda)+\bar{z}(\lambda)}=\dfrac{0.1769\bar{r}(\lambda)+0.8124\bar{g}(\lambda)+0.0106\bar{b}(\lambda)}{0.6669\bar{r}(\lambda)+1.1324\bar{g}(\lambda)+1.2006\bar{b}(\lambda)} \end{cases} \quad (2.14)$$

(2) 与一般颜色的变换关系。

一般颜色光的 X、Y、Z 三刺激值为

$$\begin{cases} X=\int_\lambda \varphi(\lambda)\bar{x}(\lambda)\mathrm{d}\lambda \\ Y=\int_\lambda \varphi(\lambda)\bar{y}(\lambda)\mathrm{d}\lambda \\ Z=\int_\lambda \varphi(\lambda)\bar{z}(\lambda)\mathrm{d}\lambda \end{cases} \quad (2.15)$$

同样可以得到与 R、G、B 的关系为

$$\begin{cases} X=2.7689R+1.7517G+1.130B \\ Y=1.0000R+4.5907G+0.0601B \\ Z=0+0.9565G+5.5943B \end{cases} \quad (2.16)$$

一般颜色的色品坐标为

$$\begin{cases} x=\dfrac{X}{X+Y+Z}=\dfrac{2.7689R+1.7517G+1.1302B}{3.7689R+6.3989G+6.7846B} \\ y=\dfrac{Y}{X+Y+Z}=\dfrac{1.0000R+4.5907G+0.0601B}{3.7689R+6.3989G+6.7846B} \end{cases} \quad (2.17)$$

图 2.3.4(见附录 A)所示的是 CIE 1931 标准色度系统色品图由占比值 x 和 y 构成的坐标系统,它代表了普通人可见的所有色度。舌状的外曲边界由式(2.14)计算得到,称为光谱单色光轨迹(边界上的每个点代表了从 380 nm 到 700 nm 区间内单一波长的纯色相,但是 380 nm 和 700 nm 之间的直线上没有光谱色),边界代表光谱色的最大饱和度,边界上的数字表示光谱色的波长,其轮廓包含所有的感知色相。边界内的区域表示通过混合光谱色而形成的合成颜色。一般颜色由式(2.17)计算得到色品坐标 x 和 y,如图 2.3.4 中的 P 点。在 CIE 1931 标准色品图中,E 点坐标为(0.3333,0.3333),称为等能白点。它可以是非常强的光,如阳光;也可以是非常弱的光,如暗环境的背景光。

任何色光都可以看作用某一个光谱色按一定比例与一个参照光源(白光)相混合而

匹配出来的颜色,这个光谱色的波长就是颜色的主波长。在色品图上,某一颜色的主波长是将其色品坐标 P 与等能白点色品坐标 E 相连接,并将连接直线延长后,与光谱单色光轨迹交点 M 处的波长值。在色品图上,任何通过等能白点的直线,其对光谱单色光轨迹所截的任两点波长即为相对应的互补波长,而这一对互补波长的光称为补色。

颜色的主波长相当于人眼观测到的颜色的色相。描述颜色可以用色相和饱和度,也可以用主波长和色纯度,还可以用 CIE 色品坐标。

2.3.7 数码相机的存储格式与 sRGB 空间

本书主要研究检测设备的颜色系统,因此三刺激值需要和具体设备的参数结合,图 2.3.5 所示的是某品牌数码相机 RGB 光谱三基色响应曲线,它和 CIE 1931 XYZ 标准三刺激值还是有差别的,因此颜色空间的客观表达也是本书关注的要点。

数码相机提供了两种图像格式,即 JPG 格式和 RAW 格式。当使用数码相机拍摄景物时,景物反射的光线通过数码相机的镜头进入摄像头内部,然后经过红外滤波片过滤红外光,经过拜尔滤波片得到三色光,最后透射到感光元件。感光元件按照材质可以分为 CMOS 和 CCD 两种,负责光电转换,将光信号转换为电信号,经过放大和滤波后的电信号被传送到模数转换器,转换为数字信号,其大小和电信号的强度成正比,这些数值就是图像的原始数据,即 RAW 格式文件。之后,这些原始数据在相机芯片的数字信号处理器中进行色彩插值、白平衡校正等处理,最终编码存储为 JPG 等格式的图像文件。

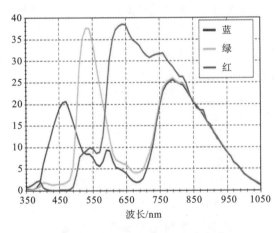

图 2.3.5 某数码相机 RGB 光谱三基色响应曲线

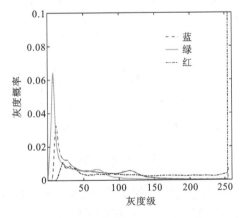

图 2.3.6 沿面放电图像 JPG 格式(见图 2.2.1)相应的三基色灰度概率密度函数(RGB-GLPDF)

JPG 格式为 JPG8,表示图像位深为 8 bit。前面我们曾说过如果亮度值以 8 位二进制数存储在像素点内,灰度级 u 的取值范围是 $[0,255]$,任何一种颜色在 RGB 空间都可以用三维空间的一个点 (R,G,B) 表示。例如,$(255,0,0)$ 表示红色,$(0,255,0)$ 表示绿色,$(0,0,255)$ 表示蓝色,$(255,255,255)$ 表示纯白色,$(0,0,0)$ 表示纯黑色。因此,照相设备的灰度取值是一个相对值。图 2.3.6 所示的是沿面放电图像 JPG 格式(见图 2.2.1)相应的三基色灰度概率密度函数(RGB-GLPDF)。

JPG 格式图像最大的缺陷就是其追求的是图像的"美观",色彩空间转换、Gamma 校正等处理过程都是为了使图像更加接近人眼,输出的图像像素值大小和输入的光辐射强度之间是非线性关系。

RAW 格式文件是相机感光元件的原始数据,原始数据经过相机内部处理后得到 JPG 格式图像,是数码相机感光元件通过设定的 ISO 的大小,然后插值,按相机内部参数(如白平衡、对比度、锐化和饱和度等)进行处理、压缩而得到的。因此,RAW 格式数据记录了最原始、最真实的光辐射信息,不会有任何细节的损失。

RAW 格式分为 RAW12 和 RAW14,分别表示图像位深为 12 bit 和 14 bit,对应的灰度等级范围为 0~4095 和 0~16383,由成像设备的 A/D 芯片位数决定。因此,从色彩量化等级上来说,高数位空间的 RAW 格式文件比 8 bit 低数位空间的 JPG 格式图像具有更高的精度,而更高的精度则意味着更少的累积量化误差,但是 RAW 格式原始数据含有大量环境噪声以及模数转换噪声,需要进行图像去噪处理,也不是所有照相设备都提供两种格式的文件,我们在利用图像时,可以根据需要选择。

统一的亮度指标通常用总灰度值 L 表示,L 通过对红、绿、蓝三个颜色通道亮度值的不同加权得到,有

$$L = 0.299R + 0.587G + 0.114B \tag{2-18}$$

这样,L 表示了图片的整体亮度,数值也为 0~255。

另外,色度系统还有很多,如照相机的 sRGB 制。根据式(2.19)计算得到 sR'、sG' 和 sB',其中 V 为三通道 R、G、B 归一化后的值,即将原三通道刺激值除以 255;V' 为 sR'、sG' 和 sB'。然后,再用转换公式(2.20)得到 X、Y、Z 的三刺激值。

$$V' = \begin{cases} V/12.92, & V \leq 0.04045 \\ ((V+0.055)/1.055)^{2.4}, & V > 0.04045 \end{cases} \tag{2.19}$$

$$\begin{bmatrix} X \\ Y \\ Z \end{bmatrix} = \begin{bmatrix} 0.4124564 & 0.3575761 & 0.1804375 \\ 0.2126729 & 0.7151522 & 0.0721750 \\ 0.0193339 & 0.1191920 & 0.9503041 \end{bmatrix} \begin{bmatrix} sR' \\ sG' \\ sB' \end{bmatrix} \tag{2.20}$$

这样,就可以计算得到色度坐标 x, y。

2.3.8 HSI 色彩空间中的分析指标

HSI 色彩空间也称为色相-饱和度-强度彩色空间,它能够通过一组转换公式由 RGB 色彩空间转换而来。H 代表色相(hue),反映了主导颜色的属性;S 代表饱和度(saturation),反映了颜色纯度;I 代表强度(intensity),反映了颜色亮度的强弱,$I = \frac{1}{3}(R+G+B)$,注意,另一色度空间是 HSV,V 是亮度,$V = \text{Max}(R, G, B)$。为简单起见,这里也称 I 为亮度。HSI 模型的优势在于能够将色度信息与强度信息分开,这有助于辨别不同颜色的强弱、大小,如图 2.3.7 所示。颜色的色相由该颜色所在位置与参照点之间的夹角决定,如图 2.3.7 中左边圆环所示。通常,红色被定义为参照颜色,这意味着 $H = 0°$ 和 $H = 360°$ 对应于红色。色相角沿着逆时针方向增长,红色、绿色和蓝色之间的夹角均为 120°(绿色的色相角为 120°,蓝色的色相角为 240°)。饱和度(距垂直轴的距离)是从原点到该点的向量的长度,原点由该彩色平面与垂直亮度轴的交点定义。

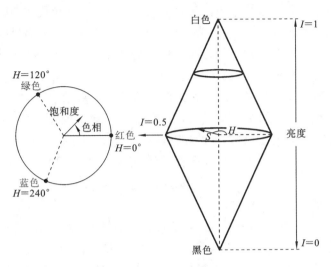

图 2.3.7　HSI 色彩空间

若想确定任意彩色点的亮度分量,就需要经过一个包含该点且垂直于亮度轴的平面,这个平面和亮度轴的交点就给出了范围在[0,1]的亮度值,如图 2.3.7 中右边的锥体所示。简而言之,HSI 空间是由一个垂直的亮度轴以及垂直于此轴的一个平面上的彩色点的轨迹组成,其重要分量包括垂直亮度轴、到彩色点的向量长度以及该向量与红色的夹角,RGB 模型转化为 HSI 模型的公式如下。

$$\begin{cases} H = \begin{cases} \theta, & B \leq G \\ 360-\theta, & B > G \end{cases} \\ \theta = \arccos \left\{ \dfrac{\frac{1}{2}[(R-G)+(R-B)]}{[(R-G)^2+(R-B)(G-B)]^{1/2}} \right\} \\ S = 1 - \dfrac{3}{(R+G+B)}[\min(R,G,B)] \\ I = \dfrac{1}{3}(R+G+B) \end{cases} \quad (2.21)$$

需要注意的是,由于模型计算后 S 分量和 I 分量的范围为[0,1],为了便于分析,有时 H 分量除以 360°的值也被归入[0,1]的范围。本书中放电产物的光辐射产生图像的颜色信息,但作为三基色的 RGB 信息,很容易受到相机曝光时间、阳光强度和介质颜色深度的影响,而色相可以消除摄像参数的影响,并为客观物理量的表征提供方便。

2.4　数字图像模式识别

2.4.1　基本概念

数字图像处理(digital image processing)又称为计算机图像处理,是指将图像信号转换成数字信号并利用计算机对其进行处理的过程。数字图像处理最早出现于 20 世纪 50 年代,当时的电子计算机已经发展到一定水平,人们开始利用计算机来处理图形和图像信息。数字图像处理作为一门学科形成于20世纪60年代初期。早期的图像处理的目的是改善图像的质量，它以人为对象，以改善人的视觉效果为目的。在图像处理中，输入的是质量低的图像，输出的是改善质量后的图像，常用的图像处理方法有图像增强、复原、编码、压缩等。随着图像处理技术的进一步发展，从20世纪70年代中期开始，由于计算机技术和人工智能、思维科学研究的迅速发展，使数字图像处理向更高、更深层次发展。数字图像处理属于低层操作，抽象度低，数据量大，主要在图像像素级上进行处理，强调图像的变换及其之间的相互转换。广义上图像处理泛指各种图像技术，包含3个层次：图像处理、图像分析和图像理解，但狭义上主要是指对图像进行各种变换以改善图像的视觉效果，为其后的图像分析和理解奠定基础，或对图像进行压缩编码以减少图像的存储空间或传输时间。

模式识别诞生于20世纪20年代，随着计算机的出现，基于人工智能的模式识别在20世纪60年代初迅速发展成一门学科。它所研究的理论和方法在很多科学和技术领域中得到了广泛的重视，推动了人工智能系统的发展，扩大了计算机应用的可能性。

广义地说，存在于时间和空间中可观察的事物，如果可以区别它们是否相同或是否相似，都可以称之为模式。但模式所指的不是事物本身，而是从事物获得的信息。因此，模式往往表现为具有时间或空间分布的信息。模式识别的作用和目的就在于面对某一具体事物时将其正确地归入某一类别。例如，数字"6"可以有各种不同的字体或写法，但它们都属于同一类，即使看到特殊写法的"6"也能正确地将其归于"6"这一类别中。再比如，从不同角度看人脸，视网膜上的成像也不同，但可以识别出这个人是谁，把所有不同角度的像都归入某个人这一类。如果给每个类命名，并且用特定的符号来表达这个名字，那么模式识别可以看成是从具有时间和空间分布的信息向着符号所作的映射。通常，把通过对具体的个别事物进行观测所得到的具有时间和空间分布的信息称为模式，而把模式所属的类别或同一类中模式的总体称为模式类（或简称为类）。也有人习惯于把模式类称为模式，而把个别具体的模式称为样本，这种用词的不同可以从上下文弄清其含义，并不会引起误解。

数字图像的模式识别结合了数字图像处理技术中的图像理解技术和模式识别技术，通过数字图像处理获取图像所包含的时间和空间信息，然后利用模式识别对图像所包含的信息进行分析，进而对图像的属性做出判断。目前，数字图像的模式识别已在计算机视觉、机器视觉领域得到广泛应用，如医学图像诊断、人脸识别、跟踪制导等。

辐射电磁场，即电磁波（包括入射和反射）可以在可见光波段形成可视化图像，因此它的综合评价就是图像的模式识别。扩充一下图像的来源，比如电场强度数据生成的云图，也是一种图像。因此，我们同样可以将模式识别技术引入电磁场的综合评价。电磁场分析与计算的对象是空间场分布，可视化光学图像呈现的是颜色的二维空间分布，两者都涉及空间分布。电磁场在空间每个点用电场和磁场的大小和方向描述；可视化图像在空间每个点用三基色的灰度描述（任意一种色光的视觉效果都可以用三种基色红R、绿G、蓝B的灰度组合来表示），这里都涉及二维场的描述。电磁场的综合评价有均匀或非均匀、电准静态场或磁准静态场，等等；可视化图像整体观感有像或不像、清晰或不清晰、偏蓝或偏红、太亮或太暗，等等。因此，模式识别在电磁场领域的应用也就是一个综合评价的问题。

2.4.2 图像模式识别一般方法

有两种基本的模式识别方法,即统计模式识别方法和结构(句法)模式识别方法,与此相应的模式识别系统都由两个过程组成,即设计和实现。设计是指用一定数量的样本(训练集或学习集)进行分类器的设计。实现是指用所设计的分类器对待识别的样本进行分类决策。基于人工智能的模式识别属于统计模式识别方法,主要由4个部分组成:数据获取、预处理、特征提取和选择、分类决策,如图2.4.1所示。

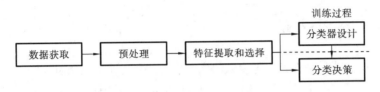

图 2.4.1　模式识别系统基本构成

1. 数据获取

为了使计算机能够对各种现象进行分类识别,要用计算机可以运算的符号来表示所研究的对象。通常输入对象的信息有下列3种类型,即:

（1）二维图像,如文字、指纹、地图、照片等矩阵形式对象;

（2）一维波形,如脑电图、心电图、机械振动波形等;

（3）物理参量和逻辑值,前者如在病情诊断中病人的体温及各种化验数据等;后者如对某参量正常与否的判断或对症状有无的描述,如疼与不疼,可用逻辑值即 **0** 和 **1** 表示。在引入模糊逻辑的系统中,这些值还可以包括模糊逻辑值,如很大、大、比较大等。

通过测量、采样和量化,可以用矩阵或向量表示二维图像或一维波形。这就是数据获取的过程。

2. 预处理

预处理的目的是去除噪声,加强有用的信息,并对输入测量仪器或其他因素所造成的退化现象进行复原,包括滤波、直方图均衡化、矫正图像畸变等。

3. 特征提取和选择

由图像或波形所获得的数据量是相当大的。例如,一幅文字图像或心电图波形可以有几千个数据,一幅卫星遥感图像的数据量就更大。为了有效实现模式识别,就要对原始数据进行变换,得到最能反映分类本质的特征。这就是特征提取和选择的过程。一般把原始数据组成的空间称为测量空间,把分类识别赖以进行的空间称为特征空间。通过变换,可把在维数较高的测量空间中表示的模式变为在维数较低的特征空间表示的模式。特征空间的一个模式通常也称为一个样本,它往往可以表示为一个向量,即特征空间中的一个点。传统方法(手工设计特征)包括方向梯度直方图、尺度不变特征变换等。深度学习(自主特征学习)包括卷积神经网络、预测模型迁移等。

4　分类决策

分类决策就是在特征空间中用统计方法把被识别对象归为某一类别。基本做法是在样本训练集基础上确定某个判决规则,使按这种判决规则对被识别对象进行分类所造成的错误识别率最小或引起的损失最小。

数字图像的模式识别也基本遵循上述过程。其数据获取过程特指二维图像数据的收集;预处理过程可以包括筛除劣质图像、图像滤波、图像裁剪等操作,以提高数据质量;图像的特征提取和选择可以是从灰度矩阵中计算得到的归一化统计特征,如灰度概率密度函数、方向梯度直方图等,也可以是用于图像识别的卷积神经网络中卷积核所提取的无明确意义的特征,这些特征代表了图像的模式;分类决策过程则是在收集得到的数据基础上,利用机器学习方法,训练得到能够用于图像模式识别的算法模型。

2.5 本章参考文献

[1] 郝允祥,陈遐举,张保洲. 光度学[M]. 北京:中国计量出版社,2010.

[2] 金伟其,王霞,廖宁放,等. 辐射度、光度与色度及其测量[M]. 2版. 北京:北京理工大学出版社,2016.

[3] 冈萨雷斯,伍兹,艾丁斯. 数字图像处理的 MATLAB 实现[M]. 2版. 北京:清华大学出版社,2013.

[4] 白廷柱,金伟其. 光电成像原理与技术[M]. 北京:北京理工大学出版社,2006.

[5] 胡学龙. 数字图像处理[M]. 北京:电子工业出版社,2020.

[6] 百度:机器学习,发展历程[EB/OL]. https://baike.baidu.com/item/机器学习/217599.

[7] BEHERA R N, DAS K. A Survey on Machine Learning:Concept, Algorithms and Applications[J]. International journal of innovative research in computer and communication engineering, 2017, 2(2).

3

电晕放电可见光图像及状态诊断

本章介绍了利用电晕放电可见光图像描述放电阶段的图像指标,以及从这些图像指标反映的一些放电现象,并从其他测量信号,包括电压、电流波形,特高频电磁波,高速相机照片等加以解释和说明的工作。

3.1 装置与方法

3.1.1 实验装置

图 3.1.1 为实验装置示意图。间隙的长度 d 是可以调整的,放电模型外框架由铝材料制成,上下均为铝封板,中间则由四根尼龙材质的绝缘柱杆固定支撑。高压电极为直径 0.64 mm 的铜针电极,铜针电极分为两种型号,一种是极尖型电极,另一种是球型电极,两种结构均能在放电间隙形成不均匀电场。图 3.1.2(见附录 A)是两种电极几何形状的照片和两种电极预击穿电晕的照片。接地电极为表面进行了抛光处理的黄铜平板,该平板电极边缘采用了倒圆角加工方式,以避免铜板电极发生放电损坏,进而提升放电实验的稳定性和可靠性。铜针电极连接交流/直流高压电源,电源设备参数如下:

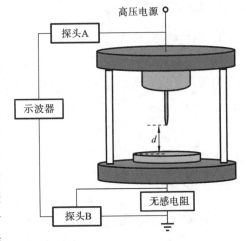

图 3.1.1 实验装置示意图

交流高压电源:CQSB(J)6/50,额定频率为 50 Hz,额定电压为 50 kV/0.1 kV,额定电流为 0.12 A/60 A。

直流高压电源:Spellman sl600,输出电压为 ±1~15 kV。

高压探头接在针电极处,用于测量放电外加电压,其型号为 Tektronix P6015A。

被动低压探头接在平板电极处,通过测量与其并联的无感电阻(阻值为 50 Ω)两端的电压来反映电流结果,其型号为 Tektronix TPP 0100。电晕放电的电压、电流信号通过示波器采集与展示,示波器参数如下。

示波器 1:Agilent DSOX3024A,带宽为 200 MHz,采样率为 4 GB/s。

示波器 2:Tektronix MDO4105B-3,带宽为 300 MHz,采样率为 5 GB/s。

实验中使用到的非接触式检测设备包括可见光数码相机、光谱仪、ICCD 高速相机、局部放电检测仪、特高频天线,具体参数如下。

可见光数码相机:Nikon D800,输出像素为 3617 万(最大分辨率为 7360×4912 像素),传感器尺寸为 35.9 mm×24 mm,快门速度范围为 1/8000~30 s,ISO 感光度范围为 80~25600,微距镜头型号为 AF-SVR105,最大光圈为 F2.8,最小光圈为 F32,镜头直径为 83 mm,镜头长度为 116 mm。

光谱仪:Maya 2000Pro,量子效率为 90%,积分时间范围为 17 ms~10 s。A/D 转换:16 bit,500 kHz,信噪比为 450:01:00。探测器型号为 Hamamatsu S10420,最大光谱分辨率可达到 0.035 nm,光谱测量范围为 175~1100 nm。

ICCD 高速相机:Andor New iStar,最低的传输延时为 19 ns,最短曝光时间为 2 ns,峰值量子效率为 45%~50%。

局部放电检测仪:基于 Windows XP 系统开发的 ZC-iPD-01 局部放电检测仪。

特高频天线:自研。

3.1.2 图像灰度特征提取

图 3.1.3(见附录 A)所示的是放电轴向特征提取示意图,以及 R、G、B 和灰度分量图,采用的是第 2 章介绍的灰度概率密度函数,以及灰度平均值、方差等统计指标。

3.1.3 图像色度特征提取

1. 色度特征

轴向色度特征提取:首先,将放电图像分割为 L 个 $M×N$ 大小的微元,L、M 和 N 的取值如图 3.1.3 所示。其次,将放电彩色图像分解为 R、G、B 三个分量单色图,利用式(3.1)和式(3.2)计算每一个微元的 R、G、B 分量值,i 为微元的序号。

$$\text{value}(X_i) = \sum_{a=1}^{M}\sum_{b=1}^{N} U_X(a,b), X \in (R,G,B), \quad i=1,2,\cdots,L \quad (3.1)$$

$$X_{cp}(i) = \frac{\text{value}(X_i)}{\text{value}(R_i)+\text{value}(G_i)+\text{value}(B_i)}$$
$$X \in (R,G,B), \quad i=1,2,\cdots,L \quad (3.2)$$

径向色度特征提取:首先,通过坐标系变化,将直角坐标系转化为极坐标系,如图 3.1.4 所示。其中 r 表示到原点的距离,θ 表示关于原点角度方向,表达式如下:

$$r=\sqrt{x^2+y^2}, \quad \theta=\arctan\left(\frac{y}{x}\right) \quad (3.3)$$

$$U(x,y) \rightarrow U(r,\theta) \quad (3.4)$$

对于每一个确定的方向 θ,$U(r,\theta)$ 表示一维函数 $U_\theta(r)$。当 θ 为定值时,通过分析 $U_\theta(r,\theta)$ 可以得到从原点出发沿半径方向的 RGB 特征。同理,当 r 为定值时,分析

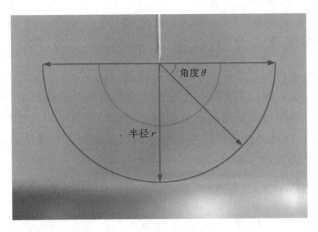

图 3.1.4　极坐标系微元分析示意图

$U_r(r,\theta)$ 可以得到以原点为中心的一个圆的 RGB 特征。

其次,对下面两个函数分别求和可以得出放电 RGB 色度信息的径向分布 $U(r)$ 和角向分布 $U(\theta)$,其计算公式分别为

$$\text{value}(X_r) = \sum_{\theta=-90°}^{90°} U_{X_\theta}(r,\theta), \quad X \in (R,G,B) \tag{3.5}$$

$$\text{value}(X_\theta) = \sum_{r=0}^{R} U_{X_r}(r,\theta), \quad X \in (R,G,B) \tag{3.6}$$

最后,获取 R、G、B 分量占比值,并绘制分量值或占比值关于不同外加电压下的径向空间分布图。

2. 衍生色度指标

由 R、G、B 分量值衍生得到的色度指标:B 分量与 R 分量之比求和。因为空气中电晕放电的辐射光主要源于氮的第一正带系和氮的第二正带系,氮的第一正带系包含长波长辐射光,主要影响图像的 R 分量;氮的第二正带系包含短波长辐射光,主要影响图像的 B 分量。因此,我们提出利用 B_{cp}/R_{cp} 来识别电晕放电。此外,我们通过提取 B_{cp}/R_{cp} 比值之和来评估电晕放电的状态。

该方法具体的步骤如下:

(1) 根据式(3.7),Alpha 被定义为放电判别系数。如果 $B_{cp}/R_{cp} \geqslant 1$,放电被认为存在于该微元中,Alpha 被赋值为 1;如果 $B_{cp}/R_{cp} < 1$,该微元不被认为存在放电,Alpha 被赋值为 0。

$$\begin{cases} \text{Alpha}(i) = 1 (R_{cp} \leqslant B_{cp}) \\ \text{Alpha}(i) = 0 (R_{cp} > B_{cp}) \end{cases}, \quad i=1,2,\cdots,L \tag{3.7}$$

(2) 获得不同电压下的放电图像中每个微元的 B_{cp}/R_{cp} 和判别系数 Alpha,对 B_{cp}/R_{cp} 和 Alpha 的乘积进行求和,求和方程如下:

$$\text{DIBRI} = \sum_{i=1}^{L} \text{Alpha}_i * \frac{B_{cp,i}}{R_{cp,i}} \tag{3.8}$$

(3) 定义条件求和后,求和结果的名称为放电图像蓝-红指数(discharge image B-R index,DIBRI),绘制 DIBRI 在不同外加电压下的趋势图,根据趋势图判断电晕放电

状态。

3.1.4 色品坐标的加法

依据格拉斯曼定律在气体放电中的应用内容,我们讨论了混合色的色貌主要受到混合成分亮度的变化影响。本节将讨论混合成分亮度增减如何影响混合色的色貌。当两种已知放电色品坐标和亮度值的颜色相加、混合后,混合色与原色的色品坐标之间没有线性叠加的关系,而是混合色与已知的三刺激值之间存在线性叠加的关系,因此颜色相加混合计算时应该先计算三刺激值,再求色品坐标。

$$\begin{cases} X = X_1 + X_2 \\ Y = Y_1 + Y_2 \\ Z = Z_1 + Z_2 \end{cases} \tag{3.9}$$

式中:X_1、Y_1、Z_1、X_2、Y_2、Z_2 为用于混合的两种已知原色的三刺激值。求出的是混合色的三刺激值,在其他计算中混合色又可以作为一个单独的颜色处理(替代律)。除了计算法,还可以在色品图上应用重心原理,通过作图法求出混合色的色品坐标。

在 CIE XY 色品图上,两种颜色相加产生的第三种颜色总是位于连接此两种颜色的直线上。新颜色在直线上的位置取决于这两种颜色的三刺激值总和的比例。按重心原理,混合色的色品坐标被拉向比例大的颜色那一侧。图 3.1.5 所示的是颜色相加的作图法,其中 P 为颜色 1,Q 为颜色 2,M 为 $P+Q$ 的混合色。C_1 和 C_2 分别为颜色 1 和 2 的三刺激值之和,即

$$C_1 = X_1 + Y_1 + Z_1 \tag{3.10}$$

$$C_2 = X_2 + Y_2 + Z_2 \tag{3.11}$$

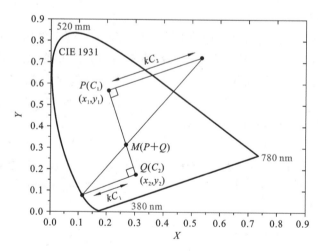

图 3.1.5 颜色相加的作图法

根据重力中心定律可得式:

$$\frac{QM}{MP} = \frac{C_1}{C_2} = \frac{X_1 + Y_1 + Z_1}{X_2 + Y_2 + Z_2} \tag{3.12}$$

式(3.12)表示 QM 与 C_2 成反比,即在混合色中 C_2 所占的比例越大,QM 越短。混合色的色品坐标可以通过作图法求得,在色品图上将 Q、P 两点连成直线,在 P 点画一

条与 PQ 垂直的直线,其长度与 C_2 成比例,等于 kC_2;同时在 PQ 的对侧,由 Q 点画一条垂直于 PQ 的直线,其长度为 kC_1,k 为任意选定值。连接这两条垂线末端的直线与 PQ 的交叉点就是所求的混合色的色品坐标点 M。综上所述,放电状态的变化引起物种成分的增减,这导致了辐射光亮度的变化,使得等效混合"颜色"在色品图中发生移动并留下了一条变化轨迹。这条轨迹反过来有助于描述放电状态的变化。

3.2 交流电晕图像灰度信息

在本章中,我们将利用第 2 章中的两种灰度特征指标对交流电晕图像进行分析。此外,针对以往放电图像研究中,放电图像特征与其他放电信号关联研究不足的问题,本章引入了电压及电流波形、特高频电磁波、局放仪 PRPD 谱图和 ICCD 图像的分析结果。其中单根电流脉冲、电磁波脉冲和 ICCD 图像是各带电粒子运动的综合效应,是放电在小时间尺度(百纳秒级)下的宏观现象,放电图像灰度特征则是放电在长时间尺度(秒级)下的宏观积累结果,通过将图像灰度特征与其他放电信号进行关联与讨论,实现了放电跨时间尺度的多维观测,有助于发现和研究新的实验现象。

3.2.1 放电图像空间结构

尽管在棒-板电极结构中尖头电极和球头电极都能形成不均匀电场,但是尖头电极放电比球头电极放电更加不均匀,导致不同放电现象产生。可见光图像包含丰富的细节信息,其灰度特征能够表征放电现象的变化。

1. 球头电极

图 3.2.1 展示了不同电压下球头电极放电灰度图像的平均灰度值 AGL 和方差 STD 轴向分布图,其中图像曝光时间为 8 s,间隙长度为 8 mm,$d=0$ mm 代表电极针尖处。从图中可以发现:① 随着外加电压增加,AGL 也持续增加。这意味着放电次数和单次放电的光强增加;② 随着外加电压增加,STD 在针尖附近下降(0～1 mm),但是在中间区域小幅升高(1～3 mm)。这意味着在靠近针尖区域的光强分布更加均匀,这是因为靠近头部一小块区域的放电次数和辐射光强增加,但是间隙中间区域的光强分布

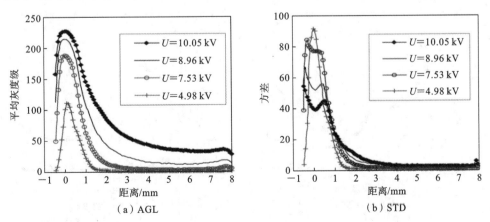

图 3.2.1 8 mm 间隙球头电极放电灰度图像的 AGL 和 STD 轴向分布

不那么均匀,放电的不稳定性导致放电路径的轻微摆动。图 3.2.2 展示了 15 mm 间隙的结果,该结果与 8 mm 间隙的结果近似。

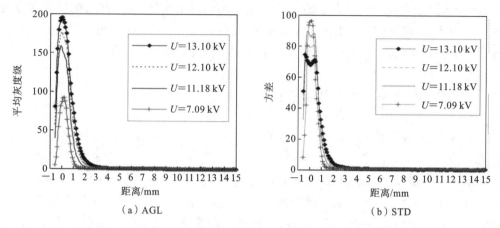

图 3.2.2　15 mm 间隙球头电极放电灰度图像的 AGL 和 STD 轴向分布

2. 尖头电极

图 3.2.3 展示了不同电压下尖头电极放电灰度图像的 AGL 和 STD 轴向分布图,图中的横坐标区域可以被划分为四部分,它们分别是:电极头部区域、中心区域、尾部区域和平板终端区域。从图中可以发现:① 随着电压升高,整个间隙特别是电极头部区域(0~0.5 mm)处的 AGL 增加,持续增加电压(在不引起火花放电的条件下),间隙中心区域的 AGL 值迅速增大(0.5~3 mm),以至于形成一个平台,这意味着在具有高光亮且均匀的区域外有明显的暗区,并且 AGL 值在平板终端附近(7~8 mm)增加;② 随着电压增加,电极头部区域(0~0.5 mm)的 STD 值基本是恒定的,其原因在于放电区域较小,并且放电路径大体上是一致的,因此 STD 值的变化不会非常明显。当电压持续上升,我们可以发现中心区域的 STD 值仍然迅速增大以至于形成一个"平台",并且在平板终端附近(7~8 mm)也升高了。这里需要重点强调的是,AGL 值或 STD 值的"平台"现象并不会发生在球头电极实验中。后面我们将进一步讨论"平台"现象的意义。

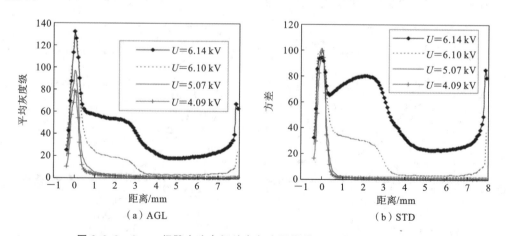

图 3.2.3　8 mm 间隙尖头电极放电灰度图像的 AGL 和 STD 轴向分布

图 3.2.4 所示的是间隙 $d=15$ mm 的结果,其基本变化规律与 $d=8$ mm 的结果相似。不同之处在于,尾部区域(5 mm 或者 8 mm 至 15 mm 处)的 AGL 值有一个增加的趋势,甚至要比间隙中心区域的 AGL 值还要大,然而尾部区域(5 mm 或者 8 mm 至 15 mm 处)对应的 STD 值比中心区域对应的 STD 值还要低,并且在接近板极终端(14~15 mm)处的 STD 值在增加。

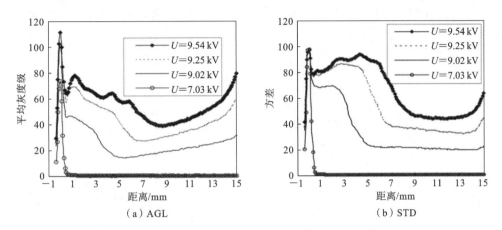

图 3.2.4 15 mm 间隙尖头电极放电灰度图像的 AGL 和 STD 轴向分布

3.2.2 其他放电信号的关联性分析

1. 电流波形

电晕的电压、电流波形一般在交流电压负半周首先爆发电晕电流脉冲,随后在交流电压正半周也出现电晕电流脉冲;电压继续增加,交流电压正半周电晕电流脉冲变稀疏,幅值增加,交流负半周电晕电流脉冲更加密集,幅值也有增加;电压再增加,放电进入预击穿阶段。这里只展示预击穿阶段(交流电压正半周)的尖头和球头电极电流波形,如图 3.2.5 所示,可以发现两种电极结构的电晕电流波形存在明显差异。尖头电极正半周放电脉冲聚集在电压峰值 90°附近,幅值大、放电次数密集;球头电极正半周放电脉冲散布在电压上升阶段,放电次数稀疏。

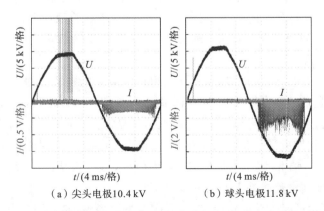

图 3.2.5 长时间尺度预击穿电流波形(电流经由 50 Ω 电阻电压测量得到)

通过示波器触发功能,截获单个电流脉冲,再调节水平时间刻度旋钮,即可得到纳秒尺度电流波形。同理,可得到纳秒尺度的电磁波波形。

相对于长时间尺度波形,图3.2.6所示的是尖头电极负、正半周电压下单个电流脉冲波形,其中图3.2.6(a)、(c)所示的是低电压下的结果,可知正、负半周电流脉冲的上升时间没有很大差别;图3.2.6(b)、(d)所示的是预击穿阶段下的结果,负半周电流脉冲的上升时间和低电压下比较没有差异,但正半周电流脉冲出现上升沿时间增加且分为两段的现象,重复性良好。

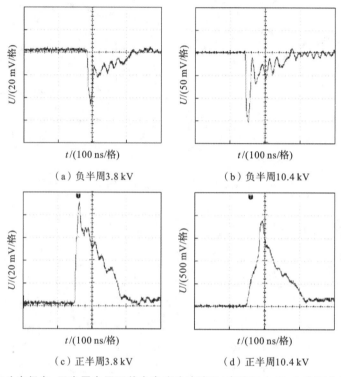

图3.2.6 尖头电极负、正半周电压下单个电流脉冲波形(电流经由50 Ω电阻电压测量得到)

图3.2.7所示的是球头电极负、正半周电压下单个电流脉冲波形,其中图3.2.7(a)、(c)所示的是低电压下的结果,图3.2.7(b)、(d)所示的是预击穿阶段的结果,可知正、负半周电流脉冲的上升沿时间在球头电极放电各阶段都没有很大差别。

2. 电磁波波形

图3.2.8所示的是尖头电极负、正半周电压下单个电磁波脉冲波形,其中图3.2.8(a)、(b)所示的是负半周电压作用的结果,图3.2.8(c)、(d)所示的是正半周电压作用结果。预击穿阶段,正、负半周电磁波的峰峰值明显增大;负半周电磁波形态变化不大,电磁波脉冲发展初期就进入正负振荡过程,而正半周电磁波形态发生显著变化,电磁波脉冲发展初期有近40 ns缓慢变化过程,随后才转入剧烈振荡过程,呈现明显的两段特征,这个对应着前面电流脉冲上升沿分段现象。

图3.2.9所示的是球头电极负、正半周电压下电磁波脉冲波形,其中图3.2.9(a)、(b)所示的是负半周电压作用结果,图3.2.9(c)、(d)所示的是正半周电压作用结果。图3.2.9(a)中的幅值为56.0 mV,图3.2.9(b)中的幅值为41.6 mV,图3.2.9(c)中的

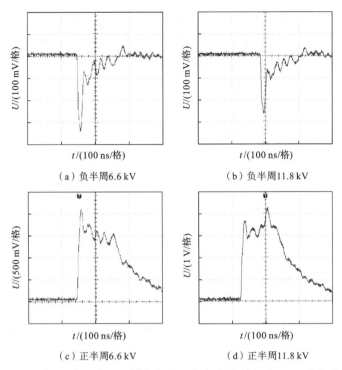

图 3.2.7 球头电极负、正半周电压下单个电流脉冲波形(电流经由 50 Ω 电阻电压测量得到)

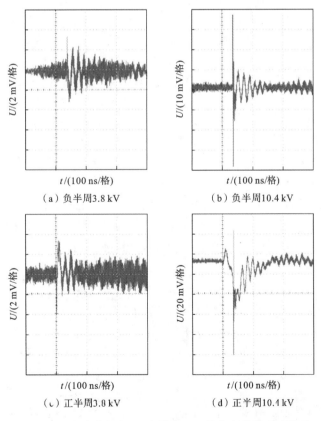

图 3.2.8 尖头电极负、正半周电压下单个电磁波脉冲波形

幅值为 182.0 mV,图 3.2.9(d)中的幅值为 620 mV。各阶段正、负半周电磁波脉冲形态一致,负半周电磁波峰峰值变化不大,而正半周电磁波峰峰值显著增加,但没有出现分段现象,也对应着电流脉冲上升沿情况。

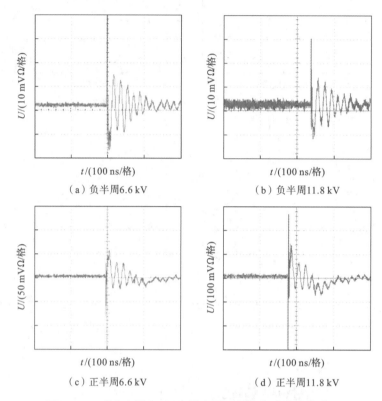

图 3.2.9　球头电极负、正半周电压下单个电磁波脉冲波形

3. 特高频 PRPD 谱图

特高频局放仪 PRPD 谱图的显示规则:斑点的密集程度反映放电次数,斑点越密集放电次数越多;反之越少。斑点的纵坐标幅值则是归一化电流幅值,也就是以当前设置时间段 1 s 内的最大值为归一化分母。

图 3.2.10 所示的是尖头电极低电压下和预击穿阶段的谱图,由图可知,电晕先在交流电压负半周下出现。电压继续增加,在预击穿阶段,除了负半周低幅值部分点数密集以外,整个区域正、负半周似乎差不多,这与前面观察到的正、负半周下电流脉冲的幅

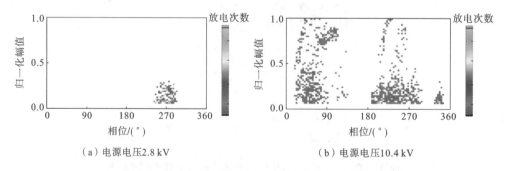

图 3.2.10　尖头电极低电压下和预击穿阶段的谱图

值变化和放电次数变化有差别,将在后面进行分析。

图3.2.11为球头电极低电压下和预击穿阶段的谱图,电晕也是先在交流电压负半周下出现。电压继续增加,在预击穿阶段,整个区域正、负半周的点数差异很大,这与前面观察到的正、负半周下电流脉冲的幅值变化和放电次数变化也不相符,需要讨论。

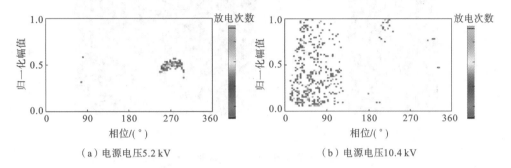

(a) 电源电压5.2 kV　　　　　　　(b) 电源电压10.4 kV

图3.2.11　球头电极低电压下和预击穿阶段的谱图

4. ICCD 相机照片

采用示波器电流触发 ICCD 相机,当电流脉冲上升沿的幅值超过了触发阈值,经过35 ns 固有延时后,ICCD 图像增强器被打开,高速相机将记录曝光时间内的电晕图像。从图3.2.12可以发现,预击穿阶段中尖头电极附近存在明亮的"茎"结构。随着曝光时间的增加,如图3.2.13所示,尖头电极"茎"结构变得明亮,球头电极仍然未出现"茎"结构。

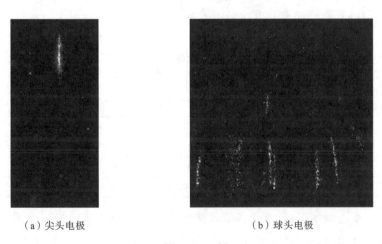

(a) 尖头电极　　　　　　　(b) 球头电极

图3.2.12　尖头电极和球头电极在200 ns曝光时间下的放电图片

3.2.3　放电机制讨论

1. 短间隙电晕型(非热)先导

在我们的讨论中,有以下五个证据能够证明短间隙电晕型(非热)先导的存在。

(1) 第一个证据是可见光图像的"平台"现象。在放电间隙的中心区域(0.5~0.75 mm),AGL 和 STD 数值急剧升高以至于形成一个"平台"。其中,AGL 数值的升高意味着更亮,而 STD 数值升高则意味着光辐射的区域非常窄、细(如果 STD 值很低,意

(a) 尖头电极　　　　　　　　　　　(b) 球头电极

图 3.2.13　尖头电极和球头电极在 200 μs 曝光时间下的放电图片

着整个微元都是放电发光区域,因此像素点互相之间灰度值差异小)。上述结果意味着一个非常明亮的"茎"结构连接着尖头电极,而在球头电极的放电中并不存在此现象。

(2) 第二个证据是尾部区域 AGL 值增高现象。在 15 mm 间隙中,当电压足够高的时候,AGL 值在尾部区域(9~15 mm)沿着轴向区域逐渐增大,甚至要比中心区域的 AGL 值还要大。我们知道在先导头部有许多流注,每一个流注的亮度都基本一样,放电越往前发展,流注的数量就越多,所以先导头部的流注光强增加了。这意味着 AGL 值的增加是由于先导头部的流注放电,而不是"反击电晕"或者光反射(如果是反击电晕,则 AGL 值的升高仅仅会发生在板极附近)。

(3) 第三个证据是电流脉冲上升沿时间及放电发展速度的计算。首先关注电流脉冲上升沿时间 t,其统计的数据均是在四组实验,每组 15 次实验下求取平均值得到的,这保证了实验的重复性和可检验性,结果如表 3.2.1 所示。

表 3.2.1　交流电晕电流波形上升沿时间 t　　　　　　　　　　单位:ns

	尖 头		球 头	
	正	负	正	负
低电压	8~10	8~10	9~10	6.5~7.5
预击穿	40~50	(8~10)	9~10	(6.5~7.5)

球头电极交流电压正、负半周各阶段的上升沿时间与尖头电极正半周电压非预击穿阶段的几乎一致,都是 10 ns 以下,这一系列放电为同一类型,这里称为第一种形式;尖头电极正极性预击穿阶段放电的上升沿时间为 40~50 ns,明显增加很多,是另一种类型,这里称为第二种形式。表 3.2.1 中预击穿负极性上升沿时间打括号表示此时正极性电压下达到预击穿,但负极性电压下尚未达到预击穿。

第一种形式的放电就是普通的流注放电,有证据表明这是短间隙下的电晕型先导放电,这个可以从放电发展速度的简单计算看出。有学者认为,流注发展速度 $V_{流注}=1.8\times10^6 \sim 3.3\times10^6$ m/s[1],$d_{间隙}=15$ mm,经过计算,正流注从针极发展到板极所需时间为 4.55~8.33 ns,这与实验统计数据结果吻合。通过对尖头电极的放电可见光图片,图 3.2.3 进行了 AGL 值分析,发现在 AGL 空间分布图中 0~4.5 mm 区域形成"平台",该"平台"被认为是先导,剩余 4.5~15 mm 区域为流注。有学者认为,先导发展速度 $V_{先导} = 0.7 \times 10^5 \sim 1 \times 10^5$ m/s[2],经过计算放电从针极发展到板极所需要的时间为 48.2~70.1 ns,这与实验统计结果吻合。对发展速度的简单计算证实了棒-板结构球头电极电晕放电各阶段和尖头电极非预击穿阶段放电本质上都是流注放电,也证实了棒-板结构尖头电极预击穿阶段存在电晕型先导。

(4) 第四个证据是电流和电磁波脉冲的形态与分段现象。当放电进入预击穿阶段时,球头电极预击穿阶段的电流和电磁波脉冲形态较非预击穿阶段的变化不大,但是尖头电极预击穿阶段的电流和电磁波脉冲形态则有较大变化。主要体现在:电流不仅上升沿时间变长,而且出现明显的分段现象;对应的电磁波脉冲发展初期有一段缓慢变化过程,随后才转入剧烈振荡过程。

分段现象是因为先导的头部存在流注,测量得到的电流实际是流注和先导的正离子依次进入板电极时的反映。这一点可以从图 3.2.6(d)中看出,第一段上升沿时间比第二段上升沿时间要长,图 3.2.8 对应的电磁波也反映上升沿的变化,因此第一段对应的是流注,第二段对应的是先导的茎。至于整个过程被称为电晕型先导,是因为虽存有"茎"结构,但仍没有击穿。另外由于球头电极的长刷状电晕没有这个现象,因此只有尖头电极的长刷状电晕转化为电晕型先导。

(5) 第五个证据是 ICCD 相机图片的分析。电晕电流脉冲的脉宽约为 200 ns,经过 35 ns 固有延时后,高速相机在 200 ns 曝光时间内能记录下一次完整的放电过程。在尖头电极预击穿阶段,针电极前方存在一条明亮的"茎"结构放电通道。在球头电极预击穿阶段,不存在类似"茎"结构,而是一系列从正极向负极发展的流注通道。球头电极照片在电极接触处无放电图像,是因为触发快门后有 35 ns 的延迟,因此只拍摄到放电后期照片;而尖头电极如果仍是流注形式放电,电极接触处也应该没有图像,而"茎"结构始终存在正好说明它是一种不同于流注类型的放电。随着曝光时间增加至 200 μs,在尖头电极放电中,高速相机记录了一次或者两次放电图像(两次放电间隔时间不固定,约为 200 μs),但无论是一次放电还是两次放电的结果,"茎"结构存在且明亮,而球头电极没有此现象。

综上,如果以"茎"结果作为划分先导的依据,那么尖头电极预击穿放电中存在"茎"结构,也即存在电晕型先导,而球头电极预击穿不存在该结构,所以不存在电晕型先导。

2. 电磁波特高频 PRPD 谱图分析与解释

天线收集放电辐射的特高频电磁波信号,并用示波器和局放仪进行分析。特高频 PRPD 谱图为长时间尺度电磁波收集的结果,因此易接收到各种电磁杂波信号的干扰。这些电磁杂波可能来源于放电模型支柱上的沿面放电,实验接线中由其他金属产生极不均匀电场导致的电晕放电,以及实验室外界各种频率电磁波干扰信号,等等。本实验中通过清洁并干燥放电模型支柱、优化实验接线分布、增大接线转角处弧度、增加铝箔纸屏蔽干扰信号等措施来减小误差。天线的型号以及放置位置也会对实验结果产生影响,因此本书严格控制上述影响因素。

由于测量位置的关系,放电电流辐射出来的电磁波应该包含两部分:一部分是辐射场贡献项[3],有

$$\vec{E} = -\frac{\mathrm{d}l}{2\pi\varepsilon_0} \frac{1}{c^2 R} \frac{\partial i}{\partial t} \vec{e}_z \tag{3.13}$$

另一部分是近场贡献项,有

$$\vec{E} = \vec{a}_z \mathrm{d}l \frac{\eta_0}{2\pi} \left[\left(\frac{3z^2}{R^2} - 1 \right) \frac{i}{R^2} \right] \tag{3.14}$$

式中:R 为放电点与天线所在位置之间的距离;$\mathrm{d}l$ 为放电点偶极子模型的长度;c 为光传播速度;ε_0 为空气的介电常数;$\vec{e}_z$ 为辐射场 z 方向单位向量;η_0 为自由空间波阻抗;z 为放电点对地高度;i 为放电电流;$\vec{a}_z$ 为近场 z 方向单位向量。

其中,辐射场贡献与放电电流的变化率成正比,这里的电流变化率之比即电流幅值与上升沿时间之比;近场贡献与放电电流的峰值成正比。

表 3.2.2 所示的为两种电极下预击穿阶段与非预击穿阶段的电流幅值之比、电流变化率之比和电磁波幅值之比的统计计算结果,比值为无量纲,其统计数据均是在两组实验,每组 10 次实验下得到的。由于在此电压下,正极性达到预击穿阶段(电晕型先导),负极性还是非预击穿阶段(流注),因此,预击穿阶段和非预击穿阶段的三个比值也可以认为是正、负极性放电时的三个比值。

表 3.2.2 两种电极下预击穿阶段与非预击穿阶段参数比值关系

类 型	尖 头 电 极	球 头 电 极
电流幅值之比	>10	14~23
电流变化率之比	<2.3	14~23
电磁波幅值之比	2.5~5	15~23

电晕型先导的存在能够合理解释表 3.2.2 和 PRPD 谱图的结果。因为电磁波幅值受到电流幅值和电流变化率的共同作用,尖-板结构预击穿阶段中存在先导和流注两种放电形式,它们上升沿时间不同,导致尖头电极下电流变化率之比不等于电流幅值之比,受电流变化率比值较低的影响,使得电磁波幅值之比远低于电流幅值之比。球头电极下,只存在流注一种放电形式,电磁波幅值之比等于电流变化率之比,也等于电流幅值之比。

回到 PRPD 谱图本身(见图 3.2.10 和图 3.2.11),电压正、负半周下幅值和点数在尖头电极预击穿阶段差不多,在球头电极预击穿阶段则差异很大。按照前面的推理,尖头电极预击穿阶段存在电晕型先导放电,受到电流变化率比值低的影响,尽管先导电流幅值比流注电流幅值高十几倍,但先导型电磁波和流注型电磁波的峰值之比不是很大,再加上长时间尺度上各种放电(沿面放电和其他电晕干扰)都会出现,因而 PRPD 谱图正、负极性下放电幅值和点数差不多。相反,球头电极结构只存在流注型放电,预击穿阶段电流幅值比非预击穿电流幅值高二十倍左右,同一种放电类型上升沿时间差别微小,所以其电流变化率之比接近电流幅值之比,最终导致电磁波幅值之比为 15~23,这使得 PRPD 谱图中负极性电磁波归一化幅值低于机器滤波阈值(0.1),大部分负极性放电信号被过滤,因此球头电极 PRPD 谱图正、负差异性较大。

表 3.2.2 和 PRPD 谱图的结果是证明电晕型先导存在的重要证据。不同电极结构的 PRPD 谱图正、负差异性的不同和电磁波幅值之比的不同,预示着短间隙预击穿阶段存在两种不同类型的放电;尖头电极电流幅值之比和电流变化率之比不相等,从另一

个角度反映了这两种类型放电上升沿时间的不同,这与表 3.2.1 统计的结果吻合,而上升沿时间的不同是由于两种放电先导和流注传播速度不同导致的。表 3.2.2 和 PRPD 谱图联立,分析电流和电磁波脉冲形态以及分段现象,通过对上升沿时间统计和对发展速度的计算,证明了在棒-板短间隙尖头电极结构预击穿阶段存在电晕型先导。

3.3 交流电晕图像色度信息

3.3.1 放电图像空间"丝状"结构

1. 轴向空间特征

图 3.3.1 和图 3.3.2 分别展示了 0 kV 和 3.5 kV 电压下 RGB 占比值和 RGB 对数值在放电图像中的轴向分布。其中 0 mm 是针尖位置,15 mm 为接地板极位置。由于颜色信息的缺乏,灰度图像只包含亮度信息,而真彩图像则提供了丰富的且能够用于放电特征识别的色度信息。

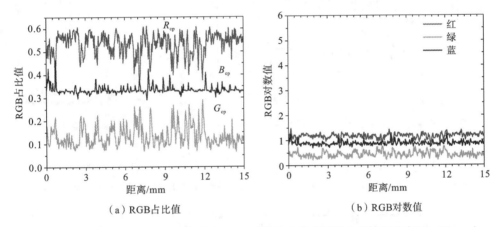

图 3.3.1　0 kV 电压下 RGB 占比值和 RGB 对数值在放电图像中的轴向分布($d=15$ mm)

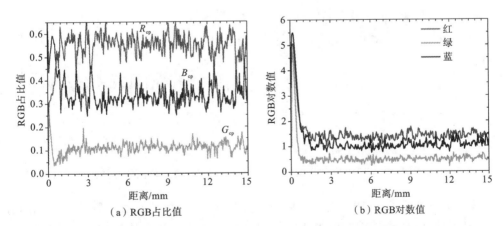

图 3.3.2　3.5 kV 电压下 RGB 占比值和 RGB 对数值在放电图像中的轴向分布($d=15$ mm)

在图 3.3.1 中,电压为 0 kV,图像背景信号中的 RGB 占比值呈现 $R>B>G$,RGB

对数值在1附近,此时间隙内无任何放电。当电压升高至3.5 kV,RGB占比值在针尖附近(0~1 mm)发生了变化,由$R>B>G$转变为$B>R>G$,而在间隙其他区域(1~15 mm)仍保持$R>B>G$。至于RGB对数值,其在0~1 mm区域内明显升高,最高值为5,出现在0 mm处。

图3.3.3和图3.3.4分别展示了5.5 kV和7.5 kV电压下RGB占比值和RGB对数值在放电图像中的轴向分布。在图3.3.3中,电压为5.5 kV,$B>R>G$的区域范围从图3.3.2中的0~1 mm扩展至0~3.5 mm,3.5~15 mm区间则保持$R>B>G$特征不变,RGB对数值最高值则从5升高至5.5,高于背景值的RGB对数值范围也扩大至0~3.5 mm,上述现象意味着交流电晕出现丝状放电且丝状放电长度约为3.5 mm。而在图3.3.4中,$B>R>G$为特征的RGB占比值区域缩小回到了0~1 mm区间,RGB对数值高于背景的范围也缩小至0~1 mm,RGB对数值最大值却仍保持为5.5,且出现在针尖0 mm处,这说明了5.5 kV出现的丝状放电在7.5 kV消失了。

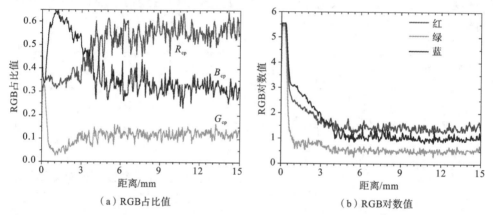

图3.3.3　5.5 kV电压下RGB占比值和RGB对数值在放电图像中的轴向分布($d=15$ mm)

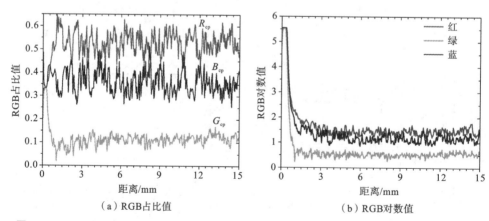

图3.3.4　7.5 kV电压下RGB占比值和RGB对数值在放电图像中的轴向分布($d=15$ mm)

图3.3.5展示了9.5 kV下RGB占比值和RGB对数值在放电图像中的轴向分布。该阶段为放电预击穿阶段,其RGB占比值和RGB对数值与图3.3.1至图3.3.4有明显不同。首先来看RGB占比值,以$B>R>G$为特征的区间占据整个间隙,在0~4 mm的区间内B分量占比值是0.4,而在5~14 mm的区间内,B分量占比值升高至

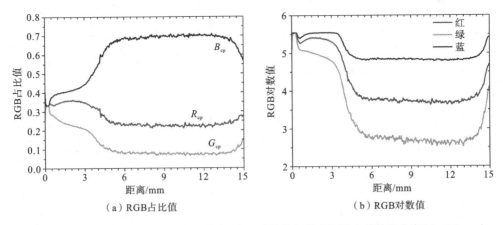

(a) RGB占比值　　　　　　　　(b) RGB对数值

图 3.3.5 9.5 kV 电压下 RGB 占比值和 RGB 对数值在放电图像中的轴向分布($d=15$ mm)

0.7。对比 RGB 对数值图,三个分量对数值存在明显增高,以 B 分量为例,0~4 mm 区间的值升高至 5.5,5~14 mm 区间的值升高至 5。上述的现象说明了放电贯穿于整个间隙,且 0~4 mm 放电强度强于 5~14 mm 的放电强度,至于 0~4 mm 的 B 分量占比值反而低于 5~14 mm 区间内的 B 分量占比值,是因为针尖区域放电过于强烈以至于出现了图像像素点过饱和的情况,即像素点单色的分量值升高至 255 之后就不再增加,使得 B 分量占比值相对降低了。最后,靠近板极处 RGB 占比值出现了增加的现象值得注意,这与 3.2 节灰度值空间分布所发现的现象一致。

2. 径向空间特征

在 3.2 节中我们展示了 15 mm 针板交流电晕的轴向空间结构,在本节中我们通过图 3.3.6 介绍交流电晕的径向空间结构。当电压小于 3.5 kV 时,图像背景信号中的 RGB 占比值呈现 $R>B>G$。当电压升至 4.0 kV,垂直方向($0°$)出现了 B 分量占比值的凸起跃升,凸起的角度跨度为 $-10°\sim10°$,B 分量占比值最高值低于 0.5。当电压升至 4.5 kV 时,B 分量占比值进一步增加,其最高值超过 0.5。当电压为 6.0 kV 时,B 分量占比值降低,其最高值低于 0.4。当电压为 7.5 kV 时,B 分量占比值无凸起跃升的特征,其值回归至背景环境的 0.35 左右。当电压为 9.5 kV 时,B 分量占比值重新出现凸起跃升特征,且跃升的角度跨度为 $-30°\sim30°$,B 分量占比值最高值接近 0.6。需要说明的是,当电压为 9.5 kV 时,垂直方向($0°$)附近出现了像素点过饱和的现象,即部分像素点的 B 分量值达到了 255 上限之后不再增加,而其他分量值继续增加,因此导致 B 分量占比值出现了略微下降。

3.3.2 放电图像全域 RGB 色度特征

1. RGB 指标评价

图 3.3.7 展示了图像整体区域 RGB 占比值之间的关系。随着电晕起始发展,B 分量占比值最高,R 分量占比值次之,G 分量占比值最低。当外加电压继续升高时,B 分量占比值呈下降趋势,而 R 分量占比值呈上升趋势。而后,各成分占比值的曲线趋向稳定。在预击穿阶段,B 分量占比值迅速升高,并伴随着 R 分量和 G 分量占比值迅速下降。上述曲线变化的趋势在不同间隙长度下显示出相同的规律。

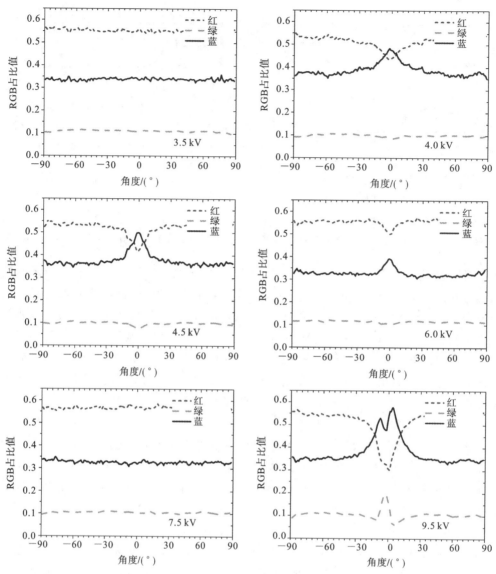

图 3.3.6　RGB 占比值在放电图像中的径向分布($d=15$ mm)

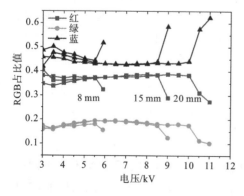

图 3.3.7　交流电晕图像的 RGB 占比值

2. RGB 衍生指标评价

我们将包含三个指标的 RGB 占比值精炼成了一个指标,即 B_{cp}/R_{cp} 比值。图 3.3.8 展示了不同电压下 15 mm 针板间隙 B_{cp}/R_{cp} 比值的空间分布,能够反映电晕图像的空间结构。在电压为 3.5 kV、5.5 kV、7.5 kV 和 9.5 kV 下,具有 $B_{cp}>R_{cp}$ 特征的微元分别分布在 0~0.6 mm、0~3.5 mm、0~0.5 mm 和 0~15 mm。需要说明的是,在 3.5 kV 和 7.5 kV 中零星出现的 $B_{cp}>R_{cp}$ 微元(如在 3.2 mm、4.2 mm 和 8.2 mm)应当被认为是数据误差,这是因为如果微元中存在放电,

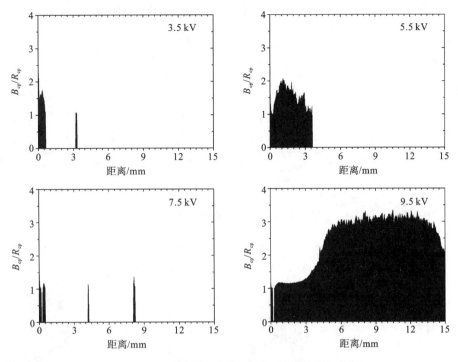

图 3.3.8 交流电晕图像的 B_{cp}/R_{cp} 比值空间分布图

则从该微元到针尖的区域应该都大于 1。

我们总结了在确定外加电压下整个区域内所有微元的 B_{cp}/R_{cp},并且从放电图像中提取了放电图像蓝红指数,放电图像蓝红指数与电压的关系如图 3.3.9 所示。

在图 3.3.9 中,从 3 kV 到 3.5 kV 电压下,曲线略有升高,这说明了负电晕的存在。当电压为 3.5~4 kV 时,曲线迅速上升,并且在 4.5 kV 时达到了最大值,这表明丝状放电在正半周得到了迅速的发展。当电压为 4.5~6.5 kV 时,曲线逐步下降,这意味着丝状放电受到了抑制。当电压为 6.5~

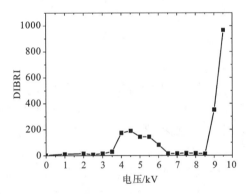

图 3.3.9 交流电晕图像的放电图像蓝红指数(DIBRI)与电压关系图

8.5 kV 时,曲线到达了最低值(与电压为 3~3.5 kV 时的曲线处于同一水平),这一曲线变化的过程反映了丝状放电完全被抑制消失。当电压为 8.5~9.5 kV 时,曲线迅速上升,图像的纵坐标数值超过了电压为 4.5 kV 时的极大值。该过程即为交流电晕的预击穿阶段,此时的放电非常剧烈。

3.3.3 放电图像全域 HSI 色度特征

图 3.3.10 和图 3.3.11 分别展示了 15 mm 针板放电间隙分析区域 A(针尖附近区域)和分析区域 B(非针尖附近区域)在 0 kV 和 9.5 kV 时色相(hue)和亮度(intensity)的统计结果。在图 3.3.10 中,区域 A 和 B 的亮度分布较为相似,均集中在色相角为

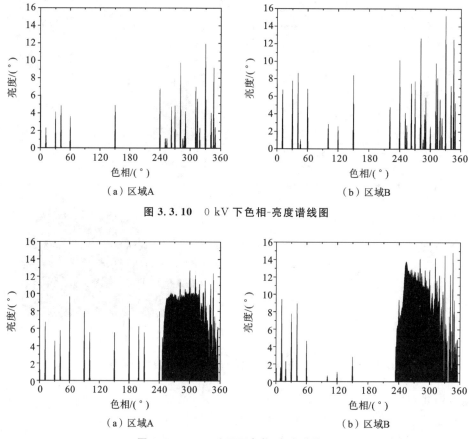

图 3.3.10　0 kV 下色相-亮度谱线图

图 3.3.11　9.5 kV 下色相-亮度谱线图

240°~360°区间内。图 3.3.12 所示的两条曲线分别是区域 A 和区域 B 的相对亮度与电压的关系图。因为放电间隙被划分为区域 A 和区域 B，所以整体区域的相对亮度与电压的关系曲线是图 3.3.12 中区域 A 曲线和区域 B 曲线的叠加，其结果如图 3.3.13 所示。交流电压负半周电晕击穿电压远高于正半周电晕击穿电压。负半周电晕放电模式保持不变（特里切尔脉冲模式），而正半周电晕放电则经历了若干阶段。因此，当电压从 3.5 kV 升至 9.5 kV 时，图 3.3.12 中区域 A 的相对亮度值是相同的，而区域 B 的相对亮度值有较大变化。

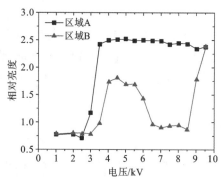

图 3.3.12　区域 A 和区域 B 的相对亮度与电压的关系图

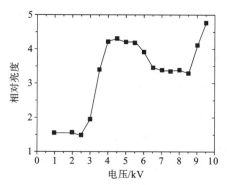

图 3.3.13　整体区域的相对亮度与电压的关系图

图 3.3.13 展示了区域叠加后的交流电晕阶段划分示意图,图中的曲线包含四个阶段,即上升阶段(3～4.5 kV)、下降阶段(4.5～6.5 kV)、平缓阶段(6.5～8.5 kV)和快速上升阶段(8.5～9.5 kV)。图 3.3.13 中曲线的趋势与图 3.3.9 中曲线的趋势一致。

3.3.4 放电图像全域色品坐标流动轨迹

我们计算了不同交流电压下放电图像的色品坐标,这些色品坐标在不同间隙长度下的移动轨迹近似于一条直线,拟合为一次线性函数,如表 3.3.1 所示。我们将所有实验结果的拟合曲线展示在图 3.3.14(a)中,将 8 mm 间隙长度下的结果作为分析案例,图 3.3.14(b)中虚线箭头表示电压增加方向。

表 3.3.1 交流电晕图像的色品坐标拟合方程($y=kx+b$)

间 隙	k	b
8 mm	1.4969	−0.2070
15 mm	1.3656	−0.1680
20 mm	1.4114	−0.1831
General parameter	1.41476	−0.18347

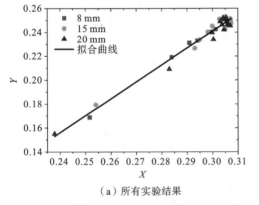
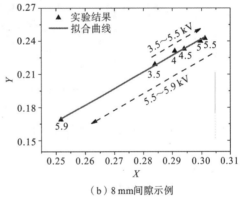

(a) 所有实验结果 　　　　　　(b) 8 mm 间隙示例

图 3.3.14　图像的色品坐标移动轨迹

图 3.3.14(b)显示了色品坐标随外加电压的变化,我们在图 3.3.15 中总结了 X 坐标的变化规律(因为横坐标 x 和纵坐标 y 的关系为一次函数,所以只考虑其中一个坐标变化规律即可)。在交流电晕开始之后,色品坐标 X 总是先随着电压的增加而增加,即长波长的辐射光增加,这意味着图像变得更"红"了;随后 X 坐标保持稳定,当电压再次升高,色品坐标 X 急剧下降,这说明了随着短波长辐射光增加,图像变得更"蓝"了。

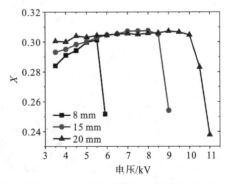

图 3.3.15　不同间隙长度下色品坐标 X 与电压的关系图

3.3.5 电流脉冲的关联性分析

图 3.3.16 展示了 15 mm 间隙交流电晕示波器电压、电流结果图。由图可知,当电压为 3.5 kV 时,负半周存在电流脉冲;当电压为 5.5 kV 时,交流电压正半周中有单根电流脉冲;当电压为 7.5 kV 时,正半周的电流脉冲消失,而负半周特里切尔电流脉冲稳定存在;当电压为 9.5 kV 时,正半周出现稳定的且幅值较大的电流脉冲,并伴随着严重的电晕噪声,这是典型的长刷状放电现象。

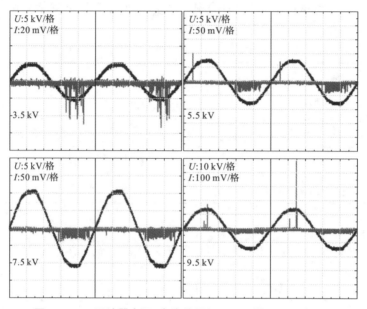

图 3.3.16 示波器电压、电流结果(t: 5 ms/格, d=15 mm)

图 3.3.17 展示了 8 mm 间隙交流电晕示波器电压、电流结果图。当电压在 3.5～

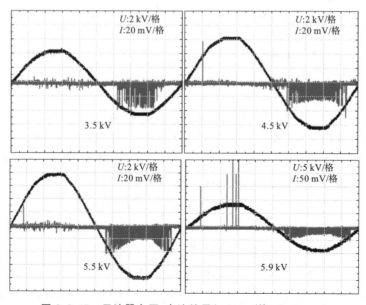

图 3.3.17 示波器电压、电流结果(t: 2 ms/格, d=8 mm)

5.5 kV 范围内,电流脉冲一直在交流电压的正半周随机出现,这与 15 mm 间隙交流电晕 7.5 kV 阶段正半周电流脉冲一度消失的现象不同,而负半周电流脉冲密集,幅值随电压的增大而逐渐减小。当电压为 5.9 kV 时,负半周电流脉冲的幅值继续减小,但在正半周电压峰值附近观察到相对密集的电流脉冲(长刷状电晕),比同一电压下负半周电流脉冲的幅值高出两个数量级。同时,间隙中出现了一个贯穿性放电通道。

3.4 负直流电晕图像色度信息

3.4.1 放电图像局部空间结构

图 3.4.1 展示了低电压阶段(2～6 kV)和高电压阶段(9～11 kV)RGB 各分量对数值和占比值的空间分布特征。在 2 kV 时,间隙未发生电晕,此时 RGB 对数值为背景噪声信息。随着电压升高,针尖附近 RGB 各分量均显著增加,但在整个间隙中始终保持 $R>B>G$。在 9～11 kV 阶段,靠近针电极和板电极的 R 分量与 B 分量高于间隙中间的 R 分量和 B 分量。另一方面靠近针尖处均呈现 $R>B>G$,靠近板极处均呈现 $B>R>G$,且 $B>R>G$ 的区域随着电压升高其覆盖范围逐渐增大,而 $R>B>G$ 的区域则不断减小。

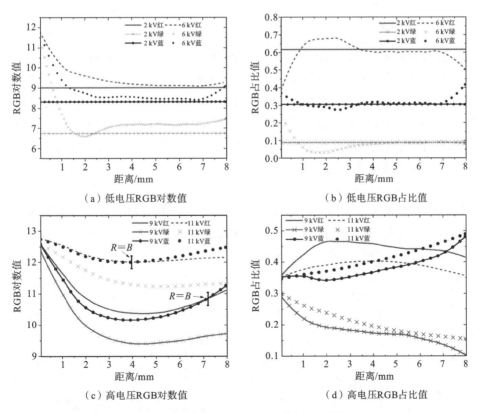

(a) 低电压RGB对数值 (b) 低电压RGB占比值
(c) 高电压RGB对数值 (d) 高电压RGB占比值

图 3.4.1 负直流电晕 RGB 色度特征空间分布

图 3.4.1(a)、(b) 展示了低电压阶段(2～6 kV)RGB 对数值和占比值的空间分布

特征。在 2 kV 时，间隙未发生电晕，此刻 RGB 占比值为背景噪声信息，分别为 0.6、0.3、0.1。随着电压增加，RGB 占比值在 0~3.5 mm 有明显的变化，这意味着电晕主要存在于针尖附近。图 3.4.1(d)展示了高电压阶段(9~11 kV)RGB 占比值的空间分布特征。从图中可观察到，间隙主要分为两部分，其中靠近针尖处 $R>B$，靠近板极则 $B>R$；随着电压升高，$R>B$ 的区域逐渐减小，而 $B>R$ 的区域逐渐增大。

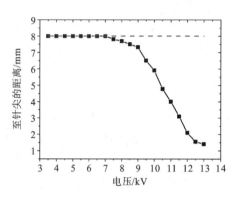

图 3.4.2　$R=B$ 分量交汇点与外加电压的关系

可见光学特征将负直流电晕放电分为两个阶段。其中第一个阶段，负直流电晕仅存在针尖附近，且负电晕呈现 $R>B>G$。随着电压升高，电晕进入第二个阶段，电晕存在整个间隙中，并且针尖附近和板极附近的 RGB 分量值均高于间隙中间部分的 RGB 分量值。在该阶段中，整个间隙被分为两块区域，一块区域靠近针尖($R>B>G$)，另一块区域靠近板极($B>R>G$)，随着电压继续升高，板极附近 $B>R>G$ 区域逐渐扩大，而针尖附近 $R>B>G$ 区域逐渐减小，$R=B$ 交汇点的空间位置如图 3.4.2 所示。

3.4.2　放电图像全域色度特征

图 3.4.3(a)展示了色相值和亮度值与外加电压的关系图。8 mm 针-板间隙负直流电晕起晕电压为 3 kV。在 0~3.5 kV 区间，色相值从 320 减小至 305，这说明图像颜色朝着偏"蓝"的方向变化；在 4~8 kV 区间，色相值从 305 上升至 315，这说明图像逐渐偏"红"；从 8.5~13 kV 是预击穿阶段，图像色相值从 315 下降至 285 附近，这说明图像逐渐偏"蓝"。再看图像整体区域的亮度值，随着电压的增高，亮度值在低电压阶段增长缓慢，而在高电压阶段迅速增加。

图 3.4.3(b)展示了 RGB 占比值与外加电压的关系图。负电晕的起始电压约为 3 kV。首先，R 分量的比例随着电压的增加而增加，同时 B 分量和 G 分量的比例逐渐减小。当电压升高到 8 kV 左右，B 分量比例开始增大，R 分量所占比例逐渐减小。

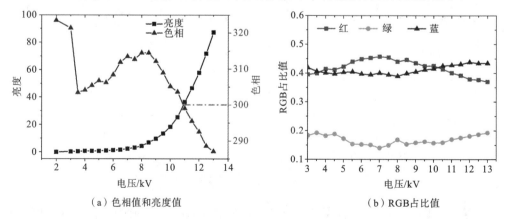

(a) 色相值和亮度值　　　　(b) RGB 占比值

图 3.4.3　放电图像整体区域中色度特征与电压的关系

图 3.4.4 展示了通过示波器测量得到的电流脉冲幅值和频率，当电压为 2～4 kV 时，电流幅值率先上升；当电压为 4～10.5 kV 时，电流脉冲幅值随电压上升而下降，电流脉冲频率则在整个过程中不断增加；电压继续增加，放电进入无脉冲阶段，示波器电流脉冲幅值降到背景噪声水平，而频率则迅速降为零。

3.4.3 负直流电晕脉冲阶段的数值仿真

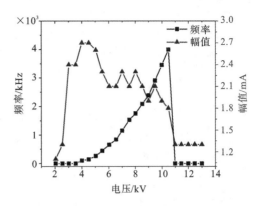

图 3.4.4　示波器测得的电流脉冲幅值和频率

图 3.4.4 中的结果显示负直流电晕在电压为 2～11 kV 时存在放电脉冲，在电压大于或等于 11 kV 时放电脉冲消失。其中在脉冲阶段（2～11 kV），脉冲幅值先随着电压升高而增加，随后随着电压升高而降低，并伴随着对应放电图像中色度信息的变化。基于此，我们利用 Comsol 软件模拟外加电压对负直流电晕脉冲阶段的影响，以便深入了解其中的物理机制。

1. 控制方程

非热平衡等离子体的输运过程常被一组包含源项、对流扩散项、粒子时变项的流体动力学方程组以及与之耦合的静电场泊松方程来描述。本书的控制方程式为

$$\begin{cases} \dfrac{\partial N_e}{\partial t} + \nabla \cdot (N_e \vec{W_e} - D_e \nabla N_e) = S_{ph} + \alpha N_e |\vec{W_e}| - \eta N_e |\vec{W_e}| - \beta_{ep} N_e N_p + k_d N_{O_2} N_n \\ \dfrac{\partial N_p}{\partial t} + \nabla \cdot (N_p \vec{W_p} - D_p \nabla N_p) = S_{ph} + \alpha N_e |\vec{W_e}| - \beta_{ep} N_e N_p - \beta_{np} N_n N_p \\ \dfrac{\partial N_n}{\partial t} + \nabla \cdot (N_n \vec{W_n} - D_n \nabla N_n) = \eta N_e |\vec{W_e}| - \beta_{np} N_n N_p - k_d N_{O_2} N_n \end{cases}$$

(3.15)

式中：t 为时间；N_i 为粒子 i 浓度，粒子 i 可为电子 e、正离子 p、负离子 n；D_i 为粒子扩散系数；$\vec{W_i}$ 为粒子飘移速度；α 为电子碰撞电离系数；η 为电子附着系数；β_{ep} 和 β_{np} 分别为正离子与电子、正离子与负离子的复合系数；k_d 为负离子解离系数；S_{ph} 表示光电离作用产生的光电离项。

$$\nabla \cdot (-\varepsilon_0 \varepsilon_r \nabla u) = e(N_p - N_e - N_n), \vec{E} = -\nabla u \tag{3.16}$$

式中：u 为点位；$\vec{E}$ 为电场强度。

2. 输运参数

输运参数如表 3.4.1 所示[4-6]。

表 3.4.1　输运参数

参　数	数　　值	单　位
电离系数	$3500 \times \exp(-1.65 \times 10^{-5}/E)$	1/cm
附着系数	$15 \times \exp(-2.5 \times 10^{-4}/E)$	1/cm
电子漂移速度	$-6060 E^{0.75}$	cm/s

续表

参　数	数　值	单　位
正离子漂移速度	2.43	cm/s
负离子漂移速度	−2.70	cm/s
正离子与电子复合系数	2×10^{-7}	cm^3/s
正离子与负离子复合系数	2×10^{-7}	cm^3/s
电子扩散系数	1800	cm^2/s
正离子扩散系数	0.028	cm^2/s
负离子扩散系数	0.043	cm^2/s

3. 光电离项

目前,有大量的关于光电离的研究成果,普遍采用下式来描述光电离项[7]。

$$S_{ph} = \frac{1}{4\pi}\frac{P_q}{P+P_q}\int d^3\vec{r_1}\frac{S_{ion}(\vec{r_1})}{|\vec{r}-\vec{r_1}|}f(|\vec{r}-\vec{r_1}|P) \tag{3.17}$$

式中:$\vec{r_1},\vec{r}$ 分别为源坐标和场坐标;P 为大气压压强,$P=1.01\times10^5$ Pa;P_q 为激发态氮原子的衰减压强,$P_q=3997$ Pa。$S_{ion}(\vec{r_1})=\omega N_e v_e$,$\omega\in[0.12,0.06]$,取 $\omega=0.1$;$f(|\vec{r}-\vec{r_1}|P)$ 表示光电离吸收系数,有

$$f(r)=\frac{e^{-k_1 P_{O_2} r}-e^{-k_2 P_{O_2} r}}{r\lg\frac{k_2}{k_1}}\propto g(r)=170e^{-120r} \tag{3.18}$$

式中:$k_1=2.63\times10^{-4}$ cm^{-1} Pa^{-1};$k_2=0.015$ cm^{-1} Pa^{-1};P_{O_2} 为 O_2 压强且 $P_{O_2}=0.2\times10^4$ Pa。可以借助 Eddington 二项式近似法计算光电离 S_{ph}。转换到圆柱坐标系下,对光电离项进行如下简化:

$$S_{ph}=\frac{P_q}{P+P_q}\omega V_r N_e v_e \tag{3.19}$$

式中:$V_r=\frac{r_m}{2}\int_0^{r_m}\frac{e^{-k_1 P_{O_2} r}-e^{-k_2 P_{O_2} r}}{r\lg\frac{k_2}{k_1}}dr$。参考文献[8],可认为光电离的有效距离 $r_m=0.02$ cm,即认为距离目标对象 r_m 的球体范围内光电离才是有效的,得出系数 $V_r=63.78$。

4. 解离项

负粒子解离过程是指负粒子通过碰撞失去了电子,自身转变为中性粒子的过程,其作用与电子附着形成负离子的过程相反。空气放电中常见的电子附着过程为分离附着和三体附着,见式(3.20)和式(3.21)。

$$e+O_2\rightarrow O^-+O \tag{3.20}$$

$$e+O_2+M\rightarrow O_2^-+M \tag{3.21}$$

同样的,式(3.22)和式(3.23)则分别是分离附着和三体附着所对应的解离过程[9][10],解离反应和附着反应在某种程度上能够建立起负离子密度的平衡,从而对电导率以及等离子体性质产生不可忽视的影响[11];另外,在过去实际数值模拟中,放电脉

冲产生负离子的过程如果不能被平衡,负离子密度容易过高,进而使负离子运动方向与针尖电场反向,导致负离子向针尖方向移动,甚至出现负离子进入针尖的现象,这不仅与实际过程不符,而且容易导致仿真模型不收敛。综上,基于正确描述物理过程以及提升模型收敛性的需要,考虑一种能够平衡附着反应的负离子解离过程是十分必要的。

$$O^- + O \rightarrow e + O_2 \tag{3.22}$$

$$O_2^- + M \rightarrow (O_2^-)^* + M \rightarrow e + O_2 + M \tag{3.23}$$

$$O_3^- + M \rightarrow e + Products \tag{3.24}$$

快速的电荷转移反应会使得 O_2^- 迅速取代 O^-,进而反应式(3.22)的作用在某种程度上可以忽略。除此之外,反应式(3.23)中 $M=N_2$ 的情况可以忽略,这是因为在反应式(3.24)中 $M=O_2$ 比 $M=N_2$ 的速率高一到两个数量级[12]。综上所述,空气放电中的解离过程可以简化为

$$O_2^- + O_2 \rightarrow e + 2O_2 \tag{3.25}$$

反应式(3.25)速率使用 Ponomarev 的拟合曲线[13],又因为 Ponomarev 的曲线只包含 $E/N > 50$ Td 的结果,所以当 $E/N < 50$ Td 时,我们取 5×10^{-14} cm^3/s,即

$$k_d = (E/N < 50 \text{ Td}) \times 5 \times 10^{-14} + (E/N \geq 50 \text{ Td}) \times 1.1 \times 10^{-10} \exp\left[-\left(\frac{450}{150+E/N}\right)^{2.5}\right] \tag{3.26}$$

5. 初始粒子密度、模型几何参数和边界条件

(1) 初始粒子密度。初始负离子密度为零,初始正离子和电子密度服从高斯分布,有

$$N_{e\_0} = N_{p\_0} = N_{max} \exp\left[-\frac{(r)^2}{2\sigma_r^2} - \frac{(z-z_0)^2}{2\sigma_z^2}\right] \tag{3.27}$$

其中,N_{max} 被设置为 10^{16} m^{-3},$\sigma_r = \sigma_z = 62.5$ μm,初始电子/正离子浓度大小不影响放电过程,但是会影响脉冲产生的速度。

(2) 模型几何参数。为了简化计算,电极间隙长度被设置为 0.6 cm,计算区域宽 12 cm、高 7.2 cm。针尖形状由 Lama 报道的双曲坐标方程所控制,曲率半径设置为 35 μm。

(3) 边界条件。具体边界条件设置如表 3.4.2 所示,表中 γ 为二次电子发射系数,其参数值一般设置为 0.01。此外,我们对局部网格进行加密,这样既保证了计算精度又兼顾了计算效率,降低计算时间,模型几何与模型网络示意图如图 3.4.5 所示。

表 3.4.2 边界条件

边界	电子密度	正离子密度	负离子密度	电势
针电极	$-\vec{n} \cdot (\vec{W_e} N_e - D_e \nabla N_e) = \gamma N_p \|\vec{W_p}\|$	$-\vec{n} \cdot (-D_p \nabla N_p) = 0$	$N_p = 0$	$u = -U_s$
接地极	$-\vec{n} \cdot (-D_e \nabla N_e) = 0$	$N_p = 0$	$-\vec{n} \cdot (-D_n \nabla N_n) = 0$	$u = 0$
远边界	$-\vec{n} \cdot (-D_e \nabla N_e) = 0$	$-\vec{n} \cdot (-D_p \nabla N_p) = 0$	$-\vec{n} \cdot (-D_n \nabla N_n) = 0$	$\vec{n} \cdot (-\nabla u) = 0$

6. 放电电流

目前,主要有两种方法来计算放电脉冲电流。第一种计算方法基于带电粒子穿过

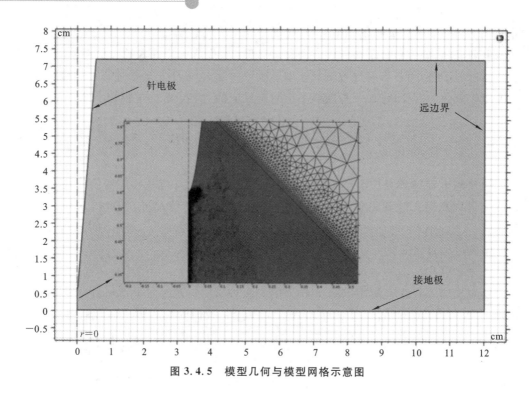

图 3.4.5 模型几何与模型网格示意图

边界（阴极）的速率，这需要求解各粒子对阴极的通量，积分区域为阴极表面，有

$$I_1 = \oint \left\{ \left[\text{sign}(i) \cdot e_e N_e \vec{W}_e + \text{sign}(i) \cdot e_p N_p \vec{W}_p + \text{sign}(i) \cdot e_n N_n \vec{W}_n \right] \cdot \mathrm{d}\vec{S} \right.$$
$$\left. + \frac{\mathrm{d}}{\mathrm{d}t} \left[-\vec{n} \cdot \varepsilon_0 \varepsilon_r (\vec{E}_{\text{plas}} - \vec{E}_{\text{diele}}) \cdot \mathrm{d}\vec{S} \right] \right\} \tag{3-28}$$

式中：法向 $\vec{n}$ 为边界指向等离子体侧的方向；$\vec{E}_{\text{plas}}$、$\vec{E}_{\text{diele}}$ 分别表示边界等离子体侧和介质侧的电场强度。第二种方法基于能量守恒定律，有

$$I_2 = \frac{1}{U_s} \left(\frac{\mathrm{d}}{\mathrm{d}t} \int \frac{1}{2} \varepsilon_0 \varepsilon_r E^2 \mathrm{d}V + \int \vec{E} \cdot \sum_{e,p,n} e_i N_i \vec{W}_i \mathrm{d}V \right) \tag{3-29}$$

式中：U_s 为外加电压。第一个积分项代表电场能量密度，第二个积分项代表传导电流能量密度，积分区域为整个空间体，该计算公式是 Sato 公式的一种简化。后文中，电流脉冲幅值和频率下标为 1 的均指利用阴极通量法得到的结果，下标为 2 的均指利用能量守恒定律得到的结果。

3.4.4 仿真结果

图 3.4.6 展示了采用两种计算方法得到的外加电压为 2.82 kV 下电流脉冲仿真结果。相较于能量守恒法，阴极通量法的脉冲幅值基本要低一个数量级，但两种方法得到的脉冲所处时刻基本一致。仿真结果显示，第一根脉冲幅值较高，其幅值约为 0.1 mA/0.7 mA，后续脉冲幅值较低，其幅值约为 0.02 mA/0.2 mA，这是因为第一根脉冲发展的时候空间中不存在残留电荷，而从第二根脉冲开始，空间中存在上一次或者上几次放电残留的负空间电荷，这一定程度上抑制了后续放电脉冲的发展。

图 3.4.7 展示了采用两种计算方法得到的外加电压为 2.85 kV 下的电流脉冲仿真

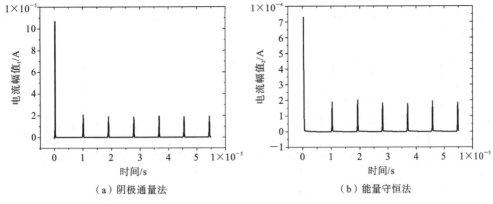

图 3.4.6 电流脉冲仿真结果(电压 2.82 kV)

结果。相较于图 3.4.6 所示的结果,图 3.4.7 中首根脉冲的幅值显著升高了,其幅值约为 0.24 mA/1.1 mA,后续脉冲幅值有一定程度增加,但不明显,其幅值约为 0.03 mA/0.3 mA;另一方面,脉冲更加密集了。例如,图 3.4.6 中最后一根脉冲(也是正数第七根脉冲)出现在 $t=5.5\times^{-5}$ s 处,然而在图 3.4.7 中最后一根脉冲(也是正数第七根脉冲)出现早于 $t=5.5\times 10^{-5}$ s 处。

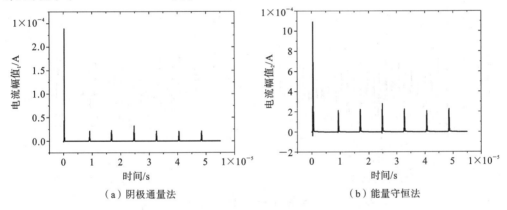

图 3.4.7 电流脉冲仿真结果(电压 2.85 kV)

图 3.4.8 展示了采用两种计算方法得到的外加电压为 3.05 kV 下的电流脉冲仿真结果。相较于图 3.4.6 和图 3.4.7 所示的结果,图 3.4.8 中首根脉冲的幅值再次升高,并高于后续脉冲幅值多个数量级,在此我们重点研究除首峰以外的其他放电脉冲。从图中可以看出,后续脉冲的幅值分别降低到 0.03 mA/0.3 mA 以下,且第 2~4 根脉冲幅值明显偏小,这是因为首根脉冲产生了大量的负空间电荷,严重抑制了后续脉冲的发展,这些负空间电荷的解离或者迁移需要一定时间,因此抑制了相邻的后续脉冲发展。此外,仿真结果也展现了放电的随机性。从图中还可以看到,第 5 根脉冲之后,脉冲幅值上升进入到一个稳定阶段,但不同脉冲之间的幅值仍有一定的差异和波动。另外,后续脉冲出现的频率也显著升高,在 $t=[0\text{ s}, 5.5\times 10^{-5}\text{ s}]$ 区间内出现了 13 根脉冲,而图 3.4.6 和图 3.4.7 中仅出现了 7 根脉冲。

图 3.4.9 展示了采用两种计算方法得到的外加电压为 3.175 kV 下的电流脉冲仿真结果。在此,我们仍重点研究次峰的各项特征。连续脉冲的幅值已经降低至 0.002

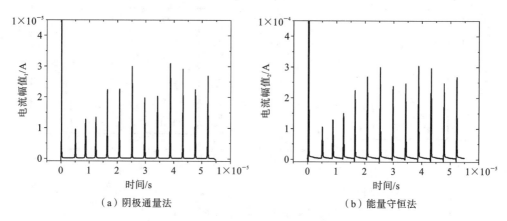

(a) 阴极通量法　　　　　　　(b) 能量守恒法

图 3.4.8　电流脉冲仿真结果(电压 3.05 kV)

mA/0.035 mA 左右，脉冲更加密集，在 $t=[0\text{ s}, 4.5\times10^{-5}\text{ s}]$ 区间内出现了多达 23 根脉冲，脉冲和脉冲之间已经没有之前明显的时间间隔，并且脉冲和脉冲之间的最低点大于零，这意味着当前一根脉冲还没有完全熄灭而下一根脉冲就已经开始发展上升。

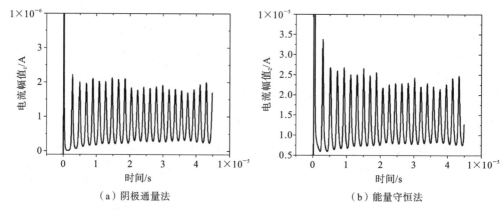

(a) 阴极通量法　　　　　　　(b) 能量守恒法

图 3.4.9　电流脉冲仿真结果(电压 3.175 kV)

上述的四幅图是我们在实验中选取且具有一定代表性的电流脉冲仿真结果图，为了进一步展示仿真结果的统计特征，我们对除首峰以外的所有连续脉冲的幅值和频率进行了统计，相关统计结果如图 3.4.10 所示。图中，标号为 1 的数据是阴极通量法得到的结果，标号为 2 的数据是能量守恒法得到的结果。

在图 3.4.10(a)中，电流脉冲幅值呈分段变化。当电压为 2.8 kV(2.9 kV)时，脉冲幅值随着电压升高而升高，即幅值从 0.025 mA(0.23 mA)升高至 0.032 mA(0.274 mA)；当电压为 2.9～3.2 kV 时，脉冲幅值随着电压升高而降低，即幅值从 0.032 mA(0.274 mA)降低至 0.00125 mA(0.017 mA)；当电压大于 3.2 kV 时，放电脉冲完全消失，放电进入无脉冲放电阶段。

在图 3.4.10(b)中，电流脉冲频率呈单调变化，脉冲频率随着电压升高而升高，即频率从 113 kHz 上升至 524 kHz，其频率增长的速度呈非线性特征，即电压低时增长缓慢，而电压高时增长较为迅速。总体来说，两种方法计算得到的电流频率特征重合性好于幅值特征，两条频率曲线及数据点基本重合。

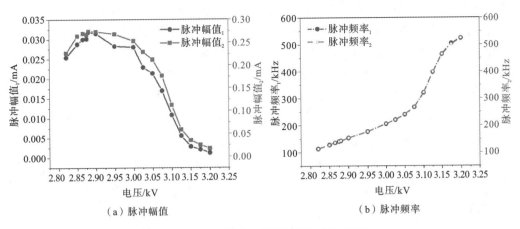

(a) 脉冲幅值　　　　　　　(b) 脉冲频率

图 3.4.10　电流脉冲幅值和频率的仿真结果

3.4.5　仿真结果讨论

1. 图像色相值与脉冲幅值的关系

有效电离系数 $\alpha(E)-\eta(E)$ 的积分被用于描述电晕放电的强度,其中 α 和 η 分别是电离系数和吸附系数。有效电离系数的积分 ζ 被证明与电流脉冲幅值成正比。

$$\zeta = \int_0^{r_i} (\alpha(E)-\eta(E)) \mathrm{d}r \tag{3.30}$$

$$E_s = E_l - E_r \tag{3.31}$$

换句话说,ζ 值越大则电流脉冲幅值越大,反之亦然。电离系数积分 ζ 与电离电场 E_s 有关,电离电场 E_s 是指针尖与电离边界($\alpha=\eta$)之间电场,它一方面包括静电场 E_l 的作用,另一方面包括空间电荷 E_r 的作用。

随着外加电压升高,电流脉冲包含两个阶段(2.82～2.9 kV 阶段和 2.9～3.2 kV 阶段),当电压从 2.82 kV 升高至 2.9 kV,电流脉冲幅值上升,仿真结果中电压 2.9 kV 的最大电离电场 3.3×10^7 V/m 高于 2.82 kV 时的最大电离电场 3.0×10^7 V/m,更高的电场产生了更多的正负粒子,引起了脉冲电流幅值的上升。当电压从 2.9 kV 继续升高至 3.175 kV 时,电流脉冲幅值显著下降,仿真结果中电压 3.175 kV 的最大电离电场值降低至 2.46×10^7 V/m。放电最大电离电场并不会随着外加电压升高而升高,这归因于积累足够多的负离子云对静电场的抑制作用,负离子云通过降低电离电场实现了对电离活动的限制,并导致脉冲幅值的下降。

电离电场的变化除了影响电流脉冲外,还导致了图像色度特征的变化。将图 3.4.10、图 3.4.3 和图 3.4.4 关联起来研究可以发现,图像色度特征和电流脉冲幅值在特里切尔脉冲阶段,都经历了两个阶段变化,即随着电压升高,电流脉冲幅值先增大后减小,对应的色相值先降低至 300 附近(图像先变"蓝"),而后色相值逐渐增高(图像后变"红")。这是因为空气中的电晕放电光谱在可见光部分主要包含两种光辐射过程:一种为氮的第一正带系(500～780 nm),引发该反应所需要的自由电子能级应高于 7.35 eV,其辐射光在色度学领域具有红色特征;另一种是氮的第二正带系(380～500 nm),引发该反应所需要的自由电子能级应高于 11.03 eV,其辐射光在色度学领域具有蓝色特征。当电离电场(和电场)降低时,自由电子通过电场加速所获得的能量也随之减少,因此自由电子与气体分子碰撞所产生的能量交换仅能使气体分子外的电子上升到一个相对较低的能级,进而辐射频率较低(波长较长)的辐射光,使得图片变红。反过来说,当电离电场(和电场)增加时,自由电子通过电场加速并具有了足够多的能量,这使得气体分子外的电子能够被激发至一个相对较高的能级,进而辐射出频率较高(波长较短)的辐射光,使得图片变蓝。

2. 图像亮度值与脉冲频率的关系

目前对放电频率的拟合主要包含 $f=kV(V-V_0)$ 和 $f=k(V-V_0)^2$ 两种模型。其中,k 是与放电结构有关的系数,V_0 是起晕电压。本书对脉冲的频率关于外加电压的曲线进行了拟合,拟合结果为

$$f=74.16(x-3.34)^2 \tag{3.32}$$

拟合函数的复相关系数为 0.99767,本书中的起晕电压为 3.0~3.5 kV,因此其结果符合 $y=k(V-V_0)^2$ 模型的预测。再来看图像亮度曲线,该曲线与电流脉冲频率有着相似的发展趋势,利用二次多项式对其进行分段拟合。经过实验与对比,当分界电压为 8 kV 时,拟合的效果最佳。拟合的结果分别为

$$\text{Intensity}=0.211(x-3.57)^2, \quad x\in[3\text{ kV},8\text{ kV}] \tag{3.33}$$
$$\text{Intensity}=3.559(x-7.75)^2, \quad x\in[8\text{ kV},13\text{ kV}] \tag{3.34}$$

对比放电频率和亮度值的拟合函数可以发现,在低电压阶段脉冲频率和亮度曲线的结果均为 $y=k(V-V_0)^2$ 类型,而当电晕进入高电压阶段时,图像亮度值曲线拟合的结果为 $y=k(V-2V_0)^2$ 类型。这是因为当电压为 3~8 kV 时,只有一种形式的放电,在每次脉冲放电所辐射的光通量相等的前提下,图像亮度曲线与放电频率呈现相同的增长趋势,因此放电频率和图像亮度值曲线呈现良好的对应关系;而电压升高至 8 kV 之后,阳极附近产生新的放电(anode discharge),如图 3.4.1 所示,靠近板极出现了 $B>R$ 的区域。其产生的正离子不能被针电极吸收形成电流脉冲,因此示波器仅仅记录了针尖附近的放电,这使得图像的亮度拟合曲线与电流脉冲频率的拟合曲线在 8 kV 之后不再近似相同。

3.5 小结

1. 放电图像灰度色度指标系统

本章基于灰度特征提出了定量化指标。AGL 值和 STD 值的空间分布能够反映放电的空间分布,进而反映放电状态变化。

本章基于不同色彩空间提出三类定量化指标。首先,我们提出将色度学中的格拉斯曼定律应用于气体放电研究中,该部分内容将为第 4 章和第 6 章色品坐标轨迹的分析以及第 7 章颜色基底和光谱基底概念的引入打下基础。其次,我们基于 RGB、HSI 和 XYZ 三种色彩空间介绍了放电图像和光谱的色度信息提取方法,其中 RGB 色彩空间的优势在于广泛通用性,绝大部分数字成像设备均采用 RGB 色彩空间来储存颜色信息;HSI 色彩空间的优势在于其能够将色度属性和强度属性分离;XYZ 色彩空间的优势在于其 CIE XYZ 色品坐标系能够与光谱结果建立起关联。基于 RGB 色彩空间的定

量化指标,主要包含图像、光谱的 RGB 占比值和 RGB 分量值以及图像单色增强法和图像红蓝指数,其中 RGB 占比值又包括轴向分布和径向分布。基于 HSI 色彩空间的定量化指标主要包含图像的色相值、饱和度和亮度。最后,本章还介绍了提取色相-亮度谱线图的方法。基于 XYZ 色彩空间的特征提取方法主要包含图像和光谱的色品坐标及其随电压变化的移动轨迹。

2. 电晕放电空间结构

电晕放电引起可见光图像中的 RGB 占比值和 RGB 对数值在轴向和径向空间发生改变,RGB 特征的改变反过来能够反映放电空间结构的变化。本章以 15 mm 间隙为例,利用 RGB 特征的变化表征了电晕放电非预击穿阶段丝状放电发展和消亡过程,识别了丝状放电的空间尺寸(长约 3.5 mm);RGB 特征的变化还表征了预击穿阶段出现的贯穿性放电。基于 B 分量占比值而绘制的二维伪彩图,同样有助于观测丝状放电长度的变化和贯穿性放电通道的形成。上述的放电空间结构无法在可见光图像中被直接观测。

3. 放电阶段状态综合评价

本书提出了两种新的放电阶段状态评价指标,其一为放电图像蓝红指数,其二为放电特征色相区间相对亮度。两种评价指标能够以定量的角度对交流电晕放电进行阶段划分,有效反映了正半周中丝状放电的发展、抑制和消亡过程。该放电阶段划分以正半周电晕为基础,且与示波器正半周电流脉冲和基于灰度特征的交流电晕阶段划分关联性良好,因此 15 mm 交流电晕被划分为"发展阶段""抑制阶段""稳定阶段""预击穿阶段"。

本书基于 CIE XYZ 色品坐标系构建了放电色品坐标移动轨迹,坐标移动轨迹展现良好的线性特征,能反映放电状态并与 RGB 占比值关联良好,x 和 y 坐标值先增大然后保持稳定最后下降;该变化趋势与图像 B 分量占比值先下降后稳定最后迅速上升的过程对应良好,且对应于负半周电晕的特里切尔脉冲电流幅值下降以及正半周电晕中预击穿阶段电流脉冲升高的现象。通过光谱分析,我们发现色品坐标移动轨迹反映了可见光范围内氮的第一正带系和第二正带系强度之比的变化。

4. 光电信号关联变化机理

(1) 图像的色度属性对应于脉冲电流幅值大小。色度特征和脉冲幅值的变化归因于电离电场;电离电场增加会导致有效电离系数增加,造成脉冲电流幅值增加,伴随着电子能量增加,导致光辐射能量增加,造成 B 分量增加和色相值的降低。电离电场降低,会导致有效电离系数降低,造成脉冲电流幅值降低,伴随着光辐射能量下降,造成 B 分量降低和色相值升高。

(2) 图像的亮度属性对应于脉冲电流频率高低。每一次放电脉冲形成则对应于一次图像亮度值的叠加,当间隙中只有特里切尔脉冲放电时,图像亮度值和脉冲频率关于电压的拟合方程模型一致。当间隙中除了特里切尔脉冲放电还出现阳极放电(anode discharge)时,图像亮度值和脉冲频率关于电压的拟合方程模型不一致,因为影响图像亮度特征的因素不仅仅只有示波器测量到的脉冲。

3.6 本章参考文献

[1] NAMIHIRA T, WANG D. Propagation velocity of pulsed streamer discharges in atmospheric air[J]. IEEE Transactions on plasma science, 2003, 31(5): 1091-1094.

[2] ABDLLAH M, KUFFEL E. Development of spark discharge in nonuniform field gaps under impulse voltages[J]. Proceedings of the institution of electrical engineers, 1965, 112(5): 1018-1024.

[3] WILSON P F, MAM T. Fields radiated by electrostatic discharges[J]. IEEE Transactions on electromagnetic compatibility, 1991, 33(1): 179-183.

[4] DENG F C, YE L Y, SONG K C. Numerical studies of Trichel pulses in airflows [J]. Journal of physics D: applied physics, 2013, 46(42): 425202.

[5] DORDIZADEH P, ADAMIAK K, CASTLE G S P. Numerical investigation of the formation of Trichel pulses in a needle-plane geometry[J]. Journal of physics D: applied physics, 2015, 48(41): 415203.

[6] LU Binxian, SUN Hongyu, WU Qiukun. Characteristics of trichel pulse parameters in negative corona discharge[J]. IEEE Transactions on plasma science, 2017, 45(8): 2191-2201.

[7] 陈田. 两相体沿面放电研究[D]. 武汉: 华中科技大学, 2015[2016-06-16].

[8] 张赟, 曾嵘, 杨学昌, 等. 大气压下流注放电光电离过程的数值仿真[J]. 中国电机工程学报, 2009, 29(4): 110-116.

[9] PANCHESHYNI S. Effective ionization rate in nitrogen-oxygen mixtures[J]. Journal of physics D: applied physics, 2013, 46(15): 155201.

[10] HAEFLIGER P, HOSL A, FRANCK C M. Experimentally derived rate coefficients for electron ionization, attachment and detachment as well as ion conversion in pure O_2 and N_2-O_2 mixtures[J]. Journal of physics D: applied physics, 2018, 51(35): 355201.

[11] ALEKSANDROV N L, ANOKHIN E M. Electron detachment from O_2-ions in oxygen: the effect of vibrational excitation and the effect of electric field[J]. Journal of physics B: atomic, molecular and optical physics, 2011, 44(11): 115202.

[12] ARDELYAN N V, BYCHKOV V L, KOSMACHEVKII K V. On electron attachment and detachment processes in dry air at low and moderate constant electric field[J]. IEEE Transactions on plasma science, 2017, 45(12): 3118-3124.

[13] PONOMAREV A A, ALEKSANDROV N L. Monte Carlo simulation of electron detachment properties for O_2-ions in oxygen and oxygen:nitrogen mixtures [J]. Plasma sources science and technology, 2015, 24(3): 035001.

4

沿面放电可见光图像及状态诊断

本章通过提取大气条件下暗环境中交流电压沿面放电可见光图像的色度信息,利用数字图像处理技术,发现了沿面放电不同发展阶段的色度变化规律,短间隙、染污沿面放电的四种发展模式以及电弧阶段的色度特征。

4.1 装置与沿面放电图像

4.1.1 沿面放电装置

图 4.1.1 展示了沿面放电电路模型图,各设备参数如下。

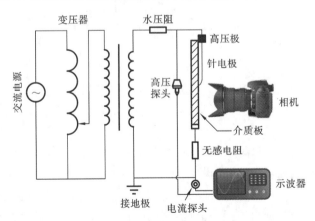

图 4.1.1 沿面放电电路模型图

交流电源:工频市电电源,有效值为 380 V,频率为 50 Hz。

直流电源:型号为 Spellman sl600,输出电压为 ±15 kV。

变压器:型号为 CQSB(J)6/50,额定频率为 50 Hz,额定电压为 50 kV/0.1 kV,额定电流为 0.12 A/60 A。

高压探头:型号为 Tektronix P6015A,衰减系数为 1000×,宽带为 75 MHz。

电流探头：① 通过测量无感电阻两端电压得到电流波形，型号为 Tektronix TPP 0100，衰减系数为 10×；② 通过霍尔电流传感器直接得到电流波形。

示波器：型号为 Tektronix MDO4105B-3，带宽为 300 MHz，采样率为 5 GB/s。

相机：型号为 Nikon D800，有效像素为 3630 万（最大分辨率 7360×4912 像素），传感器为 35.9 mm×24 mm CMOS，快门速度范围为 1/8000～30 s，ISO 感光度范围为 50～25600。微距镜头型号为 AF-S VR105，最大光圈为 F2.8，最小光圈为 F32，镜头直径为 83 mm，镜头长度为 116 mm。

指指电极沿面放电装置如图 4.1.2 所示。采用指指电极来模拟稍不均匀电场以及针板电极来模拟极不均匀电场。指指电极头部为四分之一球状，直径为 2 cm；针板电极中针头电极尖端角度为 52°，直径为 2 cm。电极间隙为 0～40 mm 可调，介质板材料使用有机玻璃、聚四氟乙烯、尼龙和环氧树脂等常用绝缘材料。

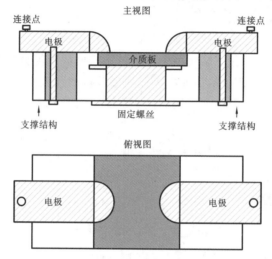

图 4.1.2 指指电极沿面放电装置

4.1.2 图像

实验开始前，将相机置于放电装置正视面，调节好焦距并固定，使用遥控拍摄放电图片以防止相机抖动。实验在暗环境、大气条件、常温下进行，来模拟 GIS 和开关柜中的沿面放电情况。

图 4.1.3（见附录 A）和图 4.1.4（见附录 A）分别展示了针板电极和指指电极沿面放电不同阶段的可见光照片，实验设置：曝光时间为 5 s，电极间隙为 2 cm，介质板材料为聚四氟乙烯。由图可以看出，图像的色度和亮度信息随着电压的发展愈加丰富，根据色度信息的空间分布特征可以很明显地观察到沿面放电形状和路径的变化情况。

4.2 交流沿面放电色度信息

4.2.1 RGB 颜色空间中灰度信息

1. RGB 灰度概率密度函数曲线

图 4.2.1 展示了针板电极在不同电压下的放电图像的总灰度及 R、G、B 各分量灰

度概率密度函数曲线。实验设置：介质板材料为聚四氟乙烯,电极间隙为 2 cm,曝光时间为 2 s。在放电初始阶段灰度级最高概率出现在灰度级为 5～8,此时外加电压不高,放电电流小,辐射的光比较微弱,整体灰度等级较低,除了针电极头部因为电晕有一个亮点外,其他区域仍是一片黑暗。随着外加电压的升高,灰度级最高概率缓慢增加,在 12 kV 左右的预击穿阶段,由于光电离的参与,光辐射突然加强,整个放电通道内明显变亮,灰度级最高概率提升到了灰度级 10～15。比较不同分量的灰度级概率密度函数可以看出,B 分量的灰度级最高,R 分量的次之,G 分量的最低,这说明放电过程中辐射的蓝光最强,同时蓝色通道的规律性更明显。

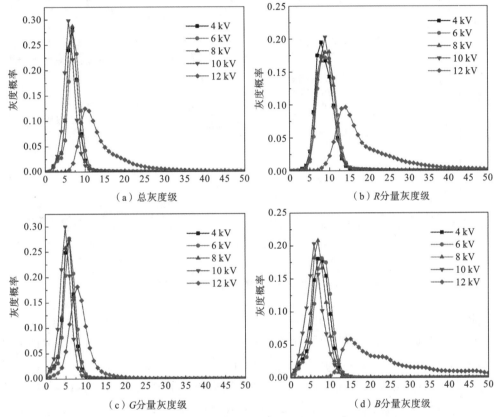

图 4.2.1 针板电极沿面放电图像灰度概率密度函数曲线

2. RGB 平均灰度级

在针板电极极不均匀场的情况下,沿面放电有明显的发展路径,即总是由针电极朝着板电极发展,放电通道中不同空间位置的光辐射强度随外加电压的不同而有明显区别,因此对放电通道内不同灰度级的空间分布研究是有价值的。为了在保证精度的前提下减小计算量,对放电间隙做了"微元"处理,即将间隙为 2 cm 的放电通道等分分割为 20 个小微元,保证每个微元长度为 1 mm。这样通过计算每个微元的所有像素点内的平均灰度值,将数据离散化后得到沿面放电灰度值的空间分布情况。图 4.2.2 展示了不同电压下沿面放电总灰度级和三种基色灰度级的轴向空间分布情况,实验设置为：针板电极间隙为 2 cm,介质板材料为聚四氟乙烯,相机曝光时间为 5 s。

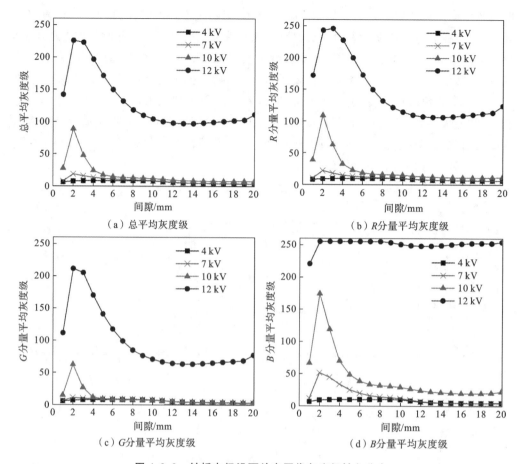

（a）总平均灰度级　　　　　　　（b）R 分量平均灰度级

（c）G 分量平均灰度级　　　　　　（d）B 分量平均灰度级

图 4.2.2　针板电极沿面放电图像灰度级轴向分布

图 4.2.2 中,横轴为针电极到板电极的距离,坐标 0 mm 表示为针电极,坐标 20 mm 表示为板电极。得益于可见光数字图像的高分辨率,20 mm 电极间隙内的灰度分布清晰可见。可以看到,在未放电阶段(低于 4 kV),整个轴向空间的总灰度微弱且均匀,其他三种基色灰度也是如此。随着针电极头部出现电晕(7 kV 左右),针电极头部的灰度值首先开始增大,其他放电区域的灰度增加则不太明显。当沿面放电发展到预击穿阶段时(12 kV 左右),整个放电空间的灰度值均出现了明显的大幅度增加,但头部的灰度级仍然要高于其他放电区域,此时放电介质板的轴向分布出现了明显的分级现象。由三基色的空间灰度级图像可以看出,B 分量反应最为强烈,R 分量的次之,G 分量则反应最不明显,因此 B 分量最能反映放电过程中空间分布的辐射强度,但与此同时需要注意到,在预击穿阶段,针电极头部的 R 分量以及整个放电通道内 B 分量都出现了灰度值饱和的情况,这无疑会丢失部分图像信息,导致测量和诊断结果的不准确和不全面。

4.2.2　基于零灰度级概率密度函数的状态诊断

在研究较均匀放电形式时,对整幅放电图像的灰度频率进行分析可以判别其具体的放电模式,但在极不均匀场的沿面放电形式中,由于沿面发展轨迹的不确定性和针尖附近光强过高的问题,选择合适的局部区域来进行分析是有必要的。在以往的对可见光照片的处理中,往往把焦点放在针尖附近,因为那里放电最为剧烈。然而,在放电图像处理中,针尖附近的高光强也特别容易形成白饱和,使得很多放电信息丢失,不利于后续的照片处理。考虑到研究沿面放电的发展过程,放电轨迹由高压极往接地极发展,高空间分辨率照片使得选择不同区域进行分析成为可能,因此本书选择了贴近接地极的一段矩形区域作为处理区域。为了规避掉长曝光时间下针电极附近图像过于饱和,但是短曝光时间下图像色度信息不足的问题,将靠近平板电极的区域作为计算区域,如图 4.2.3 所示。提取该区域内的 B 分量零灰度级频率(将之命名为 P 值法,见式(4.1))作为指标,这样既增加了对放电初始阶段的敏感性,又有效避免了预击穿阶段 B 分量饱和的问题。

$$P = n_{(0)}/N \tag{4.1}$$

式中:P 为 B 分量灰度级为 0 的概率;$n_{(0)}$ 为计算区域中 B 分量灰度级为 0 的像素点个数;N 为一幅照片中计算区域总的像素点个数。图 4.2.4 所示的是 2 cm 间隙下环氧树脂板 P 值随电压变化图,可以看出,在初始电晕阶段,电压等级为 1~3 kV 时,放电主要集中在高压极附近,光子很少到达计算区域,因此,介质板中央 P 值很高,接近 1;电压等级为 3~8 kV 时,沿面发展阶段,少量的光子到达介质板中央,P 值为 0.6~1;在电压为 8~12 kV 时,由于光辐射、二次电子发射等原因,沿面放电加速发展,P 值快速下降,取值在 0.1~0.6;在 12 kV 左右,放电发出激烈的"砰砰"声,沿面发展到预击穿阶段,此时,放电现象较为剧烈,整个介质板区域几乎都点亮,P 值减小为 0;随后继续加压,放电发生击穿。因此,根据 P 值的大小可以推算沿面放电的发展阶段,如表 4.2.1 所示。

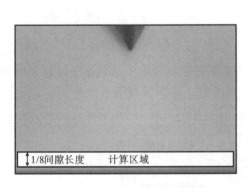

图 4.2.3 P 值法计算区域

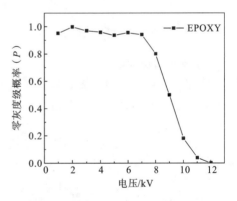

图 4.2.4 2 cm 间隙下环氧树脂板 P 值随电压变化图

表 4.2.1 P 值法判断沿面放电状态

P 值	状 态
1	初始阶段
0.6~1	发展阶段
0.1~0.6	加速发展阶段
0~0.1	预击穿阶段

为了不影响沿面放电的物理过程,选择在透明有机玻璃的背面覆盖不同颜色的贴纸来研究介质板材料颜色变化对 P 值的影响。更改介质板材料的背景颜色分别为红色、绿色、蓝色,得到的结果如图 4.2.5(a)所示,可以看出 P 值法基本不受到介质板颜色的影响。图 4.2.5(b)展示了不同介质板材料对 P 值的影响。可以看到,不同材料的 P 值趋势变化发生电压有些许的不同,但是对表 4.2.1 中 P 值判断沿面发展状态没有造成影响。同时,由于 P 值法规避了饱和像素点的影响,因此,在日光环境下也有积极的应用前景。然而在指指电极中,由于没有明显的极性效应,寻找合适的零灰度级计算区域变得困难。

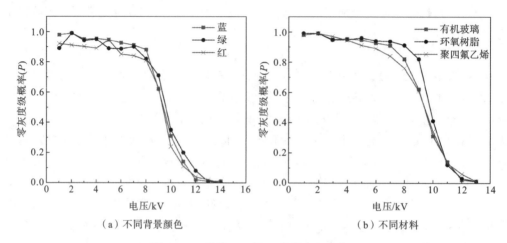

图 4.2.5　不同工况下 P 值随电压变化图

4.2.3　基于色品坐标的状态诊断

1. 色品坐标曲线

图 4.2.6 所示的是指指电极聚四氟乙烯介质板的沿面放电图像色品坐标随电压变化情况和拟合曲线,间隙为 2 cm。可以看到,聚四氟乙烯介质板沿面放电的色品坐标轨迹基本上是在一条向左下倾斜的直线上。随着电压的增加,色品坐标逐渐从等能白

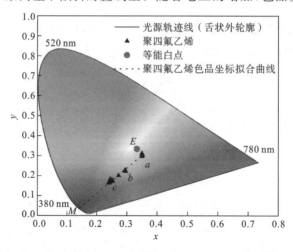

图 4.2.6　指指电极聚四氟乙烯板的沿面放电图像色品坐标随电压变化和拟合曲线

点 E 发展到光谱颜色 M，颜色由近乎白色变为蓝色。在 1～4 kV 时，色品坐标接近图中 a 点，放电处于起始阶段；在 5～8 kV 时，它们在 b 点附近，放电处于发展阶段；在 8～12 kV 时，基本在 c 点附近，放电发展为预击穿阶段。M 点光谱色的波长为色品坐标直线的主波长，反映了沿面放电可见光照片中主要光的颜色对应的波长。色品坐标越接近光谱轨迹线（舌形的边缘），沿面放电发展越严重，因此可以使用沿面放电色品坐标诊断放电的不同状态。相比于电流测量等有电接触的诊断方法，色品坐标法无需与放电装置有物理接触；同时该方法将复杂的放电状态用单独的色品坐标来表征，形成对沿面放电阶段的直观和综合评价，对其他放电形式的状态诊断方法提供了一个新视野。

2. 背景颜色和相机曝光时间的影响

考虑到相机曝光时间、材料颜色等因素可能影响分析结果，改变实验环境，在不同背景颜色、不同曝光时间下沿面放电色品坐标曲线如图 4.2.7 所示。图中虚线箭头是电压增加方向。

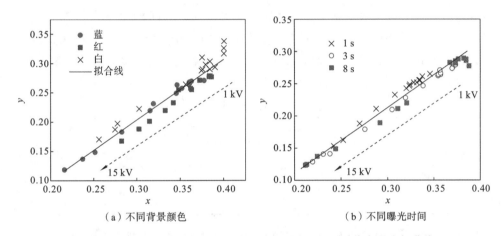

图 4.2.7　不同背景颜色和相机不同曝光时间下沿面放电色品坐标曲线

通过在透明有机玻璃背面涂抹不同颜色（红、白、蓝）来确定背景颜色的影响，结果如图 4.2.7(a)所示，可以看到不同背景颜色对沿面放电图像的色品坐标曲线的流动趋势影响不大，且不影响光谱色。不同背景颜色及高电压下色品坐标距离蓝色光谱轨迹线的偏离距离有些许不同，从近到远分别为蓝、红、白。图 4.2.7(b)则展示了相机不同曝光时间下的结果，可以看到在合适的曝光时间下，色品坐标曲线基本不受影响。不过需要说明的是，曝光时间的选择仍然有个合理区间，如果曝光时间选择过短，如小于 1 s，会导致照片过暗，不能充分吸收放电过程中的光辐射信息；同时，如果曝光时间选择过长，如大于 10 s，则会导致照片曝光过度，整个图像一片雪白色，色度研究也无意义。

3. 介质材料和电极形状的影响

不同材料的介质板介电常数、电导率及表面粗糙度均不相同，在沿面放电过程中对表面电荷的累积起着关键性作用，从而影响放电光辐射等物理过程，最终导致击穿电压不同。图 4.2.8 所示的是不同材料介质板指指电极沿面放电图像的色品坐标曲线，可以看到色品坐标曲线的斜率明显不同，即环氧树脂介质板斜率＞聚四氟乙烯介质板斜率＞有机玻璃介质板斜率。表 4.2.2 给出了实验所用材料的电学参数和相对粗糙度，

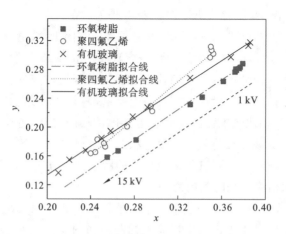

图 4.2.8　不同材料介质板沿面放电图像的色品坐标曲线

发现在电导率和介电常数差别不太明显的情况下,可能材料的表面粗糙度对于色品坐标的影响更大。需要说明的是,目前学者们仍然没有完全搞清楚表面电荷累积过程以及表面电荷对击穿电压的具体影响机理,本书也未在表面电荷测量方面做太深研究,因此,此处将色品坐标曲线只作为对沿面材料的定性判断,不做具体的机理分析。

表 4.2.2　不同材料电学参数与相对粗糙度

	电导率/(S/m)	相对介电常数	相对粗糙度
有机玻璃	1×10^{-14}	3.4	小
环氧树脂	2×10^{-14}	3.5	大
聚四氟乙烯	2×10^{-13}	2.5	中

图 4.2.9 展示了针板电极和指指电极沿面放电起始阶段典型的电压、电流波形图,可以看到,由于针电极头部的局部电场过高,在低电压下就在三联节点产生了电晕放电,从而产生了更多的自由电荷,因此针板电极有更低的击穿电压。指指电极中起始电晕则需要更高的电压,同时由于介质板上电荷的累积产生的反向电场作用,电流波形主要集中在上升沿。不同电极形状对色品坐标曲线的影响如图 4.2.10 所示。

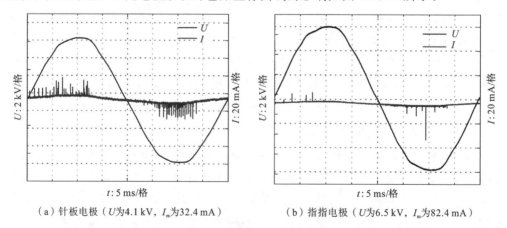

(a) 针板电极 (U 为 4.1 kV,I_m 为 32.4 mA)　　(b) 指指电极 (U 为 6.5 kV,I_m 为 82.4 mA)

图 4.2.9　不同电极沿面放电起始阶段典型的电压、电流波形图

4. 沿面放电色品空间

实验室中照片所吸收的光线主要来自环境光和沿面放电发射光。环境光在可见光波段辐射能量分布均匀又微弱,可等效为白噪声,是色品图中的等能白点。沿面放电发射光谱主要集中在 380～470 nm,据格拉斯曼颜色叠加定理,光学图像的等效颜色可以由白光和光谱光混合叠加组成。理想情况下,沿面放电色品坐标曲线应完全落在图 4.2.11 所示灰色区域内,也就是说,直线的斜率是在 1.32 和 2.08 之间(等能白点与 380 nm 光谱色的直线斜率为 1.32,等能白点与 470 nm 光谱色的直线斜率为 2.08)。

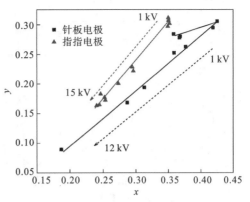

图 4.2.10　不同电极形状对色品坐标曲线的影响

然而,由于实验室环境设备产生的噪声和各种反射光,实验室中的环境光不能完全等同于等能白点。经测得,不放电时,实际环境光的色品坐标在 D 点附近,噪声对色品坐标的影响主要集中在低电压,如图 4.2.11 所示。

为了消除环境噪声对色品坐标的影响,采取了校正。首先计算拟合曲线所对应的光谱色并保持不变,计算噪声的色品坐标,并与等能白点坐标做比较,用二者的斜率之比 β 作为校正系数,然后将所得的拟合曲线斜率乘以此校正系数,得到校正后不同材料沿面放电色品坐标曲线,如图 4.2.12 所示。

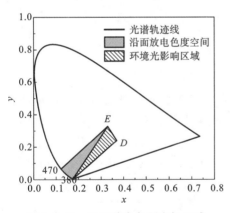

图 4.2.11　沿面放电色品坐标区域

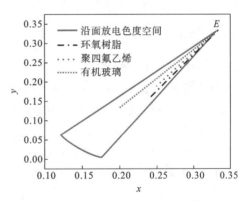

图 4.2.12　校正后不同材料沿面放电色品坐标曲线

可以看到,校正后的色品坐标曲线均落在沿面放电色品坐标空间内,随着电压的升高,色品坐标由等能白点到光谱轨迹线沿直线发展。不同材料介质板的区别在于对应的光谱色不同。

4.2.4　基于 HSI 颜色空间的状态诊断

在沿面放电过程中,H 和 I 分量使人们更直观地观察到颜色的变化和亮度的不同,更能反映放电的不同状态,因此选择研究 H 和 I 分量与放电电压之间的关系。针板电极聚四氟乙烯介质板 H 和 I 值随电压变化图如图 4.2.13 所示。

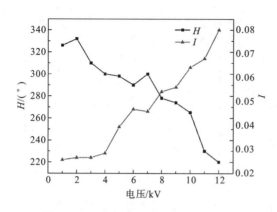
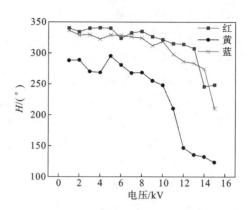

图 4.2.13 针板电极聚四氟乙烯介质板 H 和 I 值随电压变化图

图 4.2.14 不同颜色有机玻璃板沿面放电过程中 H 值变化图

可以看到，H 值随电压增大由 330°（偏红）向 220°（偏蓝）变化，在预击穿阶段，H 值变化幅度突然增大。I 值在起始阶段变化不明显，电压超过 4 kV 时，即起始阶段和发展阶段的分界点，I 值开始线性增加。因此，利用 I 值判断沿面放电的起始阶段和发展阶段，同时结合 H 值判断沿面放电是否到达预击穿阶段。当电压为 7 kV 时，H 值和 I 值均发生突变，应该是环境光干扰所致。利用 H 值和 I 值对沿面放电状态识别时直观有效，但同时由于 H 值是对放电真彩图原色色相的表现，受到材料颜色影响较大，不同颜色有机玻璃板沿面放电过程中 H 值变化图如图 4.2.14 所示。因此，利用 H 和 I 值判断沿面发展状态需要更深入的研究。

4.2.5　日光环境下放电严重程度诊断

1. 标准得分（Z 值）

每个数据点在其样本中都有一个相对位置，对于这个位置的度量就是统计量标准得分。一般数量级或单位不同的两组数据之间不能够直接比较，可以把它们进行标准化之后再进行比较。标准化的方法是把样本原始观测值（亦称得分，score）和样本均值之差除以该样本的方差，得到的度量就是标准得分（standard score，又称为 Z-score），即观测值 x 的标准得分 Z 的计算公式为

$$Z = \frac{x - \overline{X}}{\sigma} \tag{4.2}$$

式中：$\overline{X}$ 为样本均值；σ 为样本的方差。实际上，无论原来样本的分布特性如何，标准化之后都会变换成均值为 0、方差为 1 的样本。所以，虽然标准化之后数据总的尺度和位置都变了，但是数据内部点的相对位置没有变化。比如，原始数据中距整体均值有 2 倍方差的一个点在标准化处理之后距整体均值还是 2 倍方差。因此，标准得分脱离了绝对数值，它描述的是同组数据间的相对大小。

一般地，标准得分可用于处理数据中的异常值。所谓异常值是指在一组数据中出现的一个或几个反常大或反常小的数据值。按照经验法则，几乎所有的数据项与样本均值的距离都在 3 个方差之内。因此，任何标准得分小于 −3 或大于 +3 的数据项都可以视为异常值。本书所做实验显示，沿面放电会引起介质表面的色度分布产生局部突

变,标准得分在本书就应用于色度分布的异常诊断。

2. 日光下沿面放电分析区域的选择

由暗环境下沿面放电图像不难看出,发生沿面放电时针尖附近区域放电通道最密集,光强最强,所以在日光覆盖下该区域能保留并显现出的放电图像信息最丰富。为保障诊断的准确度,本书选择将针尖下方一块以针电极对称轴为中心的矩形区域当作分析区域。同时,为了分析沿面放电的二维分布特性,我们将整个分析区域划分成由1010 个微元组成的阵列,行列结构为 10×101,如图 4.2.15 所示。

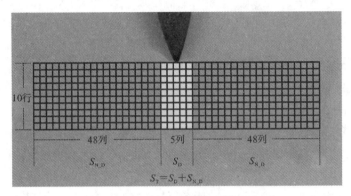

图 4.2.15 分析区域微元划分示意图

微元如果取太小就提取不出统计规律,如果取太大就会导致色度信息在各像素间平均化从而减弱结果的规律性,具体比较后我们发现每个微元大小定为 5×5 像素时比较合适(此时整体分析区域实际尺寸为 4.93 mm×0.49 mm),这时的分析结果呈现明显而稳定的规律。

整个分析区域(记为 S_T)又可以分为放电区域(记为 S_D)和非放电区域(记为 S_{N_D})。其中,放电区域集中分布在针尖正下方的 5 列微元中(图 4.2.15 中浅灰区域),日光下可识别的沿面放电信息大都分布在该区域内;非放电区域则分布在放电区域的两侧。S_{N_D} 与 S_D 的色度信息在零电压无放电时是没有差异的,而随着放电发展,前者几乎保持不变,后者却会发生明显变化,所以 S_{N_D} 的色度信息可以表征无放电状态下的原始色度信息,而 S_D 的色度信息可表征因沿面放电而改变的实时色度信息。在分析的过程中,S_{N_D} 的作用是为诊断 S_D 的色度变化提供参考背景和比较基准。不难看出,S_D 与 S_{N_D} 之间的色度差异,就是介质表面放电时与放电前之间的色度差异。

3. 色度异常的识别标准

暗环境下光源仅有放电光辐射,从放电图像中可以清晰地分辨黑暗背景和蓝紫色的放电区域;而日光环境下,由于日光远强于放电光强,所以只能识别出针尖附近的少量电光。此外,不同颜色的介质板意味着放电通道处在不同颜色的背景中,或者说具有不同的颜色"基数",那么即使发生相同程度的放电,不同介质上的色度变化也极有可能在数值上呈现完全不同的趋势和程度。因此,本书采用了统计量标准得分(Z-score),该指标可以衡量不同介质表面在原始色度基础上的相对偏离程度,而不受色度"基数"的绝对数值的影响。

在式(4.2)中,x 是分析区域中某单个微元的色度测量值,$\overline{X}$ 是所有微元测量值的

平均值，σ 是所有微元测量值的方差。这里 Z 的直观含义是单个微元的色度测量值 x 距离全体测量值的平均值有几个方差，它衡量的是单一测量值距总体平均水平的相对距离。如第 2 章所述，一般认为 $|Z|>3.0$ 就表明该测量值取了极端值，它显著地偏离全体测量值的平均水平，远离群体中绝大部分数据。

如前文所述，S_D 与 S_{N_D} 的色度信息在零电压下可以视为无差异，随着放电加剧，前者会发生明显变化，而后者始终保持在零电压时的原始值。由图 4.2.15 可知，非放电区域占分析区域的大部分，其内微元数目占比大于 95%，它们的色度值大小决定了整个分析区域的平均水平 $\overline{X}$，它们的实际测量值组成了 $(\overline{X}-3\sigma, \overline{X}+3\sigma)$ 范围内的绝大部分数据。如果放电区域 S_D 内的微元的 $|Z|>3.0$，就表明它明显偏离了非放电区域的色度值，也就是零电压时的原始色度值，也就意味着该处发生了放电。所以 $|Z|>3.0$ 可以视为相应微元处出现色度异常的识别标准，也是该处发生放电的标志。

用标准得分来定义识别色度异常的标准，使得分析对象不再是色度指标的具体数值，而是其相对于初始值的改变程度。这只需要介质与自身初始状态做比较，从而解决了日光下不同介质有不同色度"基数"以至于无法直接用色度参数统一衡量的问题。

标准得分仅用于判断单独某个微元处是否发生放电，还无法描述整片区域，而沿面放电本身路径随机，引起的色度突变不可能只发生在单一微元。因此，我们进一步引入新指标色度变异面积占比 P。如式(4.3)所示，统计放电区域 S_D 中满足 $|Z(x,y)|>3.0$ 的微元比例，记为 P，它表征了分析区域中存在色度异常的面积占比。P 越大，介质表面的色度变异越严重，沿面放电越剧烈。

$$P = \frac{S_D(|Z|>3.0)}{S_D} \tag{4.3}$$

4. 日光下沿面放电的严重程度诊断

将放电 RGB 图像转化成 HSI 图像后，提取色相 Hue，计算标准得分 Z-score 和色度变异面积占比 P。图 4.2.16 展示了日光环境下、电压在 0~9 kV 范围内，白色陶瓷板和红色电木板的色度变异面积占比 P 随电压变化趋势。结合放电波形和其他现象，可以将 P 的变化趋势图分为 3 个阶段，如表 4.2.3 所示。

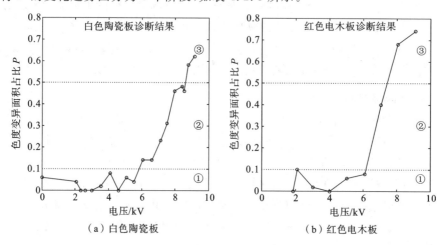

(a) 白色陶瓷板　　　　(b) 红色电木板

图 4.2.16　色度变异面积占比 P 随电压变化趋势图

表 4.2.3　色度变异面积占比 P 与放电阶段对照表

色度变异面积占比 P	沿面放电阶段	放电现象
$0<P\leqslant 0.1$	起始阶段①	电压负半周下降沿出现小电流,且有增大趋势;电压正半周上升沿可能出现小电流
$0.1<P\leqslant 0.5$	发展阶段②	已有明显的放电响声;电压负半周下降沿电流增幅小,但脉冲很密集;电压正半周上升沿电流增幅大,脉冲相对稀疏
$P>0.5$	预击穿阶段③	有剧烈放电响声;电压正半周上升沿出现大电流脉冲

需要注意的是,在非零低电压阶段,虽然 P 值可能取零,但这并不意味着没有发生沿面放电,实际上此时示波器检测到了微弱的放电电流。针对这点有两点解释:① 装置金属部件有未知尖刺,在低电压阶段发生电晕放电,但因放电点不在介质表面,故不会造成分析区域内局部的色度突变;② 低电压阶段的沿面放电比较微弱,其发出的光在介质表面引起的色度变异是微量的,同时又因为日光的覆盖作用而被进一步弱化(白色的日光会冲淡彩色的电光),致使分析区域各微元的色度偏离程度不满足 $|Z|>3.0$ 的阈值条件,因而识别不出来。因此,当 $P=0$ 时,说明可能没有放电,也可能有微弱放电。比较发现,按本书方法识别的放电起始时刻是迟于电流脉冲识别的放电起始时刻(体现在外加电压上的话,两者相差不超过 0.5 kV),所以本书诊断出的放电发展程度稍微"滞后"于实际情况,属于"低估",在实际应用中应注意保留足够的安全余量。

4.3　染污沿面放电色度信息

4.3.1　染污实验设置

沿面污闪过程一般分为四个阶段:①污秽层累积。输电线路绝缘子的污秽与当地的自然条件和工业排放有关。②染污层湿润。在雾、露、毛毛雨等潮湿天气下,染污绝缘子表面吸收水分,染污层处于盐溶液状态,在电压的作用下发生电解反应,电导率大大增强。③局部电弧出现和发展。由于电导率增大,低电压下绝缘子表面出现泄漏电流,泄漏电流产生焦耳热导致污层发热,水分蒸发,一段时间后形成干带。干带在极高的电压降作用下,形成电子崩,并局部击穿形成干带电弧。随后由高温电弧产生的焦耳热将干带延伸。④闪络发生。在电场强度足够时,局部电弧一直发展直到贯穿放电间隙,闪络发生。

人工试验中,采用等值附盐密度(equivalent salt deposit density,ESDD)和等值附灰密度(non soluble deposit density,NSDD)来分别模拟和表示绝缘子表面的可溶物和不可溶物。等值附盐密度是指用一定量的蒸馏水清洗绝缘子表面的污秽,然后测量该清洗液的电导,并以在相同量的清水中产生同样电导的氯化钠数量的多少作为该绝缘子的等值附盐量,最后再除以所清洗的绝缘子的表面积,简称为等值盐密。等值附灰密度的测试方法为用蒸馏水清洗绝缘子表面污秽,然后通过多次过滤法将不溶物全部析出,把不溶物的质量除以所清洗的绝缘子的表面积即可得到,简称为等值灰密。本章实验中,盐密用氯化钠(NaCl),灰密使用高岭土($CaSO_4$),染污沿面放电采用前面所述的实验装置。介质板表面的人工染污采用《交流系统用高压瓷和玻璃绝缘子的人工污秽试验》(GB/T 4585—2024/IEC 60507—1991)标准,首先使用精度为 0.1 g 的电子分析天平称量所需的氯化钠和高岭土,二者以一定比例混合后放入适量的蒸馏水,搅拌均匀后使用涂刷法均匀涂抹在测试介质板的表面,然后再用吹风机吹干。图 4.3.1 展示了 0.1 s 曝光时间下洁净黑色有机玻璃板与染污板前后的对比。实验条件是盐密为 0.1 mg/cm^2,灰密为 2.0 mg/cm^2,曝光时间为 0.1 s。实验前,通过在染污介质板正上方喷洒水雾以控制染污层的湿度,湿度总共分为四个等级:等级 0 代表干燥;等级 1 代表稍微湿润,相对湿度在 10% 左右;等级 2 代表中等湿润,相对湿度在 60%~70%;等级 3 代表充分湿润,相对湿度为 100%。

(a) 洁净黑色有机玻璃板　　　　(b) 染污板

图 4.3.1　洁净黑色有机玻璃板与染污板

4.3.2　短间隙交流染污沿面放电的四种模式

现有的实验研究主要利用人工污秽模拟实际污秽情况,研究在饱和湿润条件下绝缘子的闪络情况。染污静态模型关注电弧发展的状态,然而由于染污沿面的复杂性、放电的随机性、热效应的时延特性等,不同工况下染污放电的状态也大不相同。交流沿面放电动态模型的研究重点也在于临界闪络电压时重燃条件是否满足,不涉及电弧开始到临界这一过程。染污表面的闪络击穿是放电逐步发展的结果,因此,对于具体放电发展过程的研究颇为重要。在实验中发现,不同湿度下的染污绝缘子放电过程有明显的区别,放电发展的微观过程更是对绝缘子的闪络电压有决定性的影响,因此,对不同工况下的染污沿面放电过程进行研究具有重大意义。通过设计不同湿润环境下,利用逐步升压法进行染污实验,发现了绝缘表面染污放电发展的四种模式:沿面模式、泄漏电流-沿面模式、局部电弧-沿面-电弧模式和局部电弧-电弧模式。

1. 沿面模式

在湿度等级为 0,即干燥的染污绝缘表面进行升压实验发现,灰密和盐密对闪络电压几乎没有影响,如表 4.3.1 所示。

表 4.3.1　2 cm 间隙针板电极干燥条件绝缘板下不同染污程度的闪络电压

盐密/灰密/(mg/cm^2)	0	0.1/0.2	0.2/0.4	0.3/0.6	0.4/0.8	0.5/1.0
闪络电压/kV	13.5	13.5	13.4	13.5	13.3	13.4

染污层的存在类似于颗粒的作用,形成更多的缺陷,增强了介质板表面捕获电子的能力,但同时相当于增加了放电间隙,与洁净表面相比会导致击穿电压的轻微升高。间

隙为 2 cm，介质板为有机玻璃，针板电极沿面模式 13 kV 图像和电压、电流波形如图 4.3.2 所示。图 4.3.2(a)中隐约能够看到氯化钠等干燥污层在介质表面留下的痕迹，该情况下本质上仍然是沿面放电模式，电流波形集中在电压上升沿，为典型的沿面型介质阻挡放电的电流波形。在整个发展过程中，介质板表面温度逐步上升，上升幅度为 10 ℃左右。

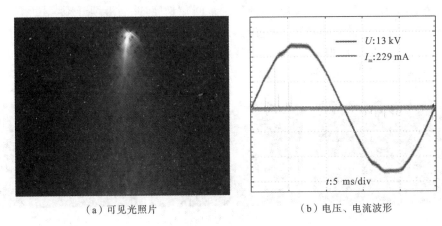

(a) 可见光照片　　　　　　(b) 电压、电流波形

图 4.3.2　针板电极沿面模式 13 kV 图像和波形特征

2. 泄漏电流-沿面模式

在湿度等级为 1，即相对湿度为 10% 左右时，低电压下泄漏电流产生的焦耳热会加热介质板表面，但是由于湿度不足导致介质板表面水分很快蒸发，泄漏电流消失，之后继续加压放电仍旧发展为沿面模式。泄漏电流阶段和沿面阶段的电压、电流波形如图 4.3.3 所示，可以看到前期电流波形与电压波形相同，相位也几乎相同，大概几分钟之后水分蒸发，介质板表面干燥，此后电压、电流波形为典型沿面波形。尽管该情况下介质板表面有水分存在，然而由于水分很快蒸发并没有显著降低闪络电压。

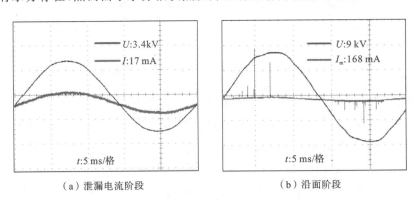

(a) 泄漏电流阶段　　　　　　(b) 沿面阶段

图 4.3.3　泄漏电流阶段和沿面阶段电压、电流波形

3. 局部电弧-沿面-电弧模式

在湿度等级为 2，即相对湿度为 60%～70% 时，低电压下泄漏电流产生焦耳热，在电流密度较大的部位，由于发热较多，污层被烘干，形成局部干带。干带的电压比较集中，尽管整个污层的平均电位梯度不高，但烘干区的电位梯度足以发生空气碰撞游离，

电子崩发展为流注,放电转为沿面放电模式。此时继续升高电压,当干带内电压达到沿面放电击穿电压时,干带内产生电弧。电弧通道内电流释放大量的焦耳热,弧足温度很高导致干带延伸,此时电弧通道内的电压不足以继续维持电弧,电弧熄灭。由于热效应时间尺度要长于放电时间尺度,放电产生的焦耳热会继续延长干带,这样在继续增加电压时,电弧并不会直接重燃,干带内仍然发生空气碰撞游离,直到电压增加到干带延长后的击穿电压,电弧重燃,电弧长度为新的干带间隙长度,此后继续升压,不断重复上述过程,局部电弧与沿面放电状态交替进行,直到电弧长度达到电极间隙长度,整个电极间隙被贯穿。图 4.3.4 和图 4.3.5 分别展示了局部电弧-沿面-电弧模式在泄漏电流阶段、局部电弧阶段和沿面阶段的可见光图片以及电压、电流波形。

(a) 泄漏电流阶段　　　　(b) 局部电弧阶段　　　　(c) 沿面阶段

图 4.3.4　局部电弧-沿面-电弧模式不同阶段可见光照片

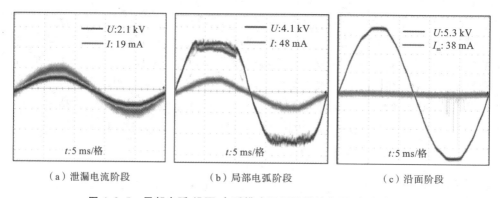

(a) 泄漏电流阶段　　　　(b) 局部电弧阶段　　　　(c) 沿面阶段

图 4.3.5　局部电弧-沿面-电弧模式不同阶段的电压、电流波形图

不同电压下电弧发展可见光照片如图 4.3.6 所示,展示了指指电极染污介质板的局部电弧发展过程,可以看出尽管电极结构对称,但是由于局部放电强度并非完全一样,且一旦在其中一个电极附近形成局部电弧后,电弧都在该电极附近发展。尽管弧区有很多并联旁路,在电弧长度发展到一定程度后,仍然会出现一条主导的电弧通道,抑制其他支路电弧的发展。在该模式下温度呈阶梯形上升,泄漏电流阶段介质板温度轻微上升;电弧阶段,产生的热量大于扩散的热量,介质板温度迅速升高;沿面阶段,产生的热量不足以维持整个干带的较高温度,介质板温度整体略微下降;新的电弧阶段,温度再次上升并依次循环,温升范围在几十摄氏度。

需要说明的是,其他学者在研究交流染污放电模型时会考虑到一个电压周期内电压过零的问题,这时的电弧同样会有熄灭和重燃的现象。然而,在过去的电弧模型研究中,一般认为在满足电弧重燃条件下一个电压对应一个电弧长度,升高电压时,电弧长

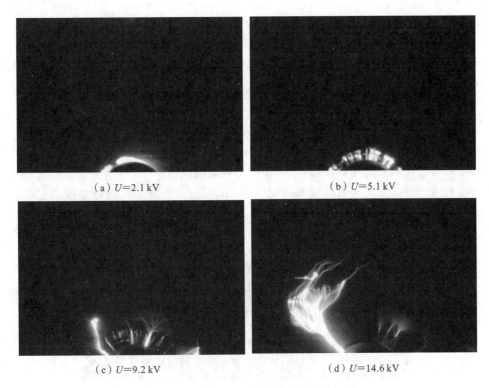

图 4.3.6 不同电压下电弧发展可见光照片

度必然会增加,因此湿润条件下的击穿电压必然低于正常击穿电压。然而,根据可见光照片中电弧的色度对比(即 $R>B$ 部分)提取的染污沿面放电不同电压下电弧长度的变化过程如图 4.3.7 所示,可以发现电弧长度与电压的关系并不是简单的阶跃上升关系,而是有很明显的电弧消失过程,随后即使电压升高,电弧也没有立即重燃,除非电压升高到新的击穿电压。这是因为电弧的热效应时间尺度较长,以往的电弧模型中没有考虑电弧的焦耳热效应导致的干带变长,从而使得干

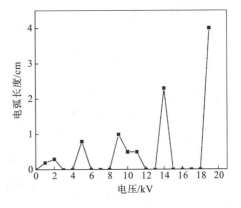

图 4.3.7 染污沿面放电不同电压下电弧长度

带的击穿电压显著提升,因此,外加电压的上升不足以达到新的击穿电压时,电弧仍未重新点燃。还有一个原因是考虑到输电线运行中发生绝缘污秽闪络时多为小雨天气,局部电弧发展后干带延伸导致电弧自然熄灭之后,小雨会湿润干带导致升压后电弧自动重燃,因此干带的击穿电压没有发生明显变化。

4. 局部电弧-电弧模式

在湿度等级为3,即相对湿度为100%时,如果等值盐密大于 0.5 mg/cm²,外加电压持续上升,介质板表面电解质充分电离产生一层导电膜,泄漏电流产生的局部干带内产生局部电弧后会迅速自持发展,短时间内贯穿整个通道,此时闪络发生。该模式下介质板表面充分湿润,在外加功率足够的情况下,局部电弧发展为通道贯穿的时间尺度在

毫秒量级。

总之,在不同的湿润条件下,短间隙交流染污沿面放电有着不同的发展模式,对应的,不同模式下的击穿电压也大相径庭。因此,在预防污闪的方法中,也要根据天气状况进行综合考虑。

4.3.3 染污交、直流电弧阶段色度特征

前面主要研究了染污沿面在闪络阶段前的特征,由于介质板发生局部电弧以及闪络时电弧通道有极大的随机性,这对电弧的研究造成了困难。因此,本章专门设计了双针电极的稳定电弧发生装置和数据处理办法,如图4.3.8所示。通过拍摄稳定电弧的可见光照片,提取电弧的色度特征来研究干带电弧通道特性。实验中,仍然通过微元法研究电弧通道的色度分布,电弧长度选择为5 mm。

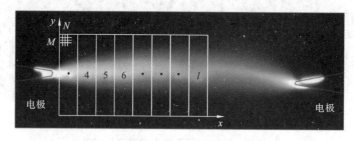

图4.3.8 双针电极的稳定电弧发生装置和数据处理办法

1. 直流电弧色度特征

分别研究了直流电晕和直流电弧轴向的色度变化情况,如图4.3.9所示。色度参数选择总灰度值和三色灰度值。由于电晕发光较弱,因此需要较长的曝光时间,可以假设,在不同的曝光时间下,不同色度信息的大小次序和占比没有大的变化,只需选择合适的曝光时间。在5 s的曝光时间下,研究5 mm间隙双针电极直流电晕的色度信息。稳定的直流电弧中阴极被持续的电流烧蚀且高温使得电弧的亮光变为白色,如果曝光时间仍为5 s,三色分量趋于相同。这里采用短的曝光时间10 ms,可以得到电弧的色度信息。

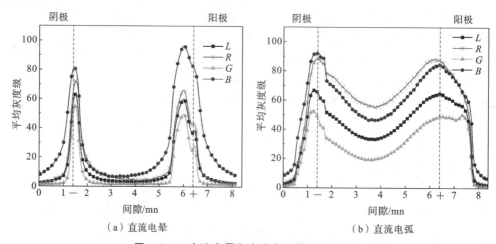

图4.3.9 直流电晕和直流电弧轴向色度特征

图 4.3.9 中,左侧为阴极,右侧为阳极。可以发现,直流电晕的色度信息中,绝大部分区域 B 分量最大,极性区别比较明显。在阳极区,B 分量远大于 R 分量($B \gg R > G$),且因为阳极流注易发展,所以放电区域要明显大于阴极;阴极区则 B 分量和 R 分量相当($B > R > G$),且在阴极上($x=2$ mm)R 分量高于 B 分量($R > B > G$)。而直流电弧的大部分区域(尤其是弧柱中)R 分量最大,也有明显的极性效应,阴极区 B 分量最大,阳极放电区的 R 分量和 B 分量相当。取弧柱中间一点,在垂直方向的分析(见图 4.3.10)可以发现,电弧色度值由中心到两边逐渐降低。

对比图 4.3.9(a)和图 4.3.9(b),可以发现直流电晕和直流电弧的色度值有明显区别。首先,电晕的放电区域均在空气间隙中,且色度信息大部分为 B 分量最大,即 $B > R > G$,但是直流电弧中,弧柱的色度信息为 $R > B > G$,且电极头部本身也被斑点覆盖。这主要是因为直流电晕放电中电离产生的光辐射是主要发光源,电极本身不发光,但是直流电弧放电中,阴极提供大量电子,大电流产生阴极斑点,使得阴极表面发亮。由于电弧放电剧烈,产生高温,加热空气,因此弧柱中 R 分量最大。

2. 交流电弧阶段划分

交流电压采用工频市电,频率为 50 Hz。电弧稳定时可假设每个周期内发展基本相同,因此相机曝光时间选择为 0.02 s,与电弧周期相同,可以得到一个完整周期内交流电弧的光学辐射特征,交流电弧沿轴向色度分布如图 4.3.11 所示。可以发现,大部分区域(尤其是弧柱)R 分量最大,在电极上,B 分量最大。由于一个周期正负极轮换,图像没有极性区别。

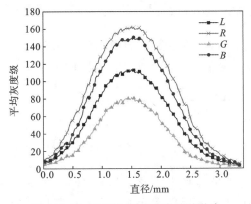

图 4.3.10　直流电弧径向色度值分布

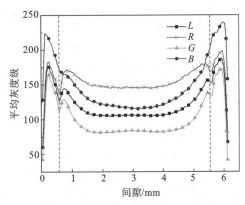

图 4.3.11　交流电弧沿轴向色度分布

交流电弧与直流电弧有所不同,每周期内有两次电流过零点,称之为零休阶段。交流电弧典型波形如图 4.3.12 所示,阶段 a 为零休阶段,此时电弧两端电流降为零,然而电压却不一定为零,时间大约为 2 ms;阶段 b 为燃弧阶段,电弧两端电压保持在低水平,电弧电流呈正弦变化。

采用 1 ms 的曝光时间采集稳定电弧的照片,通过大量图片可以统计分析出短间隙交流电弧的不同阶段的可见光照片和沿轴向色度分布,如图 4.3.13(见附录 A)和图 4.3.14 所示。

通过上面两个典型阶段的分析可以发现,随着电弧电流的增大,电弧由阳极发展到阴极,这是因为近阴极效应,阴极附近正离子积累导致介质强度比阳极的大很多,所以阳

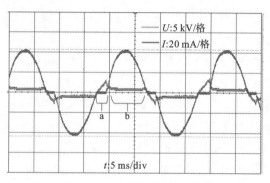

图 4.3.12 交流电弧典型波形图

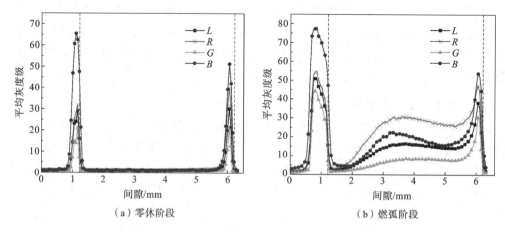

（a）零休阶段　　　　　　　　　　　（b）燃弧阶段

图 4.3.14 交流电弧不同阶段沿轴向色度分布

极电弧更容易发展。在发展的路径上，弧柱灰度值随着与阳极距离的增加而逐渐降低，且在弧柱之间一直为 $R>B$。表 4.3.2 所示的是交流电弧燃弧阶段色度信息空间分布。

表 4.3.2　交流电弧燃弧阶段色度信息空间分布

	阴极	弧柱	阳极
色度信息	$B \gg R$	$R>B$	$R \approx B$
总灰度信息	高	逐渐升高	低

交流电弧零休阶段和直流电弧电晕阶段色度信息对比如表 4.3.3 所示。可以看出，二者在阳极和阴极的色度差别明显，电晕中，阴极区域色度分量为 $B>R$，阳极区域为 $B \approx R$；零休阶段色度信息恰好相反，且零休阶段阴极本身也发光。

表 4.3.3　交流电弧零休阶段和直流电弧电晕阶段色度信息对比

对比区域	极性	发光位置	光强比较	色度分量
直流电弧电晕阶段	阴极	前端	大	$B>R$
	阳极	前端	小	$B \approx R$
交流电弧零休阶段	阴极	前端	小	$B \approx R$
	阳极	电极	小	$B>R$

关于交流电弧过零重燃主要由能量平衡理论来解释，能量平衡理论认为电弧重燃不是简单的电压击穿，而是电路和弧隙之间能量平衡的性质，此理论和介质平衡理论的

根本不同点在于电弧电流过零后是否有剩余电流。从本书得到的结果来看,如果按照介质恢复理论,交流电弧零休期间的色度信息应该和直流电晕期间的类似,但从结果来看,二者区别明显,并且零休期间电极也有发亮现象,间接证明了剩余电流的存在。

3. 电极材料的影响

使用铜和钨两种电极材料,得到 3 mm 间隙下二者的色度分布,考虑到二者 R 分量的差异变化,使用 R 分量占比(R_{cp})图能更直观地展现出来,R_{cp} 的计算公式为

$$R_{cp} = \frac{R}{R+G+B} \times 100\% \tag{4.4}$$

图 4.3.15 展示了铜电极和钨电极 R 分量占比比较情况,可以看到,铜电极弧柱部分 R 分量占比明显远大于钨电极的。二者的电弧光谱比较如图 4.3.16 所示,也可以明显地看出,铜电极电弧的光谱在波长为 587.60 nm 和 764.11 nm 时有两个明显的高峰值,这两个波长的色彩信息均为 R 分量偏大。这是因为,铜电极属于易熔电极,钨电极的熔点较高,在较短间隙时,电极反应直接影响电弧温度、电流密度等参数。

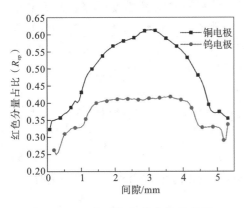

图 4.3.15 铜电极和钨电极 R 分量占比比较

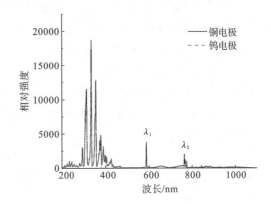

图 4.3.16 铜电极和钨电极电弧光谱比较

综上所述,本节将可见光图像的色度信息用于对短间隙电弧放电进行了更深一步的研究。发现电弧与电晕的色度信息有明显区别。电晕以 B 分量为主,电弧以 R 分量为主,直流电晕和直流电弧的色度信息有极性区别;钨电极色度占比大小次序为 $R>B>G$,而铜电极为 $R>G>B$,且铜电极 R 分量占比远高于钨电极 R 分量占比,说明熔点较低的铜电极材料参与了放电,即色度信息可识别参与电弧的不同材料;交流电弧可分为三个阶段,电弧由阳极到阴极发展,本书给出了交流电弧中不同区域的色度区别。而且,零休阶段色度信息能说明电弧中有剩余电流的存在,和能量平衡理论有很好的契合。

4.4 染污程度的色度识别方法

绝缘子串的染污程度识别具有重要的意义。常规的污秽度的测定主要有等值盐密法、积分电导率法、泄漏电流脉冲计数法、最大泄漏电流法、绝缘子的污闪电压梯度法等,以上方法中等值盐密法和积分电导率法较为简单方便,适宜在人工污秽物实验中表示绝缘子的耐污性能。然而,对于工作状态下的绝缘子表面积污情况判断,上面的方法

仍旧无能为力。为了有效开展防污工作,降低电网中的污闪事故频率,亟需一种简单、经济、准确和安全的绝缘子污秽在线检测方法。

绝缘子表面不同的染污程度,如染污厚度、电解质浓度的不同会导致表面的粗糙程度和缺陷的不同,从而在日光等室外光源照射下反射出不同的光。因此,利用绝缘子表面可见光照片的色度信息来判断染污程度是可行的。通过对绝缘材料进行不同等级的染污后进行色度值提取,然后根据色度与等值盐密和等值灰密的关系进行曲线拟合。

实验所用绝缘材料为黑色有机玻璃板,等值盐密为 $0.1\sim1~mg/cm^2$、十个等级,等值灰密为 $0.2\sim2~mg/cm^2$、十个等级,因此共有一百种不同组合。染污方法使用涂层法,将绝缘材料均匀染污后自然风干,再采集光学照片。相机参数为曝光时间 0.1 s,光圈 F3.5,ISO2000。实验环境条件为温度 25 ℃、湿度 45%,光照强度为 120 lx,色温为 5645 K。

4.4.1 不同染污程度的颜色饱和度特征

电网系统中某一区域的污秽变化规律为组成成分不变,各成分占比随季节变化较大。颜色饱和度同样由组成的各颜色占比决定。计算不同污秽程度下照片的饱和度值,大量的实验数据表明饱和度与污秽程度呈幂函数关系,因此假设颜色的饱和度与等值盐密和等值灰密的关系为 $S=A\rho_{ESDD}^{-a}\rho_{NSDD}^{-b}$。拟合方法为非线性多元曲线拟合,使用麦夸特法加通用全局优化算法。该算法优点:相比于传统的非线性拟合方法,该方法不需要给定合适的初始值仍能快速得到非线性寻优解。

拟合得到参数:A 为 0.048,a 为 0.077,b 为 0.543,因此颜色的饱和度与等值盐密和等值灰密的关系为

$$S=0.048\rho_{ESDD}^{-0.077}\rho_{NSDD}^{-0.543} \tag{4.5}$$

拟合相关系数 $R=0.97$,图 4.4.1 展示了饱和度与等值盐密和等值灰密的关系曲线。

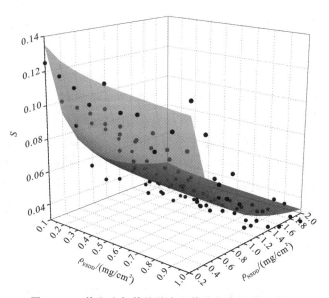

图 4.4.1　饱和度与等值盐密和等值灰密的关系曲线

为了更为直观地展示拟合结果,分别固定等值盐密和等值灰密值,用图 4.4.2 展示饱和度与等值灰密和等值盐密的二维数值关系。

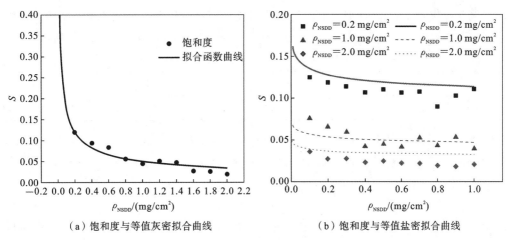

(a)饱和度与等值灰密拟合曲线　　　　(b)饱和度与等值盐密拟合曲线

图 4.4.2　颜色的饱和度与等值灰密与等值盐密的关系

从上面结果可以看出,饱和度与等值盐密和等值灰密均符合幂函数关系;同时,得到饱和度与等值灰密的拟合曲线后,将该曲线应用到其他等值灰密下饱和度数据如图 4.4.3 所示。

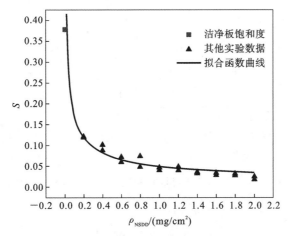

图 4.4.3　不同等值灰密下饱和度数据与拟合曲线相关度

可以看到,经过大量等值灰密的实验数据拟合所得的曲线与其他等值灰密下介质板的饱和度吻合度很好,包括洁净板的饱和度也完全落在该拟合曲线上。因此,在相同的实验条件下,利用得到的拟合方程能够很好地对人工污秽的等值盐密和等值灰密进行在线监测。

4.4.2　颜色饱和度与染污表面闪络电压的关系

大量的人工染污实验结果表明,绝缘子的闪络电压 U_f 与等值盐密 ρ_{ESDD} 和等值灰密 ρ_{NSDD} 直接相关,三者的关系可以近似表示为

$$U_f = A\rho_{ESDD}^{-a} \tag{4.6}$$

$$U_f = B\rho_{NSDD}^{-b} \tag{4.7}$$

式中:A 和 B 为与绝缘子形状和污秽程度有关的系数;ρ_{ESDD} 为等值盐密,单位为 mg/cm²;

ρ_{NSDD} 为等值灰密；a 和 b 分别为等值盐密和等值灰密对污闪电压影响的特征指数。不同学者在各自的实验环境下分别得到了单片绝缘子四个系数的取值，如表 4.4.1 所示[1-5]。

表 4.4.1　不同学者所得污闪电压与等值盐密和等值灰密相关系数

系数	A	a	B	b
取值范围	4～6	0.2～0.33	8～10	0.1～0.2

本实验研究了不同等值盐密和等值灰密对闪络电压的影响，结果如图 4.4.4 所示，随着等值盐密和等值灰密的增加，污秽程度加深，闪络电压也逐渐减小。根据最小二乘法，拟合出闪络电压与等值盐密和等值灰密的综合关系为

$$U_f = 8.4 \times \rho_{\text{ESDD}}^{-0.21} \rho_{\text{NSDD}}^{-0.11} \tag{4.8}$$

式中：等值盐密和等值灰密与闪络电压的特征系数分别为 0.21 和 0.11，与文献中所得数值相当[6]。

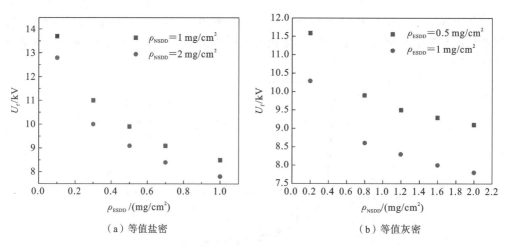

图 4.4.4　闪络电压与等值盐密和等值灰密的关系曲线

式(4.5)也可以分别影响饱和度，即

$$S = 0.08 \rho_{\text{ESDD}}^{-0.077} \tag{4.9}$$

$$S = 0.06 \times \rho_{\text{NSDD}}^{-0.543} \tag{4.10}$$

将式(4.9)和式(4.10)代入式(4.8)，即可近似得到饱和度与闪络电压的关系：

$$U_f = 14570 S^{2.93} \tag{4.11}$$

这样，尽管是近似关系，仍然为电网故障预测提供了一种可能性，即通过拍摄绝缘子表面得到的照片经过简单的数据分析后即可预测该绝缘子的污秽程度和闪络电压。

另一方面，该式是在固定的湿度下得到的，由 4.1 节分析可知，不同的湿度对闪络电压有很大影响。由于实验条件有限，很难精确测量到具体的湿度，作者利用饱和湿润

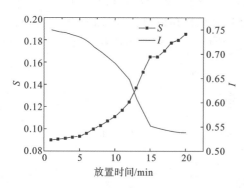

图 4.4.5　不同湿度介质板饱和度和亮度的变化曲线

的介质板在实验室环境中自然风干过程作为不同湿度的间接表征,每隔 1 min 记录一次,得到了时间为横轴的介质板饱和度与亮度的变化曲线,如图 4.4.5 所示,可以看出,随着湿度的降低,介质板越来越干燥,饱和度逐步上升,亮度却逐渐下降,该关系曲线为绝缘子湿度的判断提供了参考。

4.5 小结

本章研究了沿面放电可见光图像色度信息及状态诊断,得到了如下结论:

(1) 在 RGB 颜色空间中,灰度概率密度函数曲线能够基本和光辐射能量分布相对应,并且反映放电发展的阶段特征。利用"微元法"计算放电通道内灰度级的空间分布特征可以发现,沿面放电光辐射总是针电极头部区域最强,板电极区域光辐射最弱;针板电极中板电极区域的零灰度级概率密度函数曲线,即 P 值曲线能够准确识别沿面放电的发展阶段,且不受背景颜色和材料的影响。同时,由于可以规避掉饱和像素点的影响,在日光环境下的设备监测方面有较大应用前景。

(2) 进一步的,提出一种诊断日光下沿面放电的方法:拍摄日光环境下沿面放电图像,选择合适的分析区域并将其划分成微元阵列;将 RGB 图像转换成 HSI 图像并提取色相 Hue,计算各微元色相取值的标准得分 Z-score;根据标准得分阈值条件统计放电区域内存在色度突变的微元比例,得出色度变异面积占比 P。从实验结果可以看出,P 随电压升高而增大,且 $0<P\leqslant 0.1$ 可对应沿面放电的起始阶段,$0.1<P\leqslant 0.5$ 可对应发展阶段,$P>0.5$ 可对应预击穿阶段。上述结果说明,利用可见光色度信息和统计指标相结合,可以诊断日光下沿面放电的放电状态。

(3) 在色品坐标中,随着沿面放电的发展,色品坐标沿着一条直线在等能白点和光谱色之间滑动(等能白点代表沿面放电的初始状态;光谱色代表沿面放电中的众多光辐射产物的合成影响,由介质材料和气体成分决定)。放电的量变过程(带电粒子多寡)只改变色品坐标在该直线上的相对位置,质变过程(带电粒子种类变化)改变光谱色;其中曝光时间、材料颜色对放电色品坐标并无影响,说明该直线能够代表放电发展程度;最后,将沿面放电光谱数据和色品坐标结合,提出沿面放电色品空间并进行了环境噪声校正。该方法还可以推广到其他局部放电现象的状态诊断中。色品坐标不仅能够监测沿面放电发展程度,并反映沿面放电过程中的主要粒子变化特征,对于深入理解沿面放电的物理机理和反应过程有很大帮助。

(4) 实验发现,根据介质板表面湿度的不同,染污放电有四种发展模式:沿面模式、泄漏电流-沿面模式、局部电弧-沿面-电弧模式和局部电弧-电弧模式。其中,与以往文献中结论不同,在局部电弧-沿面-电弧模式中发现电弧长度并不是完全与外加电压呈正相关关系,这主要是因为以往的电弧模型中未考虑热效应的关系。不同模式下有不同的闪络电压,需要在电网运行中进行不同的防污策略。

(5) 研究了染污沿面放电发展为电弧阶段的色度特征,发现电极和电弧通道内的三色分量最大分别为 B 分量和 R 分量;短曝光时间的可见光照片可以识别交流电弧的不同阶段,并根据交流电弧零休阶段的色度特征与直流情况下电晕的色度特征比较后,间接证明交流电弧零休阶段仍有剩余电流存在。

（6）设计实验并经过分析后拟合出了颜色饱和度与污秽程度的公式，利用该拟合公式可以实现对绝缘染污程度的在线监测；根据染污程度与闪络电压的关系，以及污秽度与可见光照片饱和度的关系，结合起来得到了饱和度与闪络电压的公式，该公式实现了利用可见光照片对绝缘子闪络电压的直接预测，在电网安全运行中具有极大的应用价值。

4.6 本章参考文献

[1] 李晓峰，李正瀛，陈俊武，等. 提高线路绝缘子防污闪及抗泄漏性能的新方法[J]. 电网技术，2001，25(10)：69-72.

[2] 蒋兴良，舒立春，张永记，等. 人工污秽下盐/灰密对普通悬式绝缘子串交流闪络特性的影响[J]. 中国电机工程学报，2006，26(15)：24-28.

[3] 孙才新，舒立春，蒋兴良，等. 高海拔、污秽、覆冰环境下超高压线路绝缘子交直流放电特性及闪络电压校正研究[J]. 中国电机工程学报，2002，22(11)：116-121.

[4] 顾乐观，孙才新. 电力系统的污秽绝缘[M]. 重庆：重庆大学出版社，1990.

[5] 孙才新. 大气环境与电气外绝缘[M]. 北京：中国电力出版社，2002.

[6] RAMOS N G, GAMPILLO R M T, NAITO K. A study on the characteristics of various conductive contaminants accumulated on high voltage insulators[J]. IEEE Transactions on power delivery, 1993, 8(4):1842-1850.

5

介质阻挡放电可见光图像及均匀性评价

本章介绍了利用数字图像处理技术对介质阻挡放电的均匀性进行评价的方法。介质阻挡放电包括平板电极、大气压和低气压、氩气和氮气、丝网电极、旋转电极等放电。图像指标包括灰度指标和色度指标。

5.1 介质阻挡放电简介

介质阻挡放电(dielectric barrier discharge,DBD)又叫无声放电(silent discharge),是在金属电极之间插入绝缘介质来产生等离子体的一种放电形式。根据绝缘介质的数量和位置不同,DBD主要有图5.1.1所示的三种电极结构形式,可以在大气压下产生非热平衡等离子体,并被广泛应用于各种工业场景中,如臭氧发生、废气处理、准分子灯、等离子体灭菌等[1]。但是,由于大气压DBD通常在丝状模式下运行,强烈的能量密度和非均匀等离子体往往限制了DBD的工业应用前景。然而,均匀DBD对于有些工业应用领域也是有利的,如表面改性[2-4]、薄膜沉积[5-7]。因此,对放电均匀性问题的研究引起学术界相当大的关注。电流信号、电磁波信号、发射光谱等信号被用来诊断丝状放电和均匀放电的放电状态。

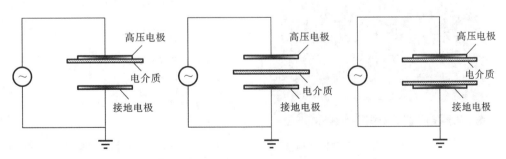

图 5.1.1 介质阻挡放电电极结构

介质阻挡放电的均匀性研究有两个不同的出发点,一个是研究完全均匀的放电,如辉光放电;另一个是研究基于工业应用目的的均匀性放电,它实际上只要求被处理的工件暴露在等离子体下的时间内保持均匀放电，这个时间长短与被处理的工件材料发生变化的时间和面积有关，不是严格意义上的均匀放电。本章运用图像处理技术，首先研究丝状放电和辉光放电的图像指标变化，然后研究基于工业目的的均匀放电的图像指标变化，最后发现这两种不同出发点的放电在图像指标变化上却是一致的。

5.2 平板电极 DBD 模式识别

5.2.1 实验装置

介质阻挡放电实验装置外观如图 5.2.1 所示，主要由等离子体电源、DBD 放电装置、真空放电室、电气测量装置、图像拍摄装置和光谱仪组成。

等离子体电源为型号为 CTP-2000P 的交流电源，其输出电压范围为 0～30 kV，频率在 5～25 kHz 范围内连续可调。

DBD 放电装置主要由上、下极板及阻挡介质构成，如图 5.2.2 所示，上极板（高压电极）为直径 100 mm 的圆形不锈钢平板，下极板（接地电极）为直径大于 100 mm 的黄铜圆环，下极板上表面放置厚度为 2.2 mm、面积为 180 mm×180 mm、电阻为 14 Ω 的 FTO 导电玻璃，导电玻璃的导电薄膜与下极板接触。上极板与导电玻璃间隙（放电间隙）在 0.5～10 mm 范围内连续可调。

真空放电室连接抽气泵和气罐，主要用于提供不同的气体环境，并且固定放电装置及观察正、侧面的放电图像，如图 5.2.3 所示，其中放电正面图像通过在放电装置下极板处搭建的一块与水平方向成 45°的反光镜获得。

图 5.2.1 DBD 实验装置的外观

图 5.2.2 从侧面观察窗看到的放电室

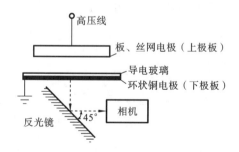

图 5.2.3 放电电极结构及放电底部观察镜

电气测量装置主要由高压探头（Tektronix P6015A，1000∶1）、霍尔传感器、数字示波器（DSO-X3014A，带宽 200 MHz，采样率 4 GSa/s）构成，用于测量介质阻挡放电的电压、电流波形。

图像拍摄装置采用的是分辨率可达 7360×4912(3600 万)像素的 Nikon D800 数码相机和 Nikon AF-SVR105 微距镜头。图 5.2.4(见附录 A)所示的是拍摄的照片，$U_{pp}=15.4$ kV,$f=8.0$ kHz,曝光时间 $t=1/10$ s。

在大气压下进行实验的准备过程：将放电室抽空至 0.025 MPa，然后充入氩气或氦气至大气压(0.1 MPa)。在大气压下进行空气实验时，直接在开放环境中进行操作；在低气压实验时，将放电室直接抽空至所需的低气压。

图 5.2.4(见附录 A)所示的是大气压下空气中的典型放电图像，图像的实际尺寸为 5.3 cm×5.3 cm。图 5.2.5 所示的是与图 5.2.4 对应的灰度概率密度函数 GLPDF。

为了验证 GLPDF 指标的稳定性，进行了重复实验。图 5.2.6 所示的是当 $U_{pp}=15.4$ kV,$f=8.0$ kHz,$t=1/10$ s 时的重复实验的典型结果，可以看出，随着实验序号从 1 到 20，平均灰度、分布方差、峰度和偏度保持几乎不变。这表明该指标具有良好的稳定性和重复性。

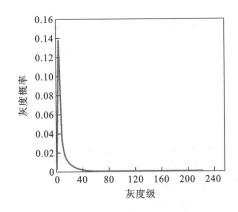

图 5.2.5 与图 5.2.4 对应的灰度概率密度函数 GLPDF

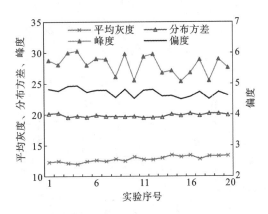

图 5.2.6 重复实验结果

5.2.2 形态学指标图像分析

为了图示清晰起见，下面讨论的是 0~25、0~40 或 0~60 的灰度级范围内的 GLPDF，而不是计算 GLPDF 所用的 0~255 灰度级范围。

1. 丝状放电

1) 不同电压

在空气中，大气压下的 DBD 应该是丝状放电。图 5.2.7 显示了大气压下空气中不同外加电压对应的 GLPDF，外加电压的频率 $f=5.0$ kHz，曝光时间 $t=1/10$ s。图 5.2.8 展示了与图 5.2.7 对应的灰度级峰度和偏度。图 5.2.9 展示了与图 5.2.7 对应的平均灰度和灰度级分布方差。由图 5.2.8 和图 5.2.9 可以看出，随着外加电压的增加，灰度级峰度和偏度变小，平均灰度和灰度级分布方差变大，显示状态不同，这些特征量不同。

2) 不同电压频率

图 5.2.10 展示了大气压下空气中不同外加电压频率对应的 GLPDF，外加电压 $U_{pp}=14.2$ kV，曝光时间 $t=1/10$ s。图 5.2.11 展示了与图 5.2.10 对应的灰度级峰

度和偏度。图 5.2.12 展示了与图 5.2.10 对应的平均灰度和灰度级分布方差。由图 5.2.11 和图 5.2.12 可以看出，随着外加电压频率的增加，灰度级峰度和偏度变小，平均灰度和灰度级分布方差变大。

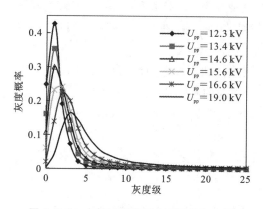

图 5.2.7　大气压下空气中不同外加电压对应的 GLPDF

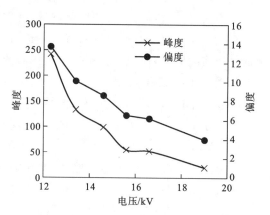

图 5.2.8　与图 5.2.7 对应的峰度和偏度

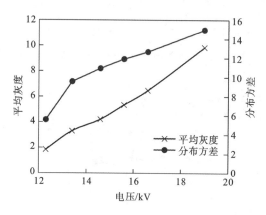

图 5.2.9　与图 5.2.7 对应的平均灰度和分布方差

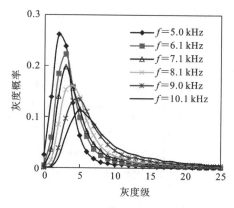

图 5.2.10　大气压下空气中不同外加电压频率对应的 GLPDF

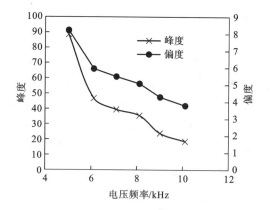

图 5.2.11　与图 5.2.10 对应的峰度和偏度

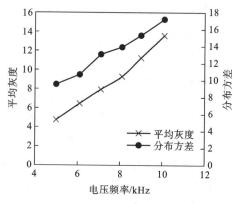

图 5.2.12　与图 5.2.10 对应的平均灰度和分布方差

3) 不同曝光时间

图 5.2.13 展示了大气压下空气中的不同曝光时间对应的 GLPDF,外加电压 $U_{pp}=14.2$ kV,外加电压的频率 $f=8.0$ kHz。图 5.2.14 展示了与图 5.2.13 对应的灰度级峰度和偏度。图 5.2.15 展示了与图 5.2.13 对应的平均灰度和灰度级分布方差。由图 5.2.14 和图 5.2.15 可以看出,随着曝光时间的增加,灰度级峰度和偏度变小,平均灰度和灰度级分布方差变大,说明曝光时间会影响图像特征,这是客观评价丝状放电时需要克服的一个指标。

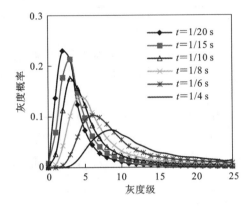

图 5.2.13　大气压下空气中不同曝光时间对应的 GLPDF

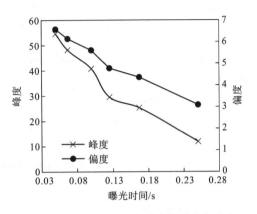

图 5.2.14　与图 5.2.13 对应的峰度和偏度

2. 均匀放电

1) 不同电压

在空气中,低气压下的 DBD 可以是均匀放电。图 5.2.16 展示了低气压下空气中不同外加电压对应的 GLPDF,气压 $P=0.02$ MPa,频率 $f=8.0$ kHz,曝光时间 $t=1/6$ s。图 5.2.17 展示了与图 5.2.16 对应的灰度级峰度和偏度。图 5.2.18 展示了与图 5.2.16 对应的平均灰度和灰度级分布方差。由图 5.2.16 可以看出,随着外加电压的增大,GLPDF 形状几乎不变,这是不同于前面丝状放电的最大特点,只是在灰度级轴上"平移",平均灰度值变大,而峰度、偏度和灰度级分布方差几乎保持不变。

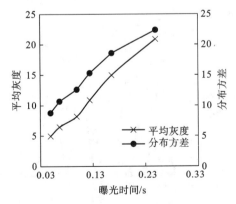

图 5.2.15　与图 5.2.13 对应的平均灰度和分布方差

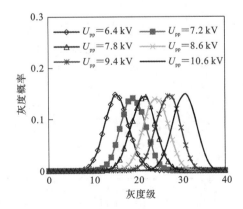

图 5.2.16　低气压下空气中不同外加电压对应的 GLPDF

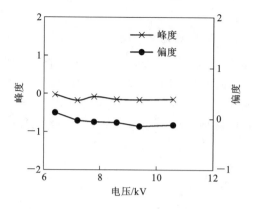

图 5.2.17 与图 5.2.16 对应的峰度和偏度

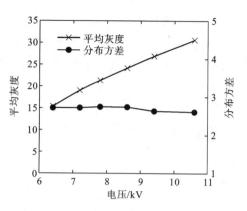

图 5.2.18 与图 5.2.16 对应的平均灰度和分布方差

2) 不同电压频率

图 5.2.19 展示了低气压下空气中不同外加电压频率下的 GLPDF，气压 $P=0.02$ MPa，$t=1/6$ s。图 5.2.20 展示了与图 5.2.19 对应的峰度和偏度。图 5.2.21 展示了与图 5.2.19 对应的平均灰度和灰度级分布方差。由图 5.2.20 和图 5.2.21 可以看出，

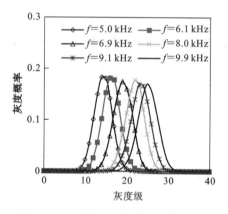

图 5.2.19 低气压下空气中不同外加电压频率对应的 GLPDF

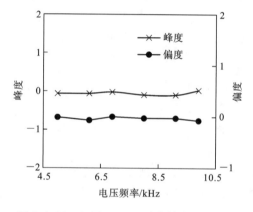

图 5.2.20 与图 5.2.19 对应的峰度和偏度

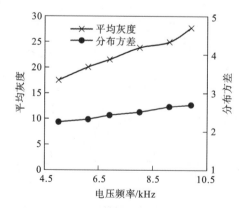

图 5.2.21 与图 5.2.19 对应的平均灰度和分布方差

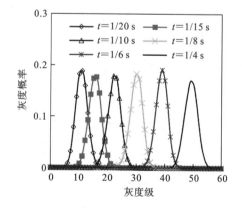

图 5.2.22 低气压下空气中不同曝光时间对应的 GLPDF

随着频率的增加,平均灰度值变大,而峰度、偏度和灰度级分布方差几乎保持不变,这说明峰度、偏度和灰度级分布方差这些统计特征量具有均匀放电的表征能力,而平均灰度值增大是因为重复放电次数增加,提高了亮度。

3) 不同曝光时间

图 5.2.22 展示了低气压下空气中不同曝光时间下的 GLPDF,气压 $P = 0.02$ MPa,$f = 8.0$ kHz,$U_{pp} = 12.2$ kV。图 5.2.23 展示了与图 5.2.22 对应的峰度和偏度。图 5.2.24 展示了与图 5.2.22 对应的平均灰度和灰度级分布方差。由图 5.2.23 和图 5.2.24 可以看出,随着曝光时间的增加,平均灰度值变大,而峰度、偏度和灰度级分布方差几乎保持不变,进一步说明这些系数可以作为均匀放电的表征。

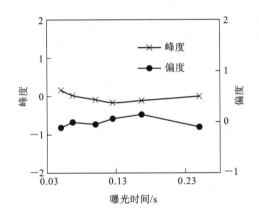

图 5.2.23　与图 5.2.22 对应的峰度和偏度　　图 5.2.24　与图 5.2.22 对应的平均灰度和分布方差

4) 不同气压和不同气体

图 5.2.25 展示了不同低气压下氩气中对应的 GLPDF,$U_{pp} = 9.6$ kV,$f = 5.0$,$t = 1/10$ s。可以看出,随着气压的降低,平均灰度值是增加的,但相应的分布方差在压力降低时几乎保持不变。

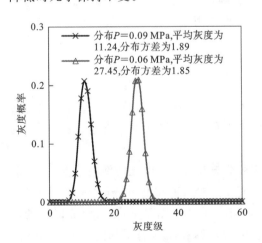
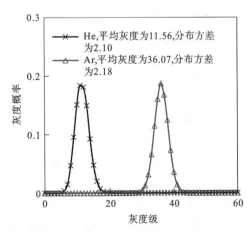

图 5.2.25　不同低气压下氩气中对应的 GLPDF　　图 5.2.26　大气压下不同气体中对应的 GLPDF

图 5.2.26 展示了大气压下不同气体中对应的 GLPDF,$U_{pp} = 11.0$ kV,$f = 5.0$ kHz,$t = 1/10$ s。可以看出,Ar 中的平均灰度值比 He 中的要高,但相应的分布方差在

气体成分变化时几乎保持不变。

上述两个实验及图像分析结果说明,分布方差是一个很好的表达均匀放电的特征量,它反映了 GLPDF 形状不变。

3. 讨论

这些 GLPDF 表明,在丝状放电模式下,大多数像素对应于接近零的灰度值,而在均匀放电模式下,灰度值更大。这意味着在丝状放电模式下,每个放电斑点的外围区域始终存在一些暗区。

随着外加电压、频率或曝光时间的增加,丝状放电模式下的灰度级峰度和偏度减小,灰度级分布方差显著增加;而均匀放电模式下,分布方差几乎保持不变。这反映了均匀放电模式比丝状放电模式均匀性更好的已知事实。此外,随着频率的增加,丝状放电不能转变为均匀放电,并且丝状放电的图像也不能随着曝光时间的增加而转变为均匀放电的图像。

随着气压的降低,当外加电压保持不变时,均匀模式下的平均灰度值显著增加,如图 5.2.25 所示。这本质上导致了一个推断,即随着压力的降低,更容易产生放电。因此,这意味着高压下的起晕电压大于低压下的起晕电压。

当电压保持不变时,氩气中的平均灰度值大于氦气中的平均灰度值,如图 5.2.26 所示。如果假设电离水平与平均灰度值成正比(这一点值得进一步考虑),我们可以推断出当电压保持不变时,氩气的电离水平高于氦气的电离水平。此外,这还可能意味着氦气中的起晕电压大于氩气中的起晕电压。

4. 小结

基于数字图像处理技术,提出了一种用于区分两种 DBD 模式的方法——GLPDF。灰度级的峰度、偏度和分布方差可以定量地反映图像分布特征的变化。随着外加电压、频率或曝光时间的增加,丝状放电模式下的灰度级峰度和偏度减小,灰度级分布方差显著增加;而均匀放电模式下,分布方差几乎保持不变。从灰度级峰度、偏度和分布方差的变化中可以获得一致的趋势。大量重复实验表明,该方法具有良好的稳定性和重复性。这些结果表明,该方法不仅有效,而且简单,可以用来区分 DBD 模式。

5.2.3 色度学指标图像分析

1. 图像

空气中放电分析区域图像如图 5.2.27 所示(见附录 A),可见大气压下丝状放电形成的亮点和低气压下的均匀放电。将采集到的图像,通过 HSI 色度变化,提取图像的色相、饱和度和亮度均值。

2. 大气压下空气中 DBD 的图像 H、S、I 分量与非状态量曝光时间的关系

图 5.2.28 展示了大气压下空气放电中色相 H 分量、饱和度 S 分量、强度 I 分量的均值随曝光时间变化的规律,$U=3.5 \text{ kV}, f=5.5 \text{ kHz}$。由图可见,随着曝光时间的增加,强度 I 分量的均值显著增加;$H/360°$ 稳定在 0.7,饱和度 S 有微弱的先上升后下降两个过程。

图 5.2.29 展示了低气压下空气放电中色相 H 分量、饱和度 S 分量、强度 I 分量的均值随曝光时间变化的规律,$P=0.01 \text{ MPa}, U=1.6 \text{ kV}, f=5.5 \text{ kHz}$。由图可见,随着

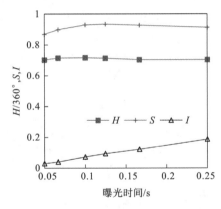
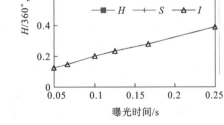

图 5.2.28　大气压下空气中 DBD 的图像 HSI 随曝光时间变化的规律

图 5.2.29　低气压下空气中 DBD 的图像 HSI 随曝光时间变化的规律

曝光时间的增加，强度 I 分量的均值显著增加；$H/360°$ 稳定在 0.7，饱和度 S 有微弱的下降。

上述结果说明，平均色相 H 可以克服拍摄参数曝光时间的影响，反映放电状态。

3. 不同气体中 DBD 的图像 H、S 分量与状态量电压的关系

图 5.2.30 展示了大气压下氩气、氮气、空气和低气压下空气中 DBD 的图像色相 H 分量随电压变化的规律。在大气压空气实验中，$H/360°$ 从放电开始就大大增加。当电压增加到 3.7 kV 时，$H/360°$ 稳定在 0.7（表明成分不再改变）。在低气压空气、大气压氩气和氮气实验中，$H/360°$ 始终稳定在 0.7，但工作电压范围不同。上述结果表明，不同电压下大气压空气中的光辐射颜色不同（色相不同），即不同电压下的放电种类不同，放电模式不同，但在低气压空气下放电在图中电压范围内模式相同。氩气和氮气的色相基本不变，表明氩气和氮气产物不变，放电模式不变。

图 5.2.31 展示了大气压下氩气、氮气、空气和低气压下空气中 DBD 的图像饱和度 S 分量随电压变化的规律。基本实验结果与色相 H 分量相同，但有轻微下降趋势。这表明，随着电压的增加，过高的光强度可能会使照片上某些区域的颜色饱和（灰度级达

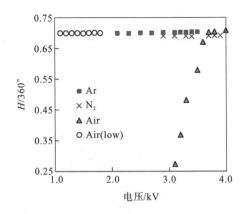
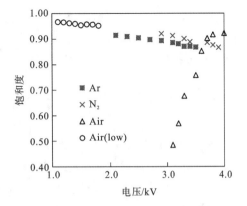

图 5.2.30　大气压下氩气、氮气、空气和低气压下空气中 DBD 的图像色相 H 分量随电压变化的规律

图 5.2.31　大气压下氩气、氮气、空气和低气压下空气中 DBD 的图像饱和度 S 分量随电压变化的规律

到255），形成"白色"，这会使白光干扰颜色的纯度。相反，这意味着色相比饱和度更能反映放电的变化。

我们知道，在大气压下氩气、氮气和低气压下空气中的放电是辉光模式，而在大气压下空气中的放电是丝状模式，因此，可以用色相来区分这两种模式。

4. 不同气体中 DBD 的图像 H、S 分量与状态量电压频率的关系

图 5.2.32 展示了大气压下氩气、氮气、空气和低气压下空气中 DBD 的图像色相 H 分量随电压频率变化的规律。图 5.2.33 展示了大气压下氩气、氮气、空气和低气压下空气中 DBD 的图像饱和度 S 分量平均值随电压频率变化的规律。基本实验结果与 H、S 分量随电压变化的规律相同，在大气压空气中也是异常的。

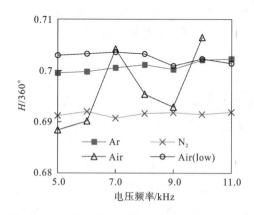

图 5.2.32 大气压下氩气、氮气、空气和低气压下空气中 DBD 的图像色相 H 分量随电压频率变化的规律

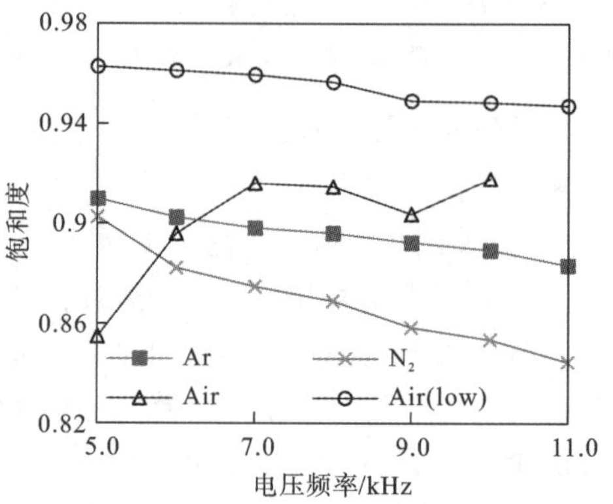

图 5.2.33 大气压下氩气、氮气、空气和低气压空气中 DBD 的图像饱和度 S 分量平均值随电压频率变化的规律

上述结果表明，当电压频率从 5 kHz 增加到 11 kHz 时，放电产物组成没有明显变化，导致色相没有变化；但随着电压频率的增加，放电次数增加，亮度增加，导致饱和度略有下降。

这一结果还表明，色相指标可以区分丝状放电模式和辉光放电模式。

需要说明的是，由于饱和度是一种纯色被白光稀释的程度的度量，所以随着曝光时间、电压、频率的增大，图像亮度增强，平均饱和度 S 会被稀释。因此，随着平均强度 I 增大，平均饱和度 S 的值会略有减小。

5.3 丝网电极 DBD 均匀性评价

虽然在长时间尺度上由大量微放电组成的均匀 DBD 可能满足工业应用的需求，但此类 DBD 的均匀性评估与辉光 DBD 或汤森 DBD 不同。为了阐明丝网电极对 DBD 均匀性的影响，尤其是由大量微放电组成的均匀 DBD 情况，我们研究了由不同丝网电极产生的放电。

5.3.1 实验装置

本研究使用的实验装置如图 5.2.1 所示，只是将高压电极换成一个直径为 100 mm 的圆形不锈钢丝网电极。所有实验中，间隙宽度均固定为 1 mm。电极施加峰峰值电压为 17.8 kV，频率为 8 kHz，实验在开放环境中进行。所有照片的曝光时间均设置为 1/8 s。

不同孔径的丝网电极作为平板的高压电极，如图 5.3.1 所示。丝网电极的特征长度包括丝网导线直径（D）和丝网电极的孔径（L），丝网电极的放大图像如图 5.3.2 所示，丝网电极的特征尺寸（含一个平板电极）如表 5.3.1 所示。

图 5.3.1　不同孔径的丝网电极作为平板的高压电极

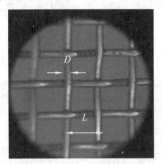

图 5.3.2　丝网电极的放大图像

表 5.3.1　丝网电极的特征尺寸（含一个平板电极）

序列号	1#丝网	3#丝网	4#丝网	5#丝网	2#丝网	0#丝网
丝网导线直径 D/mm	0.25	0.4	0.2	0.25	0.04	—
孔径 L/mm	1.25	1.5	0.5	0.6	0.26	0

5.3.2　实验结果

不同丝网电极和相应的放电图像分别如图 5.3.3～图 5.3.7 所示；图 5.3.8 所示的是 0#平板电极和相应的放电图像。我们可以发现，图 5.3.3、图 5.3.4、图 5.3.5 中的放电点呈周期性分布，而图 5.3.6、图 5.3.7、图 5.3.8 中的放电点则呈非周期性分布。如果丝网电极的孔径足够大，如 $L\geqslant 1.5$ mm，则周期性放电点将出现在丝网电极的每个网格节点上，如图 5.3.4 所示。如果孔径稍小，如 0.6 mm$\leqslant L\leqslant$1.25 mm，则周期性放电点不会出现在每个网格节点上，而是出现在交替的网格节点上，如图 5.3.3 和图 5.3.5 所示。如果 $L\leqslant 0.5$ mm，则放电点将随机分布在整个平面上，如图 5.3.6 和图 5.3.7 所示。这些周期性放电点没有在每个网格节点上产生的理由应该与电子崩的大小有关。换句话说，就是在两个相邻节点上产生两个电子崩的空间不足。这些空间周期性放电可以被视为电晕型 DBD。

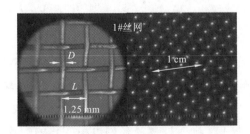

图 5.3.3　丝网电极 1# 和相应的放电图像

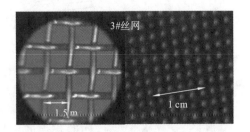

图 5.3.4　丝网电极 3# 和相应的放电图像

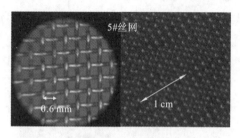
图 5.3.5　丝网电极 5# 和相应的放电图像

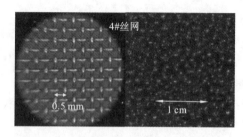
图 5.3.6　丝网电极 4# 和相应的放电图像

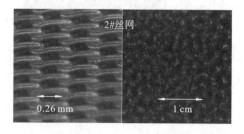
图 5.3.7　丝网电极 2# 和相应的放电图像

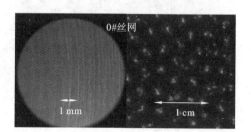
图 5.3.8　平板电极 0# 和相应的放电图像

5.3.3　图像分析

放电图像的直接信息是模糊的,无法定量描述放电的均匀性,例如,丝网电极 4# 和丝网电极 5# 产生的放电图像无法清楚地比较。由于由大量微放电组成的 DBD 的均匀性评估与辉光 DBD 或汤森 DBD 的不同,因此将在以下内容中用变异系数(CV,见第 2.2 节)来研究放电的均匀性。

不同序号丝网电极的 DBD 图像的变异系数 CV 随电压变化的规律如图 5.3.9 所示,$f=8$ kHz,$t=1/8$ s。随着外加电压的增加,变异系数 CV 呈减小趋势,因此均匀性增加。原因是随着外加电压的增加,灰度或强度增加,但 std 没有大幅增加。

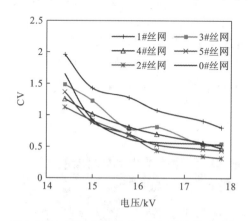
图 5.3.9　不同序号电极,DBD 图像的变异系数 CV 随电压变化的规律

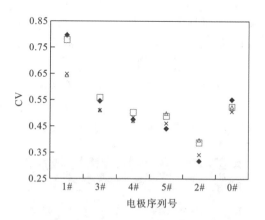
图 5.3.10　同一电压下,DBD 图像的变异系数 CV 随不同序号电极变化的规律

当 $U_{pp}=17.8$ kV 时,DBD 图像的变异系数 CV 随不同序号丝网电极变化的规律如图 5.3.10 所示,$f=8$ kHz,$t=1/8$ s。每个序号电极下的图像采集四组数据。为了

避免电极表面不同区域粗糙度的影响,我们为每个电极提供了来自相同电压下两张放电图像中不同区域的四个计算结果。考虑到表 5.3.1 中的数据,我们可以发现,除了 0# 平板电极之外,随着电极孔径的减小,变异系数 CV 逐渐减小,因此均匀性增加。由于这些放电点产生在丝网电极的网格节点上,当丝网电极的孔径减小时,单位面积上的放电点数量将增加,从而增加了均匀性,一种可以工业应用的均匀性。另一方面,平板电极产生的放电的均匀性并不是最好的。对于一些丝网电极,其变异系数 CV 值甚至比 0# 平板电极的变异系数 CV 值还要小。原因是这些丝网电极产生的放电点更加密集,这说明丝网电极可以提高放电的均匀性。

5.3.4 小结

不同丝网电极产生的放电点的周期性特征由丝网电极的孔径决定。如果丝网电极的孔径足够大,那么这些周期性放电点将出现在丝网电极的每个网格节点上。如果孔径稍小,那么这些周期性放电点将不会出现在每个网格节点上,而是出现在交替的网格节点上。如果孔径小于 0.5 mm,那么放电点将随机分布在整个平面上。很明显,变异系数 CV 越小,放电越均匀。

5.4 旋转电极 DBD 均匀性评价

均匀介质阻挡放电(DBD)可以满足工业应用的需要,因此采用旋转电极使得放电过程可以不集中在一个位置。本节介绍我们设计的一种旋转 DBD,并采用数字图像处理方法来描述旋转电极在长时间尺度上引起的 DBD 均匀性。

5.4.1 实验装置

实验装置如图 5.4.1 所示,接地电极是位于放电间隙上方的旋转平板,它由电动机带动,高压电极在玻璃介质板下面,放电照片通过下部 45° 平面镜反射出来。高压电极为 3 mm 厚的玻璃板,其底面涂有导电透明涂层氟掺杂氧化锡(FTO);其面积为 180 mm×180 mm。接地电极由直径为 100 mm 的圆形不锈钢板制成,并连接到旋转接头上。在所有实验中,间隙固定1 mm。向电极施加 AC 高压(5 kHz)。使用数码相机(尼康 D50,最大分辨率为 3008×2000 像素光学传感器)记录发光图像。所有照片的曝光时间设置为 0.1 s。ISO 为 1600,光圈为 4.8 mm。实验过程如下:首先,将电压从零增加到固定值;然后,将电极的转速从 0 调节到固定值,如 500 r/m;最后,通过数码相机以固定间隔(1.75 s)和曝光时间(0.1 s)连续获得一系列图像。

图 5.4.1 实验装置

假设当转速刚刚达到其固定值 500 r/m 时,时间为 $t=0$。当 $t=1.75$ s 时,获得表示为 t_1 的第一幅图像。当 $t=2\times1.75$ s,第二幅图像表示为 t_2,等等。如果电极是静止的,我们假设电压增加到固定值时的时间为 $t=0$。

5.4.2 实验结果

图 5.4.2 展示了相机以固定间隔获得的四幅连续放电图像,$U_{pp}=18$ kV,$f=5$ kHz,曝光时间为 0.1 s;$t_1=1.75$ s,$t_8=8\times1.75$ s,$t_{17}=17\times1.75$ s。当电极静止时,转速 n 为 0,电极区域上随机分布着大量斑点。当电极旋转时,$n=500$ r/m,在 t_1 的情况下,沿旋转方向有许多弯曲的细丝。随着时间的推移,在 t_8 和 t_{17} 的情况下,$n=500$ r/m 时,会有许多环带。然而,在 t_8 和 t_{17} 的情况下区分图像要困难得多。在下文中,我们将基于数字图像处理技术进行进一步分析。

第一,对于每个灰度图像,手动选取沿径向的 9 个小矩形区域 $r_1,r_2,\cdots,r_9$,如图 5.4.2(d)所示。每个小矩形中包含的像素为 200×100。矩形 r_1 的下边缘穿过电极的中心,矩形 r_9 的上边缘在电极的边缘上方。

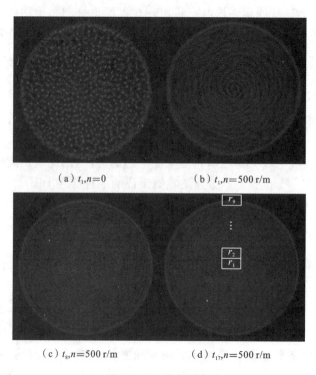

(a) $t_1,n=0$ (b) $t_1,n=500$ r/m

(c) $t_8,n=500$ r/m (d) $t_{17},n=500$ r/m

图 5.4.2 放电图像

第二,用图 5.4.3 展示了与图 5.4.2 的四种情况相对应的灰度概率密度函数 GLPDF,$U_{pp}=18$ kV,$f=5$ kHz。需要注意的是,GLPDF 仅在区域 r_4+r_5 上获得,以避免边缘效应。从数据中可以看出以下结果:如果电压、电压频率和电极转速保持不变,GLPDF 会随着时间的推移沿横坐标向右移动。在 t_{17} 的情况下,GLPDF 的形状明显不同于 t_1 或 t_8,但在 $t_1(n=0)$ 和 $t_1(n=500$ r/m$)$ 的情况下只有很小的可辨别差异。为了说明它们之间的差异,我们计算了灰度的标准偏差,差异很明显,如图 5.4.3 的图例所示。情况 $t_1(n=0)$ 的标准偏差最大(std$=21.1$),t_{17} 的标准偏差最小(std$=5.2$)。随着时间的推移,灰度标准偏差逐渐减小。很明显,灰度标准偏差可以比 GLPDF 提供更多关于细丝放电空间特性的定量信息。

第三，用图 5.4.4 展示了不同转速下区域 r_4+r_5 的灰度分布方差随时间变化的规律，$U_{pp}=18$ kV，$f=5$ kHz。我们可以得到以下两个结果：① 无论电极是否旋转，随着时间的增加，灰度分布方差逐渐减小，最终达到稳定值。在转速 $n=0$ 的情况下，达到稳定值所需的时间比旋转电极时的情况长。转速越快，稳定所需时间越短。② $n=0$ 时灰度分布方差远大于旋转电极的情况。随着转速的增加，灰度分布方差逐渐减小，最终达到稳定值。这意味着继续增加转速可能无法产生较小的分布方差。我们知道，在较低的分布方差下，数据点往往接近平均值。因此可以得出结论，图像的均匀性会随着时间和转速的增加而增加。实际上，在 5.2 节中的实验获得的辉光放电图像的灰度分布方差为 2.7，非常接近 $n=3000$ r/m 情况下的稳定值。

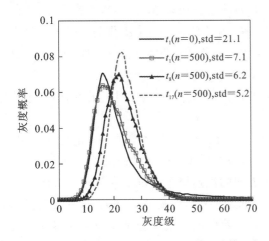

图 5.4.3　与图 5.4.2 区域 r_4+r_5 的四种情况相对应的 GLPDF

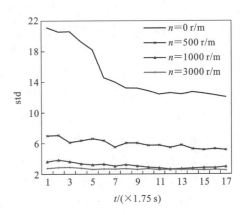

图 5.4.4　在不同转速下区域 r_4+r_5 的灰度分布方差随时间的变化

第四，计算 $t=17\times1.75$ s 时，不同转速下沿 r 轴不同区域灰度分布方差，如图 5.4.5 所示，$U_{pp}=18$ kV，$f=5$ kHz。无论电极是否旋转，除了 r_9（包括电极边缘）的情况外，灰度分布方差沿径向呈减小趋势。此外，随着电极线速度的增加，灰度分布方差逐渐减小，这意味着电极旋转提高了放电的均匀性。

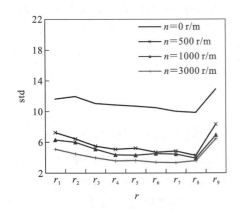

图 5.4.5　在不同转速下，沿 r 轴不同区域灰度分布方差的变化

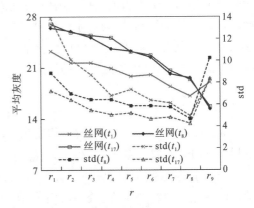

图 5.4.6　对应于图 5.4.2 图像沿径向区域的平均灰度和分布方差

第五，图像沿径向区域的平均灰度和灰度分布方差，对应图 5.4.2(b)、(c)、(d)，如

图 5.4.6 所示，$U_{pp}=18$ kV，$f=5$ kHz，$n=500$ r/m。我们可以得到以下两个结果：① 除了 r_9（包括电极边缘）的情况外，沿径向区域的灰度分布方差和平均灰度呈减小趋势；② 随着时间的推移，灰度分布方差逐渐减小，平均灰度逐渐增大。值得注意的是，灰度分布方差沿径向区域的梯度随着时间的变化而减小。

5.4.3 图像分析

我们知道，在 $n=0$ 的情况下，图像产生大量斑点的原因来自种子电子的随机分布、介电表面上的累积电荷和间隙体积中的微放电残留物。在图像中宏观观察为亮点的同一位置形成多代流注。

当电极静止时，放电图像的 std 值随着时间的变化而降低，最终达到稳定值，如图 5.4.4 所示。关于这一现象，一种可能的解释是，由外部偶然因素提供的种子电子被微放电残留物所取代。由于微放电残留物相互作用和累积电荷相互作用，种子电子的分布相对均匀，然后放电的均匀性增加，因此 std 随着时间的变化而逐渐减小。另外，在较长的暴露时间内，种子电子的分布也应受到传热的影响，但随着时间的变化，热影响应逐渐减弱，然后种子电子达到稳定的分布。

当电极旋转时，应首先讨论在较长的曝光时间内导致照片中弯曲细丝的物理机制，如图 5.4.2 所示。例如，当 $n=3000$ r/m 时，电极在 $r=3$ cm 时的线速度为 942 cm/s。我们可以想象，气体（微放电残留物）沿旋转方向的流速应小于电极在相应位置的线速度。考虑到流注的传播速度（$10^7 \sim 10^8$ cm/s）远大于气体的流速（<942 cm/s），我们可以说电子运动的方向垂直于旋转方向。因此，照片中的一根弯曲细丝应由一系列微放电点组成，而不是由高速运动物体在较长曝光时间内引起的平滑或模糊效应产生的。换句话说，微放电残留物在新的位置提供下一次放电或下一次充电的种子电子，介质表面的累积电荷在下一个半周期激活微放电，一系列斑点在较长的曝光时间内形成弯曲的细丝。

现在让我们讨论由大量弯曲细丝组成的放电图像标准的变化。实验结果表明，当电极旋转时，std 的变化很快结束，如图 5.4.4 所示。显然，旋转电极引起的微放电残留物分布的均匀性优于固定电极。随着电极转速的增加，达到稳定值所需的时间常数将减小，std 值达到饱和，因为残余速度具有饱和值。另外，std 随着电极线速度的增加而逐渐降低的原因也是如此。实际上，随着电极转速的增加，热对微放电残留物分布的影响也应迅速减弱，从而导致一样的结果。

5.4.4 小结

无论电极是否旋转，随着时间的变化，std 呈减小趋势，最终达到稳定值。随着转速的增加，std 也呈减小趋势，最终达到稳定值。这意味着电极旋转提高了放电的均匀性。

产生上述现象的原因应该是介质表面累积电荷和体积中微放电残留物的相对运动。微放电残留物在新的位置提供下一次放电或下一次充电的种子电子，介质表面的累积电荷在下一个半周期激活微放电，一系列斑点在较长的曝光时间内形成弯曲的细丝。

考虑到沿旋转方向的气体流动（微放电残留物）对放电点的影响是一个重要因素，

两个板之间气体流动的运动规律需要进一步研究。

5.5 本章参考文献

[1] KOGELESCHATZ U. Dielectric-barrier discharges: their history, discharge physics, and industrial applications[J]. Plasma chemistry and plasma processing, 2003, 23(1): 1-46.

[2] MASSINES F, GOUDA G. A comparison of polypropylene-surface treatment by filamentary, homogeneous and glow discharges in helium at atmospheric pressure[J]. Journal of physics D: applied physics, 1998, 31(24): 3411-3420.

[3] SIRA M, TRUNEC D, STAHEL P, et al. Surface modification of polyethylene and polypropylene in atmospheric pressure glow discharge[J]. Journal of physics D: applied physics, 2005, 38(4): 621-627.

[4] FANG Z, LIN J, YANG H, et al. Polyethylene terephthalate surface modification by filamentary and homogeneous dielectric barrier discharges in air[J]. IEEE Transactions on plasma science, 2009, 37(5): 659-667.

[5] SAWADA Y, OGAWA S, KOGOMA M. Synthesis of plasma-polymerized tetraethoxysilane and hexamethyldisiloxane films prepared by atmospheric pressure glow discharge[J]. Journal of physics D: applied physics, 1995, 28(8): 1661-1669.

[6] FOEST R, ADLER F, SIGENEGER F, et al. Study of an atmospheric pressure glow discharge (APG) for thin film deposition[J]. Surface and coatings technology, 2003, 163-164: 323-330.

[7] TRUNEC D, NAVRATIL Z, STAHEL P, et al. Deposition of thin organosilicon polymer films in atmospheric pressure glow discharge[J]. Journal of physics D: applied physics, 2004, 37(15): 2112-2120.

6

气体放电发射光谱的色品坐标

利用发射光谱中特定谱线强度分析放电物理过程是常用的方法,这种方法能对每种涉及光辐射的微观过程进行定量分析,但是对放电过程变化的综合诊断需要确定合适的谱线。本章将光谱可见光波段的全部谱线转化为颜色的色品坐标,同时提取不同工况下放电的电压、电流波形等各种特征信号,将不同信号进行关联,实现了对电晕、沿面和介质阻挡不同类型放电状态的综合诊断。

6.1 放电发射光谱

气体放电的发射光谱信号分析有助于理解放电过程中的粒子变化情况,然而单一的带电粒子变化又不足以反映气体放电的整体情况。同时,可见光波段的光谱辐射出相应的颜色,利用光谱的色度信息实现对放电的综合诊断是一个很有价值的课题。本节通过采集不同放电类型的发射光谱,将其可见光波段的谱线数据转化为 CIE XYZ 系统中的色品坐标,从而避免了研究过程中对放电粒子谱线的取舍。通过对色品坐标变化规律的研究,实现了对气体放电状态的综合评价。

6.1.1 光谱数据转换为色品坐标的方法

实验所用光谱仪型号为 Maya 2000 Pro,量子效率(光子转化为光电子)为 90%,积分时间范围为 17 ms～10 s 可调,信噪比为 450∶1。探测器型号为 Hamamatsu S10420,最大光谱分辨率可达到 0.035 nm,光谱测量范围为 200～1000 nm。实验过程中,通过探头正对放电装置来采集各种放电类型在不同电压下的光谱信号,经过 Savitzky-Golay 平滑方法对数据进行预处理。该方法能够在消除噪声、提高信噪比的同时最大限度地确保原信号的完整度,因此被广泛用于数据降噪。

图 6.1.1 展示了电晕放电的不同电压下的光谱数据,可以看到空气中电晕放电主要收集到氮分子第二正带系($C^3\Pi_u \rightarrow B^3\Pi_g$)和氮分子第一正带系($B^3\Pi_g \rightarrow A^3\Sigma_u^+$)的发射光谱,分布在 300～800 nm。氮分子的第二正带系由激发电位分别为 7.35 eV 和 11.03 eV 的 $N_2(B^3\Pi_g)$ 和 $N_2(C^3\Pi_u)$ 跃迁产生,由于氮分子第一正带系的跃迁几率比第

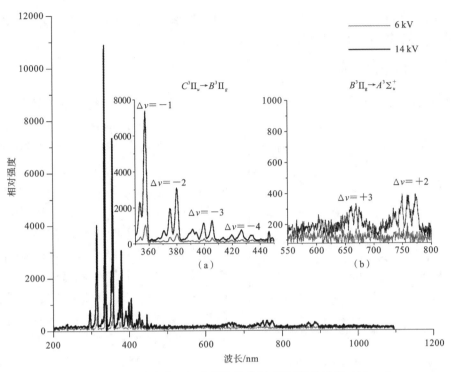

图 6.1.1 电晕放电的不同电压下的发射光谱(积分时间:100 ms)

二正带系的小 2~3 个数量级,因此第二正带系的谱线强度要远远高于第一正带系的,且只有在高电压时才能够采集到第一正带系的谱线。随着电压的升高,电晕放电光谱的波长分布区间几乎不变,但是峰值上升明显。在 380~780 nm 的可见光波段,氮的第二正带系仍然占光谱的主导地位。同时,大气压下空气中沿面放电和介质阻挡放电发射光谱特征谱线波峰与电晕的类似,但峰值强度有明显的区别。

可见光波段的光谱数据可以通过加权积分的方法转换到 CIE XYZ 系统中的三刺激值,转换公式为

$$\begin{cases} X = k\int_\lambda \varphi(\lambda)\bar{x}(\lambda)\mathrm{d}\lambda \\ Y = k\int_\lambda \varphi(\lambda)\bar{y}(\lambda)\mathrm{d}\lambda \\ Z = k\int_\lambda \varphi(\lambda)\bar{z}(\lambda)\mathrm{d}\lambda \end{cases} \tag{6.1}$$

式中:λ 为波长,取 $\lambda=380\sim780$ nm;$\varphi(\lambda)$ 为放电辐射的光谱功率分布函数;k 为最大光谱发光效率,$k=683$ lm/W。在实际计算中,通过等波长间隔加权求和法来近似求得上述积分,有

$$\begin{cases} X = k\sum_{\lambda=a}^{\lambda=b} \varphi(\lambda)\bar{x}(\lambda)\Delta\lambda \\ Y = k\sum_{\lambda=a}^{\lambda=b} \varphi(\lambda)\bar{y}(\lambda)\Delta\lambda \\ Z = k\sum_{\lambda=a}^{\lambda=b} \varphi(\lambda)\bar{z}(\lambda)\Delta\lambda \end{cases} \tag{6.2}$$

式中：$\Delta\lambda=1$ nm；$a=380$ nm；$b=780$ nm。此后，根据第 2 章的色品坐标公式，可求得基于可见光光谱数据的色品坐标。

6.1.2 光谱的色品坐标

根据颜色混合定律，放电光谱可以分为三个部分，分别计算它们对色品坐标的影响。图 6.1.2 所示的是光谱色品坐标的解释模型，其中氮分子第二正带系中振动能级 $\Delta v=-2,-3,-4$ 的光谱波长为 375～425 nm，色品坐标在 N 点，$\Delta v=-5$ 的光谱波长为 454 nm，色品坐标在 M 点。在 CIE XYZ 色品图中，波长为 380 nm 和 454 nm 的光谱色的轨迹近似为一条直线，因此，根据颜色叠加替代定律，M 点和 N 点的混合色在两点连线中的 O 点上，O 点的位置由 M 点颜色和 N 点颜色的比例决定。这样，整个放电光谱的色品坐标在 O 点和等能白点 E 的

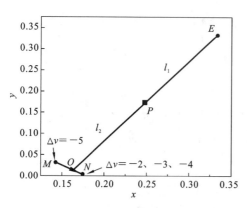

图 6.1.2 光谱色品坐标的解释模型

连线中的 P 点。O 点在光谱色轨迹上，因此 P 点到 E 点的距离 l_1 与 P 点到 O 点的距离 l_2 的比值即为 P 点的兴奋纯度。同时，O 点为 P 点的主波长。

6.2 电晕发射光谱的色品坐标

在本节，我们提取了光谱的色度特征，并将其与可见光图像的色度特征进行关联，分析和比较了图像和光谱在色度特征表达放电状态上的异同[1]。

6.2.1 基于光谱的 RGB 色度指标

图 6.2.1 展示了正直流电晕光谱的 RGB 色度特征图，间隙为 10 mm，图 6.2.1(a) 所示的是 RGB 对数值关于电压的关系图，图 6.2.1(b) 所示的是 RGB 占比值关于电压的关系图。正直流电晕光谱可见光波段在 6 kV 之前极其微弱，放电谱线淹没在背景噪声中。当电压为 6～9 kV 时，R、G、B 各分量均增加，对数值从 8.9 上升至 9.2；当电压为正直流预击穿阶段（9～10.7kV），RGB 对数值上升速率显著增加。至于 RGB 占比值，在 6～9 kV 范围内 RGB 占比值变化不明显，保持在 0.33 附近；而当电压为 9～10.7 kV，B 分量占比显著升高，R 和 G 分量占比显著下降。

图 6.2.2 展示了负直流电晕光谱的 RGB 色度特征图，间隙为 10 mm，图 6.2.2(a) 所示的是 RGB 对数值关于电压的关系图，图 6.2.2(b) 所示的是 RGB 占比值关于电压的关系图。负直流电晕比正直流电晕更容易生成，因此负直流电晕的起始电压低于正直流电晕的；正直流电晕比负直流电晕更容易发生击穿，所以负直流电晕的预击穿电压高于正直流电晕的。简而言之，相同间隙下的负直流电晕光谱的电压范围（3.5～15 kV）比正直流电晕的要宽。当电压逐渐升高，R、G、B 对数值各分量均增加，其中 B 分量对数值从 8.1 上升至 9.3。至于 RGB 占比值，在 3.5～4 kV 范围内，B 分量占比值增加，

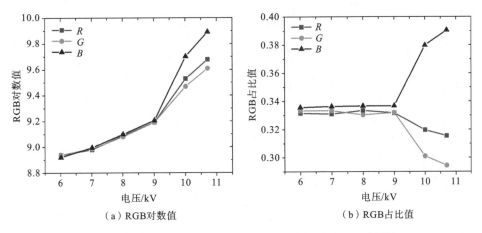

图 6.2.1　正直流电晕光谱的 RGB 色度特征图(10 mm 间隙)

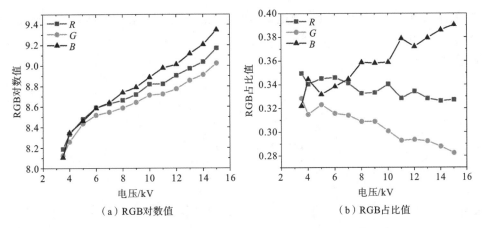

图 6.2.2　负直流电晕光谱的 RGB 色度特征图(10 mm 间隙)

而 R 和 G 分量占比值下降;在 4~4.5 kV 范围内,B 分量占比值下降,而 R 和 G 分量占比值上升;在 4.5~15 kV 范围内,B 分量占比值总体保持上升趋势,而 R 和 G 分量占比值大体保持下降的趋势。相较于正直流电晕在预击穿阶段存在 RGB 对数值和 B 分量占比值突然上升的现象,负直流电晕的 RGB 对数值和占比值保持较为稳定的变化速率。

图 6.2.3 展示了交流电晕光谱的 RGB 色度特征图,间隙为 10 mm,图 6.2.3(a)所示的是 RGB 对数值关于电压的关系图,图 6.2.3(b)所示的是 RGB 占比值关于电压的关系图。交流电晕的起始电晕出现在电压负半周,而击穿现象出现在电压正半周。图 6.2.3 中的预击穿电压为 7.5 kV(有效值),对应于图 6.2.1 中直流电晕预击穿电压 10.7 kV。当电压升高,RGB 对数值从 8.7 附近增加到了 9.1 附近;B 分量占比值增加,R 和 G 分量占比值下降;RGB 占比值在 4~6 kV 区间变化缓慢,而在 6~7.5 kV 区间变化显著。

6.2.2　基于光谱的色品坐标"流动"轨迹

基于光谱的色品坐标分布及其拟合结果如图 6.2.4 所示,图中显示了基于交直流电晕光谱的色品坐标的拟合方程,数据经过平滑滤波处理。在这里,轨迹显示出良好的线性

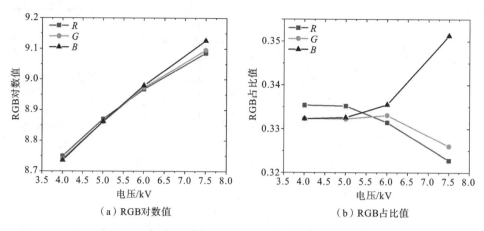

(a) RGB对数值   (b) RGB占比值

图6.2.3　交流电晕光谱的 RGB 色度特征图(10 mm 间隙)

特性,其结果与表3.3.1所示的交流电晕图像的色品坐标拟合方程的结果基本一致。与图3.3.14(b)所示的结果不同之处在于,光谱色品坐标变化是关于电压的单调函数,没有折返过程。

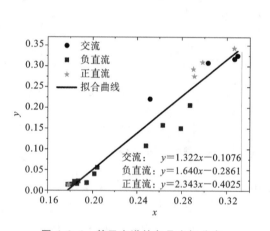

图6.2.4　基于光谱的色品坐标分布及其拟合结果

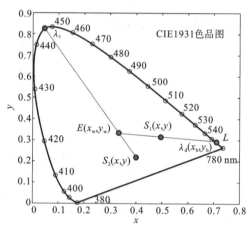

图6.2.5　色品图上的主波长

6.2.3　颜色主波长与光谱振动状态的关系

主波长是除了色品坐标之外另一种表示颜色色度属性的物理量。颜色 S_1 的主波长是指波长为 λ_d 的光谱色按一定比例与一种确定的参照光源(等能白点)相加混合,能匹配出颜色 S_1。如果已知样品的色品坐标 (x,y) 和特定白光(等能白点)的色品坐标 (x_w,y_w),则可以通过色品图来确定主波长,如图6.2.5所示。在色品图上标出样品点 S_1 和白点(E 点),由 E 点向 S_1 引一直线,延长直线与光谱轨迹相交于 L 点, L 点的光谱色波长就是样品的主波长 λ_d(对于样品 S_1,其主波长 $\lambda_d=583$ nm)。在色品图上标出 S_2 的位置,由 S_2 点向 E 点引一直线,延长直线与光谱轨迹相交,交点处的光谱色波长就是样品的补色波长 λ_c。

根据 CIE XYZ 色品坐标系上连接白点与样品点的直线斜率,通过查表也能得到样品的主波长。连接白点(x_w, y_w)与样品点(x, y)的直线斜率可以表示为

$$斜率 = \frac{x - x_w}{y - y_w} \text{ 或者 } 斜率 = \frac{y - y_w}{x - x_w} \quad (6.3)$$

在这两个斜率中选取较小的绝对值,通过查表求得样品的主波长。下面以 $N_2(C-B)$ 为例,说明主波长能够反映振动激发能级和振动温度的变化。

1. 振动激发能级

图 6.2.6 所示的是氮分子激发态第二正态系 $N_2(C-B)$ 中不同振动激发能级的色品坐标,其 $T_{rot} = 300$ K,$T_{vib} = 3250$ K。表 6.2.1 所示的是 $N_2(C-B)$ 中不同振动激发能级的主波长。$N_2(C-B)$ 的光辐射在可见光范围内的波长区间为 $377 \sim 500$ nm,包含 $\Delta v = -2$ 至 $\Delta v = -6$ 五个振动激发能级,每一个振动激发能级包含一团具有特定幅值的谱线簇,每一团谱线簇根据式(2.15)和式(2.17)计算得到一个等效色品坐标,这些色品坐标如图 6.2.6 所示。每一个色品坐标都有一个主波长与其对应,因此,每个振动激发能级对应一个唯一的主波长,如表 6.2.1 所示。色品图中的光谱轨迹并不是均匀分布的,在靠近 380 nm 附近(也就是色品图左下方),色品坐标分布较为密集,意味着在波长变化范围一定时,色品坐标移动距离较小,对应的主波长变化较小;在远离 380 nm 处,色品坐标分布较为稀疏,意味着在波长变化范围一定时,色品坐标移动距离较大,对应的主波长变化较大。例如,在图 6.2.6(a)中,$\Delta v = -2$ 至 $\Delta v = -5$ 对应的主波长较 $\Delta v = -6$ 更接近 380 nm,因此 $\Delta v = -2$ 至 $\Delta v = -5$ 的色品坐标分布较为集中;而在图 6.2.6(b)中,$\Delta v = -2$ 至 $\Delta v = -4$ 对应的主波长较 $\Delta v = -5$ 更接近 380 nm,因此 $\Delta v = -2$ 至 $\Delta v = -4$ 的色品坐标分布较为集中。

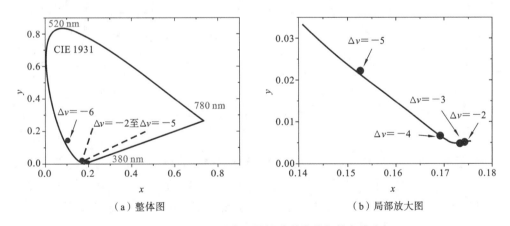

(a) 整体图　　(b) 局部放大图

图 6.2.6　$N_2(C-B)$ 中不同振动激发能级的色品坐标

表 6.2.1　$N_2(C-B)$ 中不同振动激发能级的主波长

激发能级	$\Delta v = -2$	$\Delta v = -3$	$\Delta v = -4$	$\Delta v = -5$	$\Delta v = -6$
主波长/nm	377.6	401.1	428.8	454	480.8

$N_2(C-B)$ 在可见光波段内由五个振动激发能级组成,因此 $N_2(C-B)$ 的色度特征也由这五个振动激发能级决定。低温等离子体的转动温度接近室温,其变化范围较小,

因此可以忽略。在转动温度不变,而振动温度改变的情况下,不同振动激发能级内部的谱线峰值将发生改变,因此振动激发能级对应的主波长将发生改变,这一部分内容将在"振动温度"中介绍。

2. 振动温度

随着电晕放电的发展,发射跃迁的上能级具有不同的振动能量,可以用振动温度T_{vib}来表示,这导致了不同振动激发能级下光谱峰值的变化。图 6.2.7 展示了不同振动温度下 N_2 光谱结果,$N_2(C-B)$在$\Delta v=-2$ 能级的光谱谱形变化:在该能级中,0—2 处的强度最大,1—3 处的次之,2—4 处的最低。在以 0—2 处的强度为归一化标准时,随着振动温度的升高,1—3 处的归一化值从 0.4 附近升高至 0.9 附近,而 2—4 处的归一化值从 0.1 升高至 0.5 附近。简而言之,0—2、1—3 和 2—4 之间的强度之差变小了。同样地,在图 6.2.8 展示的 $\Delta v=-3$ 能级光谱谱形中也存在谱线峰值之差随着振动温度升高而降低的现象。当 $T_{vib}=2250$ K 时,0—3 处的光谱强度最大,2—5、3—6 和 4—7 处的光谱强度归一化值都不超过 0.3。当 $T_{vib}=5250$ K 时,最大光谱强度从 0—3 处变为 1—4 处。2—5、3—6 和 4—7 处的光谱强度归一化值增加明显,其中 2—5 处的归一化值增加到 0.8,3—6 处的增加到 0.5,4—7 处的增加至 0.3,光谱谱线强度趋于平均。

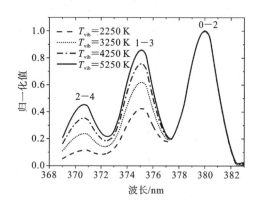
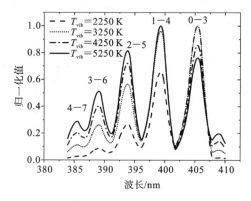

图 6.2.7　不同振动温度下 N_2 光谱结果($\Delta v=-2, T_{rot}=300$ K)

图 6.2.8　不同振动温度下 N_2 光谱结果($\Delta v=-3, T_{rot}=300$ K)

为了进一步用主波长法估算振动温度,首先要确定并规范要研究的振动激发能级。然后,采用查表法或几何作图法,可以得到振动激发能级的主波长。最后,以振动温度为介质,建立振动状态与主波长之间的关系,将振动温度与主波长之间的数值结果存入数据库,用查表法进行温度估算。

放电状态改变了辐射跃迁的物理过程,使得光谱谱线的波长区间和峰值大小发生变化,其可见光波段的信息变化引起了图像颜色及其颜色亮度的变化。当温度较低时,谱线值的分布不均匀,主波长将接近峰值谱线对应的波长。当温度较高时,谱线值的分布比较均匀,因此主波长将远离最高值谱线对应的波长。简言之,主波长代表振动激发能级上谱线值分布的均匀性。对图 6.2.7 和图 6.2.8 所示的结果使用 SPECAIR 进行模拟,SPECAIR 是 OES(光发射光谱)建模和温度测定的重要软件。我们以 $\Delta v=-2$ 和 $\Delta v=-3$ 的振动激发能级为例,研究了不同 T_{vib} 下的主波长变化,以验证这一推论。

$N_2(C-B)$ 中不同振动温度下的主波长如表 6.2.2 所示。主波长随 T_{vib} 的降低而增大，接近峰值较高的谱线波长。

表 6.2.2　$N_2(C-B)$ 中不同振动温度下的主波长

T_{vib}/K	2250	3350	4250	5250
$\lambda_{\Delta v=-2}$/nm	378.1	377.6	377.3	377.1
$\lambda_{\Delta v=-3}$/nm	402.0	401.1	400.5	400.2

这种方法的局限性主要包括两个方面。

(1) 灵敏度不是均匀分布的，而是取决于所选择的振动激发能级。如果振动激发能级的范围在匹配函数的响应值足够高的区域，则灵敏度相对较高，否则，灵敏度相对较低。本书以 $\lambda_{\Delta v=-3}$ 为例，得到了比 $\lambda_{\Delta v=-2}$ 更为敏感的响应结果。

(2) CIE 给出的色度范围为 380～780 nm，因此该方法适合用于上述范围内的振动状态表征和振动温度估计。

6.2.4　基于图像和光谱的色品坐标比较

图 6.2.9(见附录 A)展示了图像结果和光谱结果的关联示意图，光谱和图像的结果均源于放电光辐射。

可见光图像展示了放电不同阶段的特征，且与光谱的结果具有良好的一致性[2]。数字图像的颜色能够反映光谱的波长信息，图像颜色的强弱则能够反映光谱的强度信息。从图 6.2.1 和图 6.2.2 可以看出，6 kV 之后，正直流电晕光谱 RGB 对数值变化范围(8.9～9.8)高于负直流电晕光谱 RGB 对数值(8.6～9.3)；而 6 kV 之前，正直流电晕光谱 RGB 对数值测不出来。当电压较低时，交流电晕色度信息主要受到负半周电晕影响，而当电压较高时则受正半周电晕影响。在图 6.2.2(b)中，当电压为 3.5～4 kV 时，光谱 B 分量占比值升高，而 R 和 G 分量占比值降低，该过程与图 3.3.7 中 3～3.5 kV 范围内 B 分量上升，R 和 G 分量占比降低的过程对应；当电压为 4～4.5 kV 时，光谱 B 分量占比值下降，R 和 G 分量占比值升高，该过程与图 3.3.7 中 3.5 kV 之后 B 分量下降，R 和 G 分量占比值升高的过程对应。当电压升高至 6 kV 之后，交流电晕光辐射主要受电压正半周电晕影响。当电压为 6～9 kV 时，图 6.2.1(b)显示 RGB 占比值变化缓慢基本保持稳定，该过程与图 3.3.7 中预击穿前一阶段 RGB 占比值曲线保持稳定不变的过程对应；在 9 kV 之后，正直流电晕光谱中 B 分量占比值迅速增加，放电进入预击穿阶段，该现象与图 3.3.7 中交流电晕进入预击穿阶段 B 分量占比值显著升高的过程对应。至于色品坐标，光谱和图像研究结果存在良好关联性。光谱的色品坐标分布近似为一条直线，线性特征与拟合方程的结果与表 3.3.1 中展示的结果近似一致。光谱与图像分析结果不同之处主要在于，图 3.3.14 中在非预击穿阶段色品坐标朝右上角移动，在预击穿阶段才朝左下角移动，存在轨迹"折回"的现象，这一现象主要是负电晕随电压增高，特里切尔脉冲阶段电离电场下降，脉冲电流幅值下降，引起了辐射光偏红而导致的。该变化较为微弱，图像色度信息能够表征这一过程，但光谱不能对此进行表征。

相较于光谱仪，数码相机的价格相对低廉且专注于可见光波段的成像，受益于现代电子耦合组件(CCD 或 CMOS)的精度和灵敏度的进步，数字图像能捕捉到可见光范围内细微的放电光辐射信号,这些信息足够丰富且能够反映放电状态,因此其值被进一步挖掘。另外,图像结果具有较高分辨率,因此包含更丰富的空间信息;光谱结果本身不包含空间信息,如果要通过光谱测量振转温度的空间分布,则需要人为调整光谱探头的空间位置,这将增加测量过程的复杂程度,且不适合用于尺寸较小的等离子体。

通过光谱谱线拟合得到的各类温度与所选择的谱线有关,而且相当一部分放电属于非热平衡等离子体,我们很难用"一个"温度(或者其他物理量)来描述状态。例如,我们虽然可以用发射光谱测量低温等离子体的转动温度、振动温度以及电子激发温度,但是仅用一个宏观温度的描述却做不到。图像色度特征是可见光范围内的光谱谱线以不同权重进行积分所得到的结果,这一过程将复杂繁多的光谱谱线进行了降维处理,通过三基色(RGB 或者 XYZ)及其衍生指标来反映复杂的光谱谱线变化,避免了对不同种类谱线的选择而引起的差异化结果,因此有效降低了等离子体诊断的复杂性。颜色"流动"轨迹近似直线,展现了良好的线性特征,而轨迹中变化的色品坐标也能反映放电物种和成分的变化过程。简而言之,色度信息是放电物种跃迁辐射等微观过程的宏观表象,色品坐标是一个新的宏观可检测状态量,多维非线性的光谱谱线向低维线性的色度特征转换,一方面能帮助我们有效关联宏观现象与放电物种,另一方面衍生出来的色度指标高度概括了放电状态,避免识别多维放电物种,简化了等离子体诊断过程。

6.3 沿面放电发射光谱的色品坐标

6.3.1 光谱的色品坐标变化规律

沿面放电的实验装置为针板沿面,间隙为 20 mm,介质板为聚四氟乙烯,放电图像以及对应的可见光波段光谱($U=10$ kV)如图 6.3.1 所示,沿面放电光谱的色品坐标轨迹如图 6.3.2 所示。

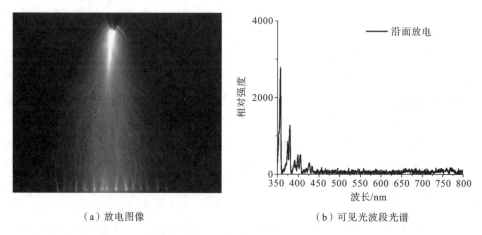

(a) 放电图像   (b) 可见光波段光谱

图 6.3.1 沿面放电图像以及对应的可见光波段光谱($U=10$ kV)

可以看到,色品坐标仍然能够反映沿面放电不同阶段。同时,由于沿面放电中介质板对电荷的影响,沿面放电的击穿电压要低于空气中电晕放电的击穿电压,因此在相同的电压下,如 12 kV 附近,沿面放电的能量要更高,计算得到沿面放电颜色的饱和度

(0.84)要明显高于电晕放电的饱和度(0.75)。

6.3.2 基于图像和光谱的色品坐标比较

在第 4 章中,将沿面放电的可见光图像的色度信息转化为 CIE XYZ 系统中的色品坐标,并研究了不同条件下的变化规律,本章将放电过程中接收的发射光谱转化为色品坐标,二者均是沿面放电过程中光辐射的体现,图 6.3.3 展示了沿面放电可见光图像色品坐标和光谱色品坐标的区别,针板电极的间隙为 2 cm,介质板材料为聚四氟乙烯。

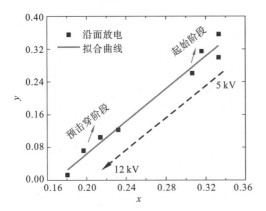
图 6.3.2 沿面放电光谱色品坐标轨迹

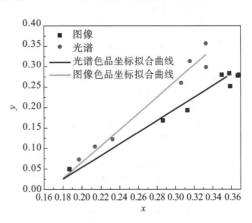
图 6.3.3 沿面放电可见光图像色品坐标和光谱色品坐标的区别

可以看到,由于相机和光谱仪对光辐射信号的处理过程不同,在低电压阶段、光强较弱时,光谱色品坐标更靠近等能白点的坐标,图像色品坐标则受环境影响更大。在高电压阶段、放电光辐射比较强烈时,通过图像转换的色品坐标和通过光谱转换的色品坐标基本相同,二者保持了整体的一致性[3]。

6.4 介质阻挡放电发射光谱的色品坐标

6.4.1 丝状放电和辉光放电色品坐标

在大气环境中进行了两种模式的介质阻挡放电,即丝状放电和辉光放电,如图 6.4.1 所示(见附录 A),将两种模式的放电光谱转化为色品坐标,可以看到丝状放电的色品坐标和辉光放电的色品坐标明显分布在两个区域,如图 6.4.2 所示。丝状放电光谱强度低,因此色品坐标更靠近等能白点的坐标,饱和度低。辉光放电均匀,光谱强度高,因此饱和度高。

6.4.2 不同放电形式色品坐标的比较

比较不同放电类型色品坐标变化曲线如图 6.4.3 所示。可以发现,电晕放电和沿面放电过程中外加电压变化幅度大,低压时辐射出的光子频率相当,色品坐标在等能白点的坐标附近,高压时激发态的粒子在跃迁至低能级时辐射出大量特定波长的光子,导致色品坐标非常接近主波长的光谱色。由于介质板的表面电荷作用,沿面放电过程能在更低的电压下达到预击穿阶段,因此和电晕放电相比,在相同的电压下,沿面放电的颜色饱和度更高。介质阻挡放电过程中,辉光放电外加电压比丝状放电的要低,但是放电均匀,相同的时间内辐射出的光谱强度更高,色品坐标饱和度要高于丝状放电的色品坐标饱和度。因此,可以通过色品坐标对放电类型进行诊断。

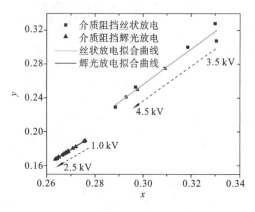

图 6.4.2 两种模式介质阻挡放电光谱色品坐标轨迹

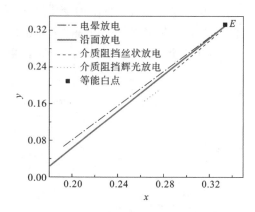

图 6.4.3 不同放电类型色品坐标变化曲线的比较

同时,色品坐标轨迹是一条直线,说明放电过程中颜色的主波长一直不变。不同放电形式中,辐射的光子能量不同,因此颜色的主波长也有区别。直线的起点在等能白点附近,直线的斜率与放电颜色的主波长存在一一对应关系,四种放电形式的色品坐标直线斜率和主波长如表 6.4.1 所示。

表 6.4.1 四种放电形式的色品坐标直线斜率和主波长

	色品坐标直线斜率	主波长/nm
电晕放电	1.94	436.2
沿面放电	1.99	427.4
介质阻挡丝状放电	2.07	380.3
介质阻挡辉光放电	1.80	450.6

综上所述,可以发现气体放电可见光光谱色品坐标的几个特点[4]。

(1) 随着电压的升高,色品坐标呈线性变化,由等能白点附近朝主波长对应的光谱色发展。不同电压下,电晕放电、沿面放电和介质阻挡放电的色品坐标均展现了线性变化趋势,说明放电过程中颜色的主波长不变,饱和度随电压升高而增大。光谱颜色的主波长是不同气体、不同放电类型的特征标志。

(2) 电晕放电和沿面放电不同阶段的色品坐标分布在不同区域。在电晕放电和沿面放电的不同阶段,由于反应离子和放电能量的不同,色品坐标处于不同的区域,因此根据色品坐标的位置即可判断放电发展程度。

(3) 不同类型放电色品坐标直线的斜率不同。色品坐标直线的斜率代表了辐射颜色的主波长,反映了放电过程中辐射出光子的颜色频率特征。

(4) 可以利用色品坐标诊断介质阻挡放电的不同模式。丝状放电模式和辉光放电模式下放电频率和辐射的光子能量不同,色品坐标所在的区域和斜率均有较大差异。

因此,通过光谱信号转化为色品坐标的方法避免了对放电谱线中单一粒子的选择误差,实现了对放电状态的综合评价,可以与其他方法形成良好互补,在气体放电等离子体诊断领域有较高的应用价值。

6.5 小结

本章介绍了放电过程中的发射光谱的色品坐标,得到结论如下:

(1) 气体放电的光谱数据主要来自氮的第二正带系和氮的第一正带系,不同放电形式的光谱数据,其区别主要在于波峰值,波长范围基本不变。根据颜色混合定律,对光谱的色品坐标规律的机理进行了解释。

(2) 随着电压的升高,色品坐标呈线性变化,由等能白点附近朝主波长对应的光谱色发展。不同电压下,电晕放电、沿面放电和介质阻挡放电的色品坐标均展现了线性变化趋势,说明放电过程中颜色的主波长不变,饱和度随电压升高而增大。光谱颜色的主波长是不同气体、不同放电类型的特征标志。通过将光谱数据转换为色品坐标可以对放电的不同阶段进行准确判断,色品坐标的主波长可以用来分辨电晕放电、沿面放电和介质阻挡放电的两种模式。

(3) 通过比较基于光谱转换的色品坐标和基于图像转换的色品坐标后发现,二者有着一致的变化趋势,即色品坐标的线性流动规律在宏观图像和微观激励态的光辐射过程是一致的。

6.6 本章参考文献

[1] GUO Ziqing, YE Qizheng, WANG Yuwei, et al. Colorimetric method for discharge status diagnostics based on optical spectroscopy and digital images[J]. IEEE Sensors journal, 2020, 20(16): 9427-9436.

[2] GUO Ziqing, YE Qizheng, LI Feixing, et al. Study on corona discharge spatial structure and stages division based on visible digital image colorimetry information[J]. IEEE Transactions on dielectrics and electrical insulation, 2019, 26(5): 1448-1455.

[3] WANG Yuwei, YE Qizheng, GUO Ziqing. Surface discharge status diagnosis based on optical image chromaticity coordinates[J]. IEEE Transactions on plasma science, 2021, 49(5): 1574-1579.

[4] WANG Yuwei, YE Qizheng, GUO Ziqing, et al. Discharge status diagnosis based on chromaticity coordinates[J]. Applied optics, 2021, 60(14): 4245-4250.

7 气体放电可见光图像人工智能状态诊断方法

本章以局部放电两种常见的放电(沿面放电和电晕放电)为例,介绍将机器学习技术用于气体放电可见光图像人工智能状态诊断的基本方法。

由于是基于大数据的方法,因此需要进行大量的放电实验来采集放电图像,构建图像集,然后选取适当的图像特征,将机器学习方法用于训练放电状态识别模型。本章采用了无监督学习与监督学习算法相结合的方式,实现了放电阶段的自动划分和识别,这个过程无需人工干预,为局部放电状态识别提供了一种更高效的智能化方法。

7.1 沿面放电可见光图像的机器学习综合诊断方法

7.1.1 沿面放电可见光数字图像库的建立

首先,需要通过多组沿面放电实验来收集不同条件、不同状态下的沿面放电可见光图像。按照图 7.1.1 所示的实验电路图搭建实验电路,设备参数如下。

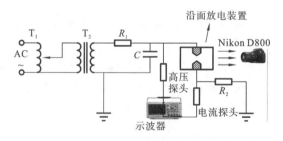

图 7.1.1 实验电路图

电压控制柜:T_1 为 CX-5 kVA 型电压控制柜,容量 5 kV·A,所接交流电源为 50 Hz 工频市电电源,电压有效值为 380 V。

变压器:T_2 为 YDJ-5 kV·A/50kV 型试验变压器,额定频率为 50 Hz,额定电压为 50 kV/0.1 kV。

7 气体放电可见光图像人工智能状态诊断方法

示波器:型号为 Agilent DSOX3024,带宽为 200 MHz,采样率为 4 GB/s。
高压探头:型号为 Tektronix P6015A,衰减系数为 1000×,带宽为 75 MHz。
电流探头:型号为 Tektronix TPP0100,衰减系数为 10×。
电阻、电容:限流电阻 $R_1=10$ MΩ,采样电阻 $R_2=50$ Ω,耦合电容 $C=320$ pF。
数码相机:型号为 Nikon D800,最大分辨率为 7360×4912 像素,快门速度范围为 1/8000~30 s,感光度 ISO 范围为 50~25600,镜头型号为 AF-S VR105。

使用了自主研制的沿面放电装置,其结构示意图如图 7.1.2 所示,装置基座中间有一矩形凹槽,凹槽的长度为 5.0 cm,深度为 1.0 cm,与凹槽尺寸相同的介质板可以放置其中,介质板被两端电极以及凹槽处的长杆螺丝所挤压,保证了电极及介质板之间是紧密接触的。放电电极是可更换的,使用了三种几何结构的电极,包括:半球-半球电极(M_1),半锥-板电极(M_2)(半锥极为高压极,板极为接地极),半锥-半锥电极(M3),如图 7.1.3 所示。不同几何结构的电极模拟了电气设备中如机械压力等所导致的导体变形缺陷,使得导体附近电场的不均匀程度增加。这三种电极结构产生的电场的不均匀程度顺序为 $M_1<M_2<M_3$。电极材料均为黄铜。电极的几何结构参数为:半球结构电极半径 $r_1=1.0$ cm,半锥形电极的锥形底面半径 $r_2=1.0$ cm,锥体的高 $h=2.0$ cm。电极之间的间隔距离设为 $d=2.0$ cm。

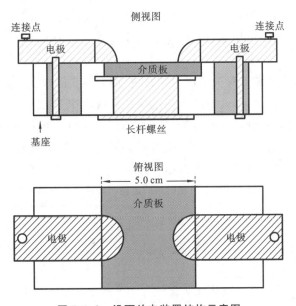

图 7.1.2 沿面放电装置结构示意图

实验所用介质板包括三种在工程中常用的绝缘材料:有机玻璃、聚四氟乙烯、聚酰胺。为了模拟在真实局放监测中可能出现的不同外部条件,如绝缘介质的颜色、不同的拍摄距离等,在实验中设置了以下变量:

(1) 不同的拍摄方向,包括正面拍摄(相机主轴线垂直于介质板所在平面,且正对电极间隙)和侧面拍摄(相机主轴线平行于介质板所在平面,且正对电极间隙);

(2) 不同的相机曝光时间,包括 1 s、3 s、4 s、5 s、8 s;

(3) 不同颜色的介质板,包括红色、蓝色、绿色和白色,图 7.1.3 所示的为白色聚酰

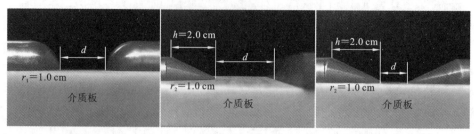

(a) 半球-半球电极（M_1）　　　(b) 半锥-板电极（M_2）　　　(c) 半锥-半锥电极（M_3）

图 7.1.3　沿面放电装置实物图

胺介质板；

(4) 不同的拍摄距离，包括 17.0 cm、18.0 cm、19.0 cm、20.0 cm。

为了避免外界光源对放电本身所产生的发射光谱的干扰，本实验是在暗环境下进行的。用空调系统维持室内温度 25.0 ℃，相对湿度 60%，大气压 1.0 atm（1 atm＝$1.01×10^5$ Pa）。首先，根据图 7.1.1 搭建实验电路。由于不同材料的介质板、不同几何结构的电极类型，会导致间隙的击穿电压不同，因此在进行正式实验之前，需要通过预实验来确定由不同介质材料、不同结构电极所组成的放电装置的击穿电压。判断击穿的依据是放电间隙出现明亮、持续的放电通道，且示波器所示电压波形发生"塌陷"。而在正式实验中，当施加电压逼近于间隙的击穿电压，但间隙尚未击穿（预击穿）时，即停止加压。

在实验中没有将间隙击穿的情况考虑在内，因为在实际中当间隙发生击穿时，相当于电力系统发生了短路故障，此时应由继电保护系统动作来切除故障，无须再由局放监测装置预警。由预实验所确定的不同介质板、不同几何结构电极所组成的放电装置的击穿电压如表 7.1.1 所示。可以看到，随着 M_1、M_2、M_3 所产生间隙电场的不均匀程度依次递增，在相同介质板下这三种电极结构组成间隙的击穿电压依次递减。

表 7.1.1　不同介质板、不同几何结构电极所组成的放电装置的击穿电压　　　单位：kV

电极结构	介质材料		
	有机玻璃	聚四氟乙烯	聚酰胺
M_1	15.0	13.0	15.0
M_2	13.0	12.0	12.0
M_3	12.0	11.0	11.0

正式实验步骤如下。

(1) 从 0 kV 开始升高电压，每升高 1.0 kV，使用相机拍摄相同数目 $N(N=20)$ 的一组照片（24 位 JPG 格式）。选取 1.0 kV 作为升压步长的理由是，过大的电压步长会导致放电阶段划分不精确，而过小的电压步长则会导致数据量过多，图像采集周期长。

(2) 直至电压升至间隙预击穿状态，停止升压，将电压控制柜置零，关闭电源。

(3) 改变实验条件，如更换不同材料、不同颜色的介质板及不同几何结构的电极，重复步骤(1)和(2)。考虑到前一次实验中放电产生的空间残留电荷会对后一次实验的击穿电压产生较大影响,因此每次实验之后均需更换介质板,且每两次实验之间需间隔 30 min。

通过以上方法,建立了包含不同电极形状、介质材料、曝光时间、拍摄距离等因素的沿面放电图像库,样本数 4790,所拍摄的部分图像样本如图 7.1.4 所示(见附录 A)。这些实验模拟了在高压电气设备中由某些原因导致的不均匀电场分布(如机械压力导致的导体变形)或导体过电压而产生的沿面放电。图像库具体组成信息如表 7.1.2 所示。

表 7.1.2 图像库包含样本信息

变 量	样本数目	描 述
拍摄方向	600	包含 M_2 型电极结构、三种介质材料、5 s 曝光时间下,正面和侧面拍摄方向的样本,每种拍摄方向各 300 幅
曝光时间	1750	包含 M_1 型电极结构、三种介质材料、正面拍摄情况下,不同曝光时间(1 s、3 s、4 s、5 s、8 s)的图像样本,每个曝光时间对应 350 幅图像样本
介质板颜色	1240	包含 M_1 型电极结构、三种介质材料、5 s 曝光时间下,四种介质板颜色(红、绿、蓝、白)的图像样本,每个颜色对应 310 幅图像样本
拍摄距离	1200	包含 M_3 型电极结构、三种介质材料、5 s 曝光时间下,四种拍摄距离(17.0 cm、18.0 cm、19.0 cm、20.0 cm)的图像样本,每个拍摄距离对应 300 幅图像样本

7.1.2 沿面放电图像特征选取

1. 图像预处理

在未击穿的状态下,放电产生的光辐射信号较弱,因此为了避免外界光源的干扰,本章的实验是在暗环境下进行的,同时为了增强相机感光元件对放电光信号的敏感性,设置了较大的感光度(ISO=2000)。当感光度设置较大时,图像质量会相应地下降,图像中包含较多噪点,因此需要对原始图像进行图像滤噪处理。这里选择了算术平均值滤波器对图像进行滤噪,其方法是将一个像素点与其周围的像素点的灰度求和并取算术平均值来替换该像素点的灰度值:

$$\overline{f}(x,y) = \frac{1}{mn}\sum_{(s,t)\in S_{xy}} g(s,t) \tag{7.1}$$

式中:S_{xy} 表示算术平均值滤波器所覆盖的区域;m、n 分别为区域的长和宽对应的像素数。算术平均值滤波原理如图 7.1.5 所示,其优点是计算速度快、时间开销小。

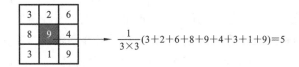

图 7.1.5 算术平均值滤波原理

2. 图像特征选取

这里选取了三种图像统计特征。

1) RGB 灰度概率密度函数(RGB-GLPDF)

关于这项特征在第 2 章已经介绍过,对图像三基色通道的灰度矩阵中的每个灰度级(0~255),分别统计其在所有灰度矩阵元素中的占比,得到三基色通道对应的灰度概率密度函数向量,将这三个向量合并,即可得到 $256 \times 3 = 768$ 维的 RGB-GLPDF。在实验中发现,随着电压的变化,放电图像的 RGB-GLPDF 会相应改变。不同电压对应的放电图像如图 7.1.6 所示(见附录 A),电极放电模型是 M_2 型,在介质板为白色、曝光时间为 5 s、正面拍摄、距离 17.0 cm 时,电压分别为 10.0 kV 和 12.0 kV 所对应的放电图像。可以看到,当电压越高时,放电更加剧烈,间隙中的放电区域更加明亮。

图 7.1.7 所示的是与图 7.1.6 所示放电图像对应的不同电压放电图像 RGB-GLPDF,可以看到当电压从 10.0 kV 升至 12.0 kV 时,由于放电剧烈程度的增加,图像 RGB-GLPDF 的峰值均降低了,且峰值位置右移。

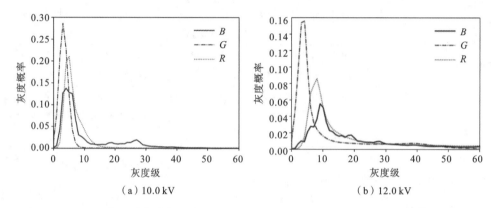

图 7.1.7 不同电压对应放电图像 RGB-GLPDF(M_2 型,白色聚四氟乙烯,5 s,正面拍摄,距离 17.0 cm)

但是并非只有电压会影响图像的 RGB 灰度分布,不同的实验条件也会导致图像 RGB-GLPDF 的变化。例如,从侧面拍摄相同条件下 M_2 模型在 10.0 kV 和 12.0 kV 的放电图像,如图 7.1.8 所示(见附录 A)。与图 7.1.6 相比,可以看出不同方向所观察到的放电通道形态也是不一样的,从正面所观察到的放电区域具有左右对称性,而从侧面观察时则不具有此对称性,且侧面观察不仅能看到在介质表面存在明亮的放电通道,同时介质板上方还存在直接"跨过"介质板的放电通道,这部分被称为沿面放电的"空气分量"[1]。

图 7.1.9 所示的是与图 7.1.8 所示放电图像对应的不同电压放电图像 RGB-GLPDF,与图 7.1.7 相比,三种基色分量的灰度分布曲线峰值明显增大了,且峰值位置所对应的灰度级更小,在 12.0 kV 时 B 分量的分布曲线出现了双峰值。

再比如,将聚四氟乙烯介质板更换为白色有机玻璃介质板,在其他条件相同的情况下拍摄相同放电装置在 10.0 kV 和 12.0 kV 时的放电图像如图 7.1.10 所示(见附录 A)。

图 7.1.11 所示的是与图 7.1.10 所示放电图像对应的不同电压放电图像 RGB-GLPDF,与图 7.1.7 相比,以白色有机玻璃为介质的 10.0 kV 和 12.0 kV 所对应放电图像 RGB 灰度概率密度函数曲线的 B 分量在 0~10 的灰度级范围内均出现了两个峰值。类似的,假如改变其他实验条件,如曝光时间、介质板颜色、电极几何结构等,图像

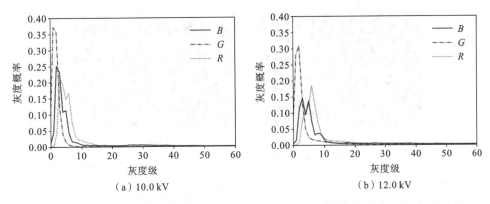

图 7.1.9　不同电压对应放电图像 RGB-GLPDF(M2 型,白色聚四氟乙烯,5 s,侧面拍摄,距离 17.0 cm)

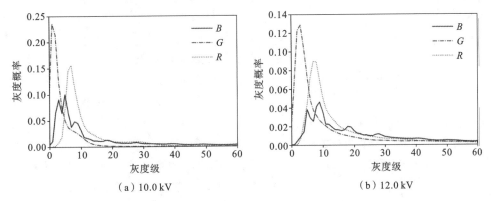

图 7.1.11　不同电压对应放电图像 RGB-GLPDF(M2 型,白色有机玻璃,5 s,正面拍摄,距离 17.0 cm)

的 RGB 灰度分布也会发生相应的变化。

在实验中引入不同外部条件以增加样本之间的特征差异有助于提高样本库的泛化性能。因为对于传统的基于电信号、声信号的局放监测手段而言,它们在相同模式(沿面、电晕等)、相同严重程度(起晕、预击穿等)的放电监测中能够呈现十分相似的图谱特征;而基于图像的机器视觉方法,则易受多方面因素的影响而导致图像特征的变化,即使所监测的放电模式和严重程度相同,图像特征也会由于实验中所涉及的各种变量而发生改变,正如在图 7.1.7、图 7.1.9 和图 7.1.11 中观察到的。因此,在实验中引入各种变量的目的正是为了提升图像库的一般性、普适性,使最终训练出的机器学习模型能够适应不同外界因素下的局放诊断识别。从模型优化的角度来说,这种方法实际上是通过扩大数据集的方法来实现算法的正则化。

2) 灰度概率密度函数(GLPDF)

除了彩色图像外,灰度图像也可以用于反映放电状态。与具有三基色通道的彩色图像不同,灰度图像只有一个通道,只反映图像的亮度特征,对于单个像素而言,其在灰度图像中灰度值可以根据其在彩色图像中的 RGB 灰度值的加权平均得到,即

$$\text{Gray} = 0.299R + 0.587G + 0.114B \tag{7.2}$$

图 7.1.12 所示的是与图 7.1.6 所示放电彩色图像所对应的灰度图像,可以看到,

(a) 10.0 kV　　　　　　(b) 12.0 kV

图 7.1.12　不同电压对应放电灰度图像（M_2 型，白色聚四氟乙烯，5 s，正面拍摄，距离 17.0 cm）

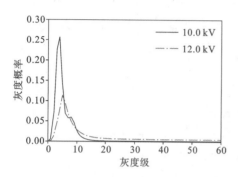

图 7.1.13　不同电压放电灰度图像 GLPDF（M_2 型，白色聚四氟乙烯，5 s，正面拍摄，距离 17.0 cm）

电压更高、放电更为剧烈时，间隙中放电区域的亮度更高。同样，对灰色图像的灰度矩阵统计其各个灰度级（0～255）在所有矩阵元素中的数目占比，即可得到相应的灰度概率密度函数 GLPDF。与 RGB-GLPDF 不同的是，由于灰度图像只有一个通道，因此 GLPDF 只有 256 维特征。图 7.1.13 所示的是 10.0 kV 和 12.0 kV 下，放电灰度图像对应的 GLPDF。可以看到，当电压升高时，GLPDF 的峰值明显降低，且峰值位置右移。因此，灰度图像的 GLPDF 也可以作为特征用于表征放电严重程度。相比于图像的 RGB-GLPDF 特征，GLPDF 的优势在于其具有更少的维度，数据量只有 RGB-GLPDF 的 1/3。

3）方向梯度直方图

在计算机视觉和图像处理领域，方向梯度直方图（histograms of oriented gradients，HOG），常用于反映图像中目标的形态特征，是用来计算局部图像梯度方向信息的统计值[2][3]。HOG 的思想是：在一幅图像中，局部目标的表象和形状能够被梯度或边缘的方向密度分布很好地描述。从图 7.1.6 可以看出，随着放电剧烈程度的增加，图像中放电区域的边缘向两侧扩张了，放电通道的形态发生了较为明显的变化，故可以用形态指标描述放电状态。

基于 Python 3.6 直接调用了 skimage 模块中的相应处理函数，提取图像 HOG 函数参数设置如表 7.1.3 所示。

表 7.1.3　提取图像 HOG 函数参数设置

参　数　名	设　定　值
图像尺寸	4900×7300
方向	3
每个单元像素数	(700, 700)
每个区块单元数	(2, 2)

对一幅放电彩色图像提取其 HOG，可以得到一个相应的多维矩阵，按照上述参数对图像进行处理得到的特征矩阵维数如表 7.1.4 所示。

表 7.1.4 每幅照片对应的 HOG 特征矩阵维数

维度名称	维数
每行区块数	9
每列区块数	6
每行单元数	2
每列单元数	2
方向数	3

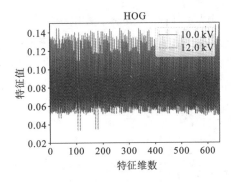

图 7.1.14 从图 7.1.6 所示放电图像中分别提取出的相应 HOG 特征向量 (M_2 型,白色聚四氟乙烯,5 s,正面拍摄,距离 17.0 cm)

对从每幅图像中所提取的特征矩阵进行平铺,即可得到其对应的 HOG 特征向量,维度为 $9×6×2×2×3=648$。

图 7.1.14 所示的是从图 7.1.6 所示放电图像中分别提取出的相应 HOG 特征向量,可以看出当电压升高、放电更加剧烈时,HOG 特征向量的特征值普遍降低了,说明放电图像的 HOG 也可以作为特征来表征放电的严重程度。

对沿面放电图像库中每幅图像样本分别提取其 RGB-GLPDF、GLPDF、HOG 特征,组成了三种相应的特征数据集。

7.1.3 基于聚类算法的沿面放电阶段划分预处理

1. 特征数据归一化

原始特征数据中不同维度的特征数据分布范围不同,为了消除奇异样本数据对机器学习算法的负面影响,除了要对每个特征数据集进行归一化处理,还要对每个数据集中的样本特征进行归一化,有

$$x^* = \frac{x - x_{\min}}{x_{\max} - x_{\min}} \tag{7.3}$$

式中:x 为一个样本的某一维度特征值;$x_{\min}$、$x_{\max}$ 分别为该数据集中所有样本在该维度上特征值的最小值和最大值;x^* 表示归一化后的特征值。经过归一化的样本各个维度特征值分布范围均为[0,1]。

2. 放电阶段划分

在实验中建立沿面放电图像集时,对于每一幅图像,能够得知的是其对应的实验条件以及拍摄时所加电压。由于所建立的沿面放电图像集中包含了多种实验条件下的样本,对于不同的实验条件来说,电压并不是衡量放电严重程度的普适量,即使在相同电压下,不同的实验条件也会导致放电的剧烈程度不同。例如,由表 7.1.1 中可以看出,对于介质板同为有机玻璃的放电装置,当电压加至 13.0 kV 时,M_3 型电极结构组成的间隙已被击穿,而 M_1 型电极结构组成的间隙尚未击穿。这个原因使得电压对于不同实验条件下放电剧烈程度的影响不具有可比性,因此将电压作为识别目标的意义不大。需要针对不同实验条件的样本,分别建立衡量其放电严重程度的标尺,即需要对不同实验条件(不同介质板、不同电极结构)的样本进行放电阶段划分。

以往,研究人员对于放电阶段的划分主要是基于其原始数据的某项或若干项特征量在某一节点发生突变或变化趋势发生改变[4],这种划分方式更倾向于对放电的机理研究。而为了确保本书所述方法在工程应用中的高效性、准确性,这里使用了机器学习中的另一种学习方式——无监督学习的聚类算法,来对放电阶段进行划分,机器学习实施流程如图 7.1.15 所示。

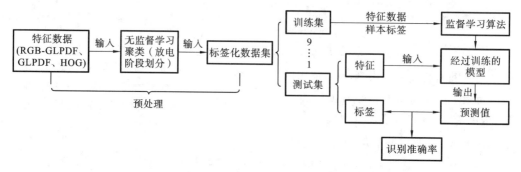

图 7.1.15 机器学习实施流程

聚类算法能够基于未知标签样本的特征之间的空间距离来确定样本的相似性,一般来说,特征越相似的样本,其特征之间的空间距离越近,从而认定它们应当属于同一类别。通常使用欧几里得距离(Euclidean distance)$d(x, y)$ 来衡量样本特征 x、y 之间的空间距离,有

$$d(x,y) = \sqrt{\sum_{i=1}^{n}(x_i - y_i)^2} \tag{7.4}$$

式中:n 为特征维数。$d(x, y)$ 越小,则 x、y 越有可能被划分为同一类。因此,在使用聚类算法时,只需要将放电图像特征数据当作未知标签的样本,利用聚类算法将其中特征相似的样本归为同一类,然后按照划分后的每个类别中样本所对应的实际电压高低顺序将类别所对应的放电严重程度进行排序。使用聚类算法进行放电阶段划分避免了人为主观因素对划分结果的负面影响,与紧随其后的监督学习算法训练放电阶段识别模型相结合,整个实施流程无需人工干预,保证了该监测方法在工程使用中具有高效性。

这里使用了 k-means++ 聚类算法来对不同实验条件所对应的放电图像样本进行放电阶段划分。传统的 k-means 聚类算法采用随机初始化质心的策略,有可能导致算法收敛很慢,而 k-means++ 聚类算法则是对 k-means 随机初始化质心的方法的优化,能够使初始聚类中心之间的相互距离尽可能远,加快收敛速度。步骤如下:

(1) 随机选取一个样本作为第一个聚类中心 c_1;

(2) 计算每个样本与现有聚类中心之间的最短距离 d(即到最近的聚类中心的距离),距离越大,则其被选为聚类中心的概率越大,然后使用轮盘法选择下一个聚类中心;

(3) 重复步骤(2),直到选出 k 个聚类中心(k 为设定值,这里选择 $k=4$,即将样本划分为四个放电阶段);

(4) 对于数据集中的每个样本 x_i,分别计算其到 k 个聚类中心的距离,并将其分配到距离最小的聚类中心所对应的类别中;

(5) 对于每个类别 c_i，重新计算其聚类中心即该类别中所有样本的质心，有

$$c_i = \frac{1}{\text{Num}(c_i)} \sum_{x \in c_i} x \tag{7.5}$$

式中：$\text{Num}(c_i)$ 为类别 c_i 中样本数目；x 为 c_i 中的样本特征；

(6) 重复步骤(4)和(5)，直到聚类中心的位置不再发生改变。

通过以上方法，分别将不同实验条件下的放电图像进行了阶段划分，经过划分后，在同一阶段内的放电图像具有相似的特征，而不同阶段内的放电图像特征有着显著差异。根据划分后每个阶段中样本所对应的电压高低顺序，将放电阶段按照放电严重程度命名为：① 正常(S_1)；② 轻微(S_2)；③ 严重(S_3)；④ 危险(S_4)，放电阶段划分示意图如图 7.1.16 所示，最后将不同实验条件下相同阶段对应的样本合并，即可得到对整个数据集的放电阶段划分结果。这种划分方法更偏向于工程应用。

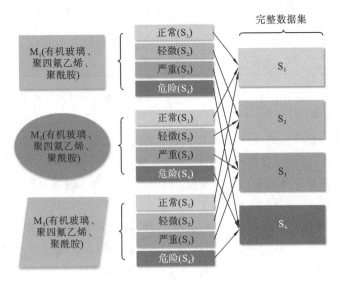

图 7.1.16 放电阶段划分示意图

表 7.1.5～表 7.1.7 所示的是不同介质板下聚类算法对放电阶段划分的结果，基于不同特征的划分结果略有差异，但差别不超过±1.0 kV，总体上遵循该分布。

图 7.1.17(见附录 A)所示的是不同阶段放电图像及电压、电流波形图，这是利用聚类算法对由 M_2 型结构电极和聚四氟乙烯介质板组成的放电模型进行放电阶段划分的部分结果，以及相应的电压、电流波形。可以看到，在正常(S_1)阶段，图像中几乎无光亮区域，电压、电流波形图中无放电电流脉冲；在轻微(S_2)阶段，图像在半锥电极尖端附

表 7.1.5 放电阶段划分结果(有机玻璃介质板) 单位：kV

电极类型	放电阶段			
	S_1	S_2	S_3	S_4
M_1	0.0～5.0	6.0～9.0	10.0～11.0	12.0～15.0
M_2	0.0～5.0	6.0～8.0	9.0～10.0	11.0～13.0
M_3	0.0～5.0	6.0～8.0	9.0～10.0	11.0～12.0

表 7.1.6　放电阶段划分结果（聚四氟乙烯介质板）　　　　　　　　　单位：kV

电极类型	放电阶段			
	S_1	S_2	S_3	S_4
M_1	0.0～4.0	5.0～6.0	7.0～8.0	9.0～13.0
M_2	0.0～6.0	7.0～8.0	9.0～10.0	11.0～12.0
M_3	0.0～3.0	4.0	5.0～7.0	8.0～11.0

表 7.1.7　放电阶段划分结果（聚酰胺介质板）　　　　　　　　　　单位：kV

电极类型	放电阶段			
	S_1	S_2	S_3	S_4
M_1	0.0～4.0	5.0～9.0	10.0～13.0	14.0～15.0 kV
M_2	0.0～4.0	5.0～7.0	8.0～11.0	12.0
M_3	0.0～3.0	4.0～5.0	6.0	7.0～11.0

近出现蓝紫色光晕，电压的负半周出现幅值较小的放电电流脉冲，此时即对应了沿面放电的起晕阶段；在严重（S_3）阶段，放电图像中蓝紫色区域扩大，几乎占据了整个电极间隙，电压正半周上升沿开始出现幅值大于负半周的电流脉冲，此时可以对应于放电的发展阶段；在危险（S_4）阶段，放电图像中蓝紫色区域进一步向两侧扩大，放电间隙亮度明显增大，在电压的正半周出现了更加密集、幅值更大的放电电流，此时即对应了放电的预击穿阶段。

除了将放电图像与电压、电流进行关联以外，在图像采集的过程中，还对放电产生的光谱进行了检测。所用光谱仪的型号为 Maya 2000Pro，其量子效率可达 90%，积分时间范围为 17 ms～10 s，A/D 转换：16 bit，500 kHz，信噪比为 450∶01∶00；探测器型号为 Hamamatsu S10420，最大光谱分辨率可达 0.035 nm，光谱测量范围为 175～1100 nm。

图 7.1.18 所示的是图 7.1.17 所示放电图像在四个阶段所对应的可见光波段的光谱。可以看出，在 S_1 阶段，光谱仪输出的是白噪声，在可见光波段没有谱线分布；从 S_1 到 S_2 阶段，高压极附近出现蓝紫色光晕，导致在 500 nm 附近出现了单根谱线；当放电继续发展到 S_3 阶段，放电区域扩大，在 450 nm 处出现了第二根幅值稍低的谱线；当到达 S_4 阶段时，间隙处于预击穿状态，此时在 380～430 nm 的范围内又出现了多条幅值更低的谱线。在可见光波段中，500 nm 以下均为蓝紫色光，随着放电严重程度的加剧，蓝紫色光不断增强，由此证明，在图 7.1.17 中，随着放电阶段的增加，图像中蓝紫色区域的面积和亮度都不断增加。同样，也可以在图 7.1.7 中看出，随着电压的增加，蓝色分量的灰度概率密度函数曲线变化最大。四个阶段的光谱有着明显区别，这进一步证明了利用聚类算法对放电阶段进行划分的结果是合理的，它实现了不同类别样本之间差异的最大化。同时，光谱关联实验的结果也为利用可见光图像对沿面放电进行状态识别的合理性奠定了理论基础：随着放电的发展，粒子中电子的跃迁发生变化，使得其所发出光谱谱线的分布和强度发生变化，这种变化会发生在可见光波段，从而被可见光

相机所捕获和响应,进而导致图像中颜色和亮度的变化,使之能够被用于进行放电状态识别[5]。

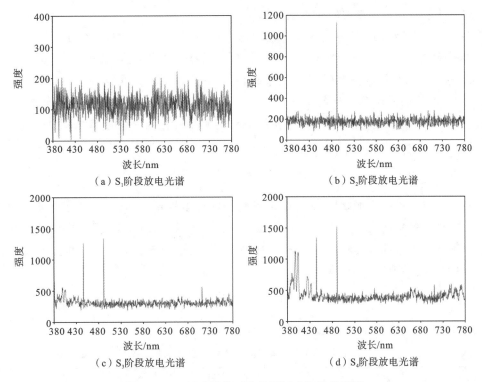

图 7.1.18　四个阶段对应的可见光波段的光谱

经过阶段划分后的放电图像样本标签不再是电压,而是其相应的放电严重程度($S_1 \sim S_4$)。这些标签化的样本将用于后续的监督学习算法,训练能够实现沿面放电状态智能识别的机器学习模型。

7.1.4　基于监督学习算法的沿面放电状态智能诊断

前面通过聚类算法实现了对沿面放电图像集中样本的放电阶段划分,并结合电压、电流波形和光谱关联实验结果,解释了这种划分结果的合理性。但基于聚类算法仍然无法实现对放电阶段的智能识别,并且由于将不同实验条件下属于相同阶段的样本进行了合并,此时在阶段划分后的完整数据集中,同一阶段的不同样本特征可能存在较大差异,这意味着样本特征与所属阶段之间的映射关系变得更为复杂,因此还需要利用监督学习算法和已标签化的数据集,训练能够对放电阶段进行智能识别的机器学习模型。

与先前利用监督学习算法训练温度、温差监测模型不同的是,这里的识别目标是样本对应的放电阶段,因此属于分类问题,但所遵循的原理基本一致,即将一个数据集按照一定比例划分为训练集和测试集:在训练过程中,机器学习算法以训练集样本特征为输入,以已知的样本标签为输出目标,通过最小化样本标签和预测值之间的差异,来拟合样本特征和相应标签之间的映射关系;在测试过程中,将测试样本作为未知标签样本,使用训练后的模型对测试样本进行识别,并通过输出值与测试样本真实标签之间的差异来评估模型性能。这里进行了两种尝试:分别利用经典机器学习算法和深度学习模型进行放电阶段的识别。

1. 基于经典学习算法的分类识别模型

首先尝试了利用以下四种经典学习算法进行模型训练:① k-近邻(k-nearest neighbor,KNN)分类;② 决策树(decision tree,DT)分类;③ 支持向量机(support vector classifier,SVC)分类;④ 梯度提升决策树(gradient boosting decision tree,GBDT)分类。这四种算法的比较以及主要参数设置(基于 scikit-learn 模块中的相应函数句柄)如表 7.1.8 所示。对于分类问题,选择了分类准确率 η 作为评估模型在测试集样本识别时的性能指标,有

$$\eta = \frac{y}{y_0} \tag{7.6}$$

式中:y_0 为测试集中样本数目;y 为被正确分类的样本数目。同样,应用了十折交叉验证方法,将数据集随机均分为 10 组,每次取其中 9 组作为训练集,另外一组作为测试集,分别进行十次训练-测试,并计算了 10 次交叉验证中分类准确率的均值,作为评估算法模型平均性能的指标,有

$$\eta_{avg} = \frac{1}{10} \sum_{i=1}^{10} \eta_i \tag{7.7}$$

式中:η_i 为第 i 次训练-测试过程中产生的分类准确率。

表 7.1.8 四种算法比较及参数设置

算法	优 点	缺 点	参 数 设 置
KNN	训练过程几乎不耗时	懒惰算法,对于大数据集,在测试阶段较为耗时	权重="distance" $N_{近邻}=40$
DT	计算速度快,占用内存少,适用于高维度数据	容易忽略属性之间的相关性	分割最小样本=16 最小样本数=1
SVC	计算复杂度仅取决于支持向量个数,避免了"维度爆炸"问题	对样本数目较多的数据集难以实施	核函数="rbf",最高次幂为6 核函数系数="scale" 独立项=0.0 惩罚系数=500.0
GBDT	精度高,对奇异点稳定性强	较为耗时,弱学习器之间难以并行训练	学习器数目=200 最大深度=5 分割最小样本=2 学习率=0.01 损失="ls"

先前基于图像的色度特征(RGB-GLPDF)、亮度特征(GLPDF)、形态特征(HOG)分别构建了相应的特征-标签数据集,因此将四种算法分别应用于由图像的三种特征组成的数据集,训练出能够对放电阶段进行智能识别的机器学习模型,并比较这四种算法、三种特征在进行放电阶段识别时的平均准确率,如表 7.1.9 所示。

表 7.1.9　不同算法、不同特征用于放电阶段识别结果的 η_{avg}

样本特征	η_{avg}			
	KNN	DT	SVC	GBDT
RGB-GLPDF	0.860	0.874	0.878	0.890
GLPDF	0.787	0.797	0.804	0.817
HOG	0.855	0.857	0.870	0.874

为了便于观察,将以上结果绘制在雷达图中,如图 7.1.19 所示,可以看到,对于相同算法模型而言,基于图像亮度特征(GLPDF)的模型在执行阶段分类识别时准确率最低,在雷达图中所占面积最小。而基于图像色度特征(RGB-GLPDF)和形态特征(HOG)的分类识别模型的平均准确率则明显更高,两者相比,则前者的准确率又略高于后者。

2. 基于深度学习的分类识别模型

除了利用以上四种学习算法进行模型训练之外,还尝试了训练人工神经网络来实现对放电阶段的智能识别,并将两种方法的结果进行比较。

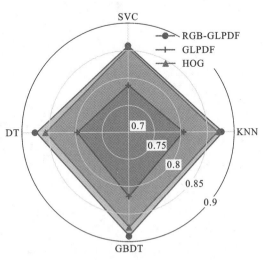

图 7.1.19　基于不同算法、特征的沿面放电阶段分类识别准确率雷达图

经典的机器学习算法只是将数据的表示(即特征)映射到输出,但深度学习可以被用来挖掘数据的表示本身,这种方法也称为表示学习(representation learning),即用其他更简单的表示来表达复杂的表示[6]。

表示学习的一个典型例子是自编码器(autoencoders,AE)。自编码器由一个编码器(encoder)和一个解码器(decoder)组成,结构如图 7.1.20 所示。编码器将输入数据转换为另一种不同的表示,即编码,一般来说编码的维度要小于输入数据;而解码器则负责把这个新的表示尽可能地转换为原来的形式,通过对比编码器输入与解码器输出之间的差异来更新网络参数。自编码器训练的目标是希望数据经过编码器和解码器之后尽可能多地保留原始数据的信息,在训练完成后再将编码器单独使用,将原始数据经过编码器之后产生的编码保存下来,从而为原始数据找到一种更为简洁的同时又能表达其重要信息的表示方式。因此,自编码器常常被用来压缩特征,有时也被用于生成新的数据[7]。

高维的原始特征数据(RGB-GLPDF 等)往往包含了大量的无用信息和噪声,一方面影响了识别精度,另一方面也增加了计算负担。这里采用了自编码器的思想,即利用一个神经元数目逐层衰减的编码器网络来对原始特征数据进行降维压缩,但并未使用解码器网络使之还原至原始特征维数,而是在经过编码器压缩的编码特征层之后直接

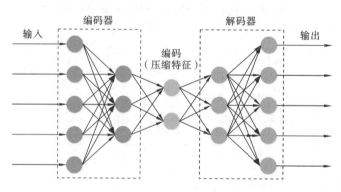

图 7.1.20　自编码器结构示意图

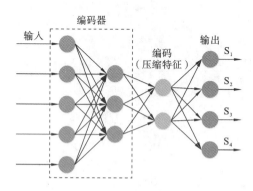

图 7.1.21　用于压缩特征和阶段
识别的神经网络

连接一个单层感知机(single-layer perceptron,SLP)函数,单层感知机将直接输出样本的类别,即放电阶段($S_1 \sim S_4$),用于压缩特征和阶段识别的神经网络,如图 7.1.21 所示。

由于没有使用解码器,网络参数的数目被大幅缩减,单层感知机直接输出对放电阶段的预测值,因此无须再重新训练一个分类器来实现放电阶段识别,从而减少了计算量,提高效率。通过计算输出预测值与样本实际值之间的差异,利用误差反向传播原理对网络参数进行更新,以此不断提高网络的识别精度。

使用了一个结构为(InputSize→500→300→200→100→50→FeatureSize→4)的全连接神经网络来实现对样本原始特征数据的降维压缩和输出放电阶段。其中,InputSize 表示所输入的原始特征维数,RGB-GLPDF 的特征维数是 768,GLPDF 的特征维数是 256,HOG 的特征维数是 648;FeatureSize 表示最后一个隐藏层的神经元数目,也即被压缩后的特征维数,之后将讨论该值的设定大小对识别精度的影响。最后的单层感知机的神经元数目设为 4,表示 4 个放电阶段 $S_1 \sim S_4$,这 4 个神经元中只有一个能被激活,被激活的神经元所对应的放电阶段即为网络对样本的预测值。网络的隐藏层中使用了 ReLU 非线性激活函数,表达式为

$$\text{ReLU}(x) = \begin{cases} 0, & x<0 \\ x, & x \geqslant 0 \end{cases} \tag{7.8}$$

相比于 Sigmoid 非线性激活函数而言,ReLU 函数能够有效避免在网络层数较多时易出现的"梯度消失"问题。网络使用了 Adam 优化算法,这是一种自适应学习率优化算法,它利用对梯度的一阶矩估计(均值)和二阶矩估计(未中心化的方差)进行综合考虑,计算出网络参数更新步长。Adam 优化算法通常被认为对超参数的选择具有相当强的鲁棒性[8]。由于任务是实现放电阶段的分类识别,因此网络使用了分类问题中常用的交叉熵损失(cross-entropy loss,CEL)函数作为优化的目标,其表达式为

$$\mathrm{CEL} = -\sum_{i=1}^{C}\left[y_i^{\mathrm{lab}}\log y_i^{\mathrm{pred}} + (1-y_i^{\mathrm{lab}})\log(1-y_i^{\mathrm{pred}})\right] \quad (7.9)$$

式中：y^{lab} 和 y^{pred} 分别为样本的实际标签和预测值；C 为类别总数。在本章中，为了适应所要解决的实际问题的特殊性，采用了一种改进形式的损失函数，即带权重的损失函数（weighted loss，WL）。放电阶段识别问题的特殊性在于，在实际中，工程技术人员往往对严重程度更高的局部放电更为担忧，因为放电越严重，对设备所造成的损伤越大。因此，这里希望机器学习模型能够对放电严重程度较高的样本具有更高的识别准确率，毕竟，相比于将放电轻微的样本误判为严重样本而言，将放电严重的样本误判为轻微样本所带来的代价更大。对于之前所规定的放电阶段划分方式而言，S_3、S_4 阶段对应于更为严重的放电阶段，因此，修改了标签为 S_3、S_4 的样本在损失函数中的权重，使它们相比于 S_1、S_2 样本而言，对损失函数的影响更为显著，有

$$\mathrm{WL} = \mathrm{CEL}(\mathrm{label}=S_1,S_2) + \alpha \mathrm{CEL}(\mathrm{label}=S_3,S_4) \quad (7.10)$$

式中：α 是一个远大于 1 的实数，例如，$\alpha=10$。采用带权重损失函数的效果是，一旦 S_3、S_4 阶段对应的样本被错误地分类，损失函数会显著增大，迫使网络提高对放电严重样本的识别准确率。

在网络训练完成后，比较了其分别对于测试集中 S_1、S_2 样本和 S_3、S_4 样本的识别精度，具体方法是先统计出测试集中 S_1、S_2 样本和 S_3、S_4 样本所分别对应的数目，然后统计出网络对于这些样本分别判别正确的数目，最后根据式（7.6）分别计算 S_1、S_2 和 S_3、S_4 样本的识别准确率。除此之外，还利用一般形式的交叉熵损失函数，即式（7.9），训练了相同的神经网络，并将其结果与使用改进形式损失函数所训练得到的网络结果进行比较。表 7.1.10 所示的是网络超参数设置。

表 7.1.10　网络超参数设置

超　参　数	设　定　值
损失函数	CEL/WL
轮数	360
批量大小	32
优化器	Adam
初始学习率	0.001
学习率衰减率	0.1
学习率衰减步长	100

由于在网络中设置了两个可变参数，即损失函数中的权重 α 和网络的最后一个隐藏层的神经元数 FeatureSize，需要确定这两个参数的最优值组合。一般来说，确定一组超参数最优组合需要采用以下方式：首先对每个参数的取值范围进行界定，然后利用网格搜索法或者随机搜索法逐个计算在每一种参数组合下模型的精度。但是这种方法效率较低，每调整一次参数都要重新训练和测试模型，因此最优参数的搜索过程十分耗时。在这里采用了贪心算法（greedy algorithm）的思想，即将联合参数的求解问题分为单独求解每个参数的最优解。首先将 FeatureSize 参数取为一个固定值（16），然后将 α 依次调整为 5、10、15、20、25、30，并训练网络，评估网络分别对于 S_1、S_2 样本和 S_3、S_4 样

本的识别准确率。通过比较不同 α 的权重损失函数训练得到的网络识别结果，来确定合适的 α 值。

表 7.1.11 展示了调整权重损失函数的参数 α 时，网络分别对 S_1、S_2 样本和 S_3、S_4 样本的识别准确率。图 7.1.22 所示的是网络对不同阶段样本识别准确率随 α 取值的变化曲线。可以看到，当 α 设为较小的值（$\alpha=5,10$）时，网络对于 S_1、S_2 阶段和 S_3、S_4 阶段样本的识别准确率没有明显差别，说明当 α 较小时，这四个阶段的样本对网络损失函数的影响是相对平衡的；当 α 增大（$\alpha>15$）时，网络对 S_3、S_4 阶段样本的识别准确率则开始明显高于其对 S_1、S_2 阶段样本的识别准确率；但当 α 继续增大（$\alpha>25$）时，网络对于 S_1、S_2 阶段样本的识别准确率有较为明显的下降趋势，因为此时 S_1、S_2 阶段样本在损失函数中所占的相对比重过小，但此时继续增加 α 的值，网络对于 S_3、S_4 阶段样本的识别准确率并没有继续增加，这也是不期望出现的情况。因此，比较表 7.1.11 所示的结果，选取了中间值 $\alpha=20$ 作为损失函数中 S_3、S_4 阶段样本的权重。

表 7.1.11　不同 α 的 WL 训练网络对不同阶段样本的识别准确率

原始特征	放电阶段	α					
		5	10	15	20	25	30
RGB-GLPDF	S_1,S_2	0.948	0.944	0.936	0.933	0.932	0.890
	S_3,S_4	0.954	0.959	0.979	0.982	0.980	0.981
GLPDF	S_1,S_2	0.882	0.880	0.877	0.875	0.874	0.833
	S_3,S_4	0.883	0.884	0.892	0.894	0.895	0.895
HOG	S_1,S_2	0.914	0.910	0.908	0.905	0.903	0.862
	S_3,S_4	0.913	0.914	0.928	0.932	0.933	0.933

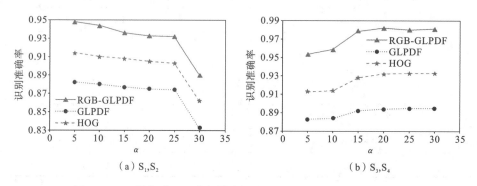

图 7.1.22　网络对不同阶段样本识别准确率随 α 取值的变化曲线

在确定了参数 α 的值之后，还需要讨论 FeatureSize 参数对网络识别准确率的影响。将 FeatureSize 依次设置为 8、16、25、32 和 40，分别训练网络，来比较压缩特征维数对识别精度的影响。如果压缩特征的维数过少，可能会导致原始数据中有效信息丢失，而维数过多则会导致信息提取不充分。从模型优化的角度来说，改变神经元数目则相当于改变了模型的容量，一般来说，当机器学习模型的容量逐渐增大时，模型的测试误差会经历一个先迅速减小再略微增大的过程，误差最低点处对应的即为模型的最优容量[6]。表 7.1.12 展示了将 FeatureSize 设置为不同值时，网络分别对 S_1、S_2 阶段和 S_3、S_4 阶段样本的识别准确率。图 7.1.23 所示的是不同 FeatureSize 值时网络对不同阶段样本的识别准确率的变化曲线。

表 7.1.12　不同 FeatureSize 值时网络对不同阶段样本的识别准确率（WL 损失函数）

原始特征	放电阶段	FeatureSize				
		8	16	25	32	40
RGB-GLPDF	S_1，S_2	0.919	0.933	0.912	0.915	0.916
	S_3，S_4	0.932	0.982	0.940	0.940	0.937
GLPDF	S_1，S_2	0.874	0.881	0.892	0.880	0.882
	S_3，S_4	0.890	0.900	0.908	0.892	0.893
HOG	S_1，S_2	0.902	0.917	0.910	0.914	0.913
	S_3，S_4	0.931	0.942	0.937	0.935	0.930

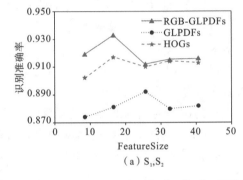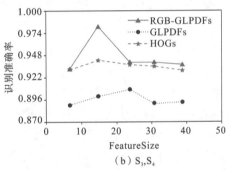

（a）S_1，S_2　　　　　　　　　　　　（b）S_3，S_4

图 7.1.23　不同 FeatureSize 值时网络对不同阶段样本的识别准确率的变化曲线（WL 损失函数）

最后，作为对比，我们还使用了式（7.9）所示的基本形式的交叉熵损失函数作为网络的优化目标进行模型训练。同样，将 FeatureSize 依次设置为 8、16、25、32 和 40，并训练网络，计算不同的 FeatureSize 设置值下网络对 S_1、S_2 阶段和 S_3、S_4 阶段样本的识别准确率，结果如表 7.1.13 所示，并绘制了识别准确率随不同 FeatureSize 值的变化曲线，如图 7.1.24 所示。

表 7.1.13　不同 FeatureSize 值时网络对不同阶段样本的识别准确率（CEL 损失函数）

原始特征	放电阶段	FeatureSize				
		8	16	25	32	40
RGB-GLPDF	S_1，S_2	0.921	0.944	0.923	0.919	0.916
	S_3，S_4	0.919	0.940	0.922	0.920	0.918
GLPDF	S_1，S_2	0.877	0.891	0.898	0.890	0.885
	S_3，S_4	0.875	0.893	0.897	0.888	0.882
HOG	S_1，S_2	0.909	0.921	0.915	0.910	0.907
	S_3，S_4	0.911	0.923	0.917	0.908	0.906

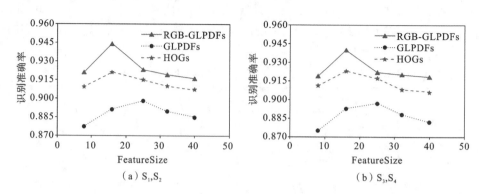

图7.1.24 不同 FeatureSize 值时网络对不同阶段样本的识别准确率的变化曲线(CEL 损失函数)

比较表 7.1.9 中数据和图 7.1.19 所绘结果,可以看到,基于图像色度特征(RGB-GLPDF)和形态特征(HOG)训练得到的机器学习模型与基于图像亮度特征(GLPDF)的机器学习模型相比,具有明显更高的识别准确率,这说明图像的 RGB-GLPDF 和 HOG 能够包含比 GLPDF 更加丰富、完整的放电信息;而 RGB-GLPDF 与 HOG 相比,前者准确率又略高于后者。将 RGB-GLPDF 特征与 GBDT 算法模型相结合,其识别准确率可以达到 0.890,明显高于基于其他算法和特征的模型。

对比表 7.1.9 与表 7.1.11~表 7.1.13,可以看到,基于自编码器网络结构所改进的深度神经网络具有比经典机器学习算法更高的识别准确率,其中,当 FeatureSize 参数被设置为 16 时,基于图像 RGB-GLPDF 所训练的网络的识别准确率达到了 0.94 以上,明显高于 GBDT 的识别准确率(0.890)。说明神经网络能够以更精炼的形式将包含于高维原始特征数据中的放电信息有效提取出来,滤除无用信息和噪声,从而提高了识别精度。

比较表 7.1.12 和表 7.1.13 可以看到,以普通形式的交叉熵损失函数 CEL 为优化目标的网络在进行放电阶段识别时,对 S_1、S_2 阶段和 S_3、S_4 阶段样本具有相近的识别准确率,表明其没有对放电严重的样本做出有偏重性的识别。而以带权重的损失函数 WL 为优化目标的网络则对放电严重程度高的样本具有更高的识别精度,它能对 S_3、S_4 阶段的样本做出更加准确的判断,尽管代价是其对于 S_1、S_2 阶段的样本的识别准确率略微降低了,但仍然维持在一个较高的水平。

以上结果表明,利用可见光图像和机器学习相结合的方法,可以对沿面放电的放电状态进行准确识别,其中,色度特征所包含的原始放电信息最为丰富,识别准确率最高;机器学习的应用能够有效克服不同外界条件对识别过程的干扰,对放电状态做出准确、高效的判断,其中,以带权重损失函数为优化目标的改进形式的自编码器网络更能适应该问题的实际需求。

7.2 电晕放电可见光图像的机器学习综合诊断方法

本节提出了利用可见光图像和机器学习对电晕放电进行状态识别的方法。电晕放电也是高压电气设备中常见的一种缺陷类型,通常由曲率半径较小的尖刺产生的不均匀电场引起。当发生电晕放电时,虽然气体间隙尚未丧失绝缘性能,间隙仍能承受一定电压,但会引起功率损耗,加速带电设备的劣化和老化[9]。

总的来说,处理电晕放电所遵循的技术路线与先前进行沿面放电状态识别的方法基本一致。因此相似的部分不再赘述,在有区别的地方加以说明。

7.2.1 电晕放电可见光数字图像库的建立

首先,根据图 7.1.1 搭建实验电路,所用的实验设备均为 7.1.1 节所介绍的设备,但需要将图 7.1.1 中使用的沿面放电装置更换为电晕放电装置。本实验使用针-板结构电极组成的电晕放电装置,如图 7.2.1 所示。

针电极垂直于板极所在平面。其中,针电极为高压极,与工频 50 Hz 交流电源相连,板极为接地极。针-板电极材料均为黄铜。针电极与板极之间的距离是可以调节的,以模拟不同间隙距离下的电晕放电。在实验中,分别将间隙距离设为三个不同的值:8 mm,15 mm,20 mm。同样,为了避免外界光源对放电本身所产生的发射光谱的干扰,电晕放电实验也是在暗环境下进行的。空调系统维持室

图 7.2.1 电晕放电装置实物图

内温度 25.0 ℃,相对湿度 60%,大气压 1.0 atm。相机参数设置:曝光时间 5 s,光圈 F/5.0,感光度 ISO=2000,测量模式为去中心平均模式,颜色模式为标准 RGB 模式。

实验步骤如下:

(1) 搭建实验电路后,通过预实验来确定不同间隙距离电晕放电装置的击穿电压(有效值),如表 7.2.1 所示,间隙距离越长,击穿电压越高;

(2) 在进行正式实验时,从 0 开始升高电压,每升高 0.5 kV,使用相机拍摄相同数目 $N(N=30)$ 的一组照片(24 位 JPG 格式);

(3) 直至电压升至间隙预击穿状态,停止升压,将电压控制柜置零,关闭电源;

(4) 改变间隙距离,重复步骤(2)和(3)。

表 7.2.1 不同间隙距离电晕放电装置的击穿电压

间隙距离/mm	8	15	20
击穿电压/kV	7.0	9.0	11.0

通过以上方法,建立了包含不同间隙距离下的电晕放电图像库。由于采用 0.5 kV 作为电压步长,因此 0~7.0 kV、0~9.0 kV、0~11.0 kV 电压范围内分别有 15、19、23 个电压等级,则最终建立的电晕放电图像库中包含 $(15+19+23) \times 30 = 1710$ 个样本,所拍摄的不同间隙距离电晕放电图像样本如图 7.2.2 所示(见附录 A)。这些实验模拟了在高压电气设备中由尖刺缺陷导致的不均匀电场分布产生的电晕放电。

7.2.2 电晕放电图像特征选取

1. 图像预处理

使用算术平均值滤波方法对原始图像进行降噪处理,如图 7.1.5 所示。

2. 图像特征选取

1) 基础统计特征

在先前的沿面放电状态识别中使用了图像的三种基础特征 RGB-GLPDF、GLPDF 和 HOG。同样，这里以 8 mm 间隙在 3.0 kV、7.0 kV 电压下的电晕放电图像为例，分别从中提取并绘制了相应的 RGB-GLPDF、GLPDF 和 HOG。不同电压下 8 mm 间隙放电图像如图 7.2.3 所示（见附录 A）。

图 7.2.4 所示的是不同电压下 8 mm 间隙放电彩色图像对应的 RGB-GLPDF，可以看到，当电压升高时，三个通道对应的灰度概率密度函数曲线的峰值均显著降低，其中，B 分量和 R 分量曲线的峰值位置明显右移，说明此时图像中蓝色和红色的亮度普遍升高了。

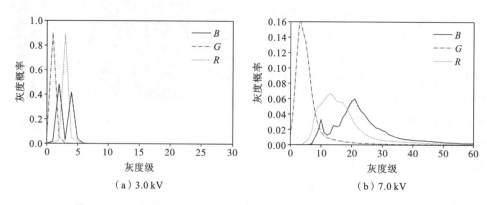

图 7.2.4 不同电压下 8 mm 间隙放电彩色图像对应的 RGB-GLPDF

图 7.2.5 所示的是不同电压下 8 mm 间隙放电灰度图像对应的 GLPDF，当电压升高时，GLPDF 的峰值显著降低，且峰值位置右移，这也是放电更加剧烈时，放电发出的光辐射越强，导致图像亮度增加的结果。图 7.2.6 所示的是不同电压下 8 mm 间隙放电彩色图像对应的 HOG，当电压升高时，HOG 特征值普遍降低了。这些结果说明，先前应用于沿面放电状态识别的三种特征量同样也能用于电晕放电状态的识别。因此，对电晕放电图像集中每个样本分别提取了这三种基础特征量，并组成相应的特征数据集。

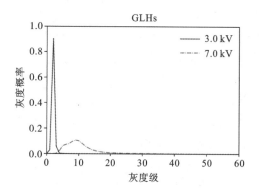

图 7.2.5 不同电压下 8 mm 间隙放电灰度图像对应的 GLPDF

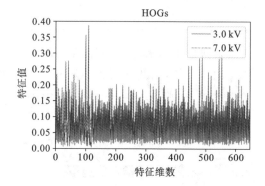

图 7.2.6 不同电压下 8 mm 间隙放电彩色图像对应的 HOG

2) 低维组合特征(low-dimensional composite features,LDCF)

除了以上三种特征量外,从电晕放电图像中还可以观察到一个重要的特点,即放电通道在空间上(从针电极到板极的垂直方向上)具有"线型"分布特征,而这是沿面放电图像所不具有的。前面曾基于这一特点提出利用电晕放电图像的 RGB 衍生指标——放电图像蓝红指数(discharge image B-R index,DIBRI)对电晕放电的发展阶段进行评估[4]。空气中电晕放电的辐射光主要源于氮的第一正带系和氮的第二正带系。氮的第一正带系包含长波长辐射光,主要会影响图像的 R 分量;氮的第二正带系包含短波长辐射光,主要影响图像的 B 分量。因此,可以利用 B 分量和 R 分量平均灰度级(average gray level,AGL)的比值的条件之和来评估电晕放电的状态。实验结果表明,图像的 DIBRI 可以准确预测交流电晕放电中负电晕的存在以及丝状放电的抑制阶段。具体做法如下。

首先,将电晕放电图像中的针-板间隙沿着中轴线均匀划分为 L 个小区域,每个小区域中包含 $M \times N$ 个像素点,放电区域分割示意图如图 7.2.7 所示(见附录 A)。M 表示每个区域在垂直方向上的像素点数目,N 表示每个区域在水平方向上像素点的数目。对于同样的间隙来说,当 M 设为较大值时,L 的值相应地会变少,导致空间特征的分辨率降低;当 M 设为较小值时,L 会变大,导致计算量变大。N 的设定值应以尽可能覆盖放电路径为准。在这里将 M 设为 50,N 设为 200。

对每个区域计算其 R 分量和 B 分量灰度的相对占比值,即先分别求出区域中所有像素点的 R、G、B 分量灰度之和,然后将 R 分量和 B 分量的灰度值之和与总灰度之和求比值,即可得到每个区域对应的 B_{cp} 和 R_{cp},有

$$\text{value}(X_i) = \sum_{a=1}^{M} \sum_{b=1}^{N} G_x(a,b) \tag{7.11}$$
$$X \in \{R,G,B\}, \quad i = 1,2,\cdots,L$$

$$X_{cp}(i) = \frac{\text{value}(X_i)}{\text{value}(R_i) + \text{value}(G_i) + \text{value}(B_i)} \tag{7.12}$$
$$X \in \{R,G,B\}, \quad i = 1,2,\cdots,L$$

定义放电判别系数 α,有

$$\begin{cases} \alpha(i) = 1, & R_{cp} \leq B_{cp} \\ \alpha(i) = 0, & R_{cp} > B_{cp} \end{cases}, \quad i = 1,2,\cdots,L \tag{7.13}$$

对每个区域,分别计算其 B_{cp}/R_{cp},如果 $B_{cp}/R_{cp} \geq 1$,则认为该区域中存在放电,α 被赋值为 1;如果 $B_{cp}/R_{cp} < 1$,则认为该区域中不存在放电,α 被赋值为 0。

对所有区域中 B_{cp}/R_{cp} 与 α 的乘积求和,即得到了放电图像蓝红指数 DIBRI,有

$$\text{DIBRI} = \sum_{i=1}^{L} \alpha(i) \frac{B_{cp}(i)}{R_{cp}(i)} \tag{7.14}$$

DIBRI 作为一项图像 RGB 灰度的衍生指标,能够对放电强度变化导致的图像颜色变化产生敏感的响应,因此,选取了其作为识别电晕放电的一项特征。除此之外,还从放电图像中提取了以下特征,包括放电区域的周长和面积(反映放电通道的形态特征)、灰度图像的灰度均值、方差、偏度、峰度(反映图像亮度特征)。

放电区域的周长和面积计算方式如下:首先将放电的彩色图像读取为灰度图像,选

取 0~255 之间某一整数作为阈值对灰度图像进行二值化，统计二值图像中白色区域的像素点数 S 和像素周长 l，作为反映放电通道形态特征的指标，提取放电通道形态特征的示意图如图 7.2.8 所示（见附录 A）。

图像的亮度指标的计算方式：将彩色放电图像读取为灰度图像，并对灰度矩阵中的所有元素分别计算其均值 avg、方差 std、偏度 skew、峰度 kurt。将以上 7 项指标合并起来，作为反映电晕放电状态的综合统计特征，由于其同时包含了放电图像颜色特征（DIBRI）、形态特征（S, l）、亮度特征（avg, std, skew, kurt），因此将其命名为低维组合特征 LDCF。接下来将把前述三种基础统计特征与 LDCF 用于机器学习方法，训练电晕放电的智能识别模型，并比较不同特征用于放电阶段识别的结果。利用式（7.3）对每个特征数据集进行归一化处理。

7.2.3 基于聚类算法的电晕放电阶段划分预处理

由于在电晕放电实验中设置了三种间隙距离，不同间隙距离在同一电压下可能呈现不同的放电剧烈程度，因此需要使用聚类算法对三种间隙下的电晕放电图像分别进行阶段划分。仍然采用了 $k\text{-means}++$ 聚类算法，将三种间隙距离下的电晕放电划分为正常（S_1）、轻微（S_2）、严重（S_3）、危险（S_4）四种放电阶段，划分结果如表 7.2.2 所示。

表 7.2.2　不同间隙距离下电晕放电的阶段划分结果　　　　单位：kV

间隙距离	放电阶段			
	S_1	S_2	S_3	S_4
8 mm	0~3.0	3.0~4.0	4.0~5.0	5.0~6.0
15 mm	0~3.5	3.5~6.5	6.5~8.0	8.0~9.0
20 mm	0~3.5	3.5~7.5	7.5~9.0	9.0~11.0

图 7.2.9 所示的是电晕放电阶段划分结果及电压、电流波形，间隙距离为 15 mm。在 S_1 阶段，无放电电流脉冲；S_2 阶段，在电压负半周峰值附近出现负电流脉冲，图像在针电极附近出现了微小光晕；S_3 阶段，在电压正半周的上升沿开始出现幅值较大的正电流脉冲，放电图像中针电极的针尖附近的光晕范围进一步扩大；S_4 阶段，在电压正半周峰值附近出现较为密集的正电流脉冲，其幅值远大于负半周电流脉冲幅值，间隙中出现了"线型"的放电通道，此时间隙已经临近击穿。

电晕放电光谱如图 7.2.10 所示，展示了不同阶段电晕放电在可见光波段内的光谱信息。在无放电时，可见光波段无谱线分布；当放电从 S_1 阶段发展至 S_2 阶段，在 380 nm 波长附近出现了较小的峰值谱线；当发展至 S_3 阶段时，在 400 nm 附近出现了幅值低于 380 nm 的谱线；当发展至 S_4 阶段，380 nm 和 400 nm 对应的谱线幅值进一步增大。基于不同特征量的划分结果在电压分布范围上略有差异，但不超过 ± 0.5 kV，总体上服从表 7.2.2 所示的电压范围分布。

这些放电阶段划分结果与电压、电流和放电光谱的关联性表明，聚类算法能够在不同严重程度的放电图像样本之间实现类间差别最大化，与电流、光谱等传统的放电评价

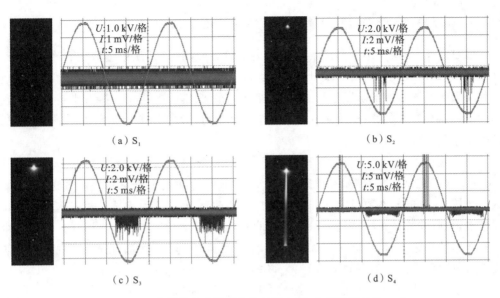

图 7.2.9　电晕放电阶段划分结果及电压、电流波形(15 mm)

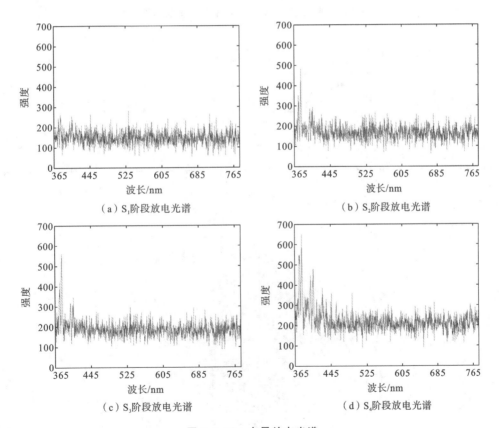

图 7.2.10　电晕放电光谱

指标有良好的对应关系。经过放电阶段划分后,数据集中每个样本的标签不再是其对应的放电电压,而是其相应的放电严重程度($S_1 \sim S_4$)。不同间隙下的相同阶段对应的样本被合并在一起,组成整个经过阶段划分的电晕放电图像数据集。

7.2.4 基于监督学习算法的电晕放电状态智能诊断

通过实验,采集了不同间隙下电晕放电的可见光图像,并从中提取四种图像特征,其中包括三种基础统计特征(RGB-GLPDF、GLPDF、HOG)和低维组合特征 LDCF,进而利用聚类算法对放电阶段进行了划分,实现了图像集的标签化。接下来将分别由这四种图像特征组成的特征-标签数据集用于监督学习算法,训练电晕放电阶段的智能识别模型。

仍然选取了表 7.1.8 所列四种机器学习算法,分别基于由 RGB-GLPDF、GLPDF、HOG、LDCF 构成的特征-标签数据集进行模型训练。使用十折交叉验证方法,每次将数据集按 9∶1 的样本数目之比划分训练集和测试集,每次训练完成后将模型用于测试集样本识别,并统计在测试集上识别正确的样本数目,按照式(7.6)计算其与测试集中所有样本数目之比,即为该次训练-测试过程的准确率;在 10 次训练-测试完成后,按照式(7.7)计算 10 次准确率的平均值 η_{avg},作为评价算法模型平均性能的指标。

基于不同特征、不同算法的电晕放电识别的平均准确率 η_{avg} 如表 7.2.3 所示。为了便于观察,将这些结果绘制在雷达图中,如图 7.2.11 所示。

表 7.2.3 基于不同特征、不同算法的电晕放电识别的平均准确率 η_{avg}

样本特征	η_{avg}			
	KNN	DT	SVC	GBDT
RGB-GLPDF	0.905	0.911	0.901	0.933
GLPDF	0.874	0.869	0.880	0.890
HOG	0.892	0.889	0.892	0.910
LDCF	0.945	0.932	0.957	0.987

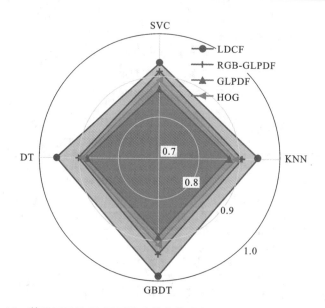

图 7.2.11 基于不同特征、不同算法的电晕放电识别的平均准确率 η_{avg} 雷达图

7.3 小结

本章提出了利用可见光图像和机器学习方法相结合对暗环境下局部放电进行在线监测的方法。以沿面放电和电晕放电两种模式为例进行了大量放电实验，分别建立了不同电压、不同实验条件下两种放电模式的可见光数字图像集。经过分析发现，图像的色度特征、亮度特征、形态特征都会随着电压的改变、放电剧烈程度的变化而变化。接着提出了利用无监督学习的聚类算法对放电阶段进行划分，划分结果与用于评价放电的传统指标（电压、电流、放电光谱）有着良好的对应关系。

利用监督学习算法分别训练了两种模式放电的阶段识别模型，并评价了基于不同算法、不同特征的模型用于放电阶段识别的准确率，结果表明，基于图像色度特征（RGB-GLPDF）的机器学习模型，其识别准确率比基于另外两种特征的模型更高，表明图像的色度特征能够更加准确地反映放电的状态信息。针对沿面放电，基于自编码器原理，提出了以改进形式的损失函数为优化目标的改进结构自编码器网络，能够对放电严重程度较高的样本做出有偏重性的识别，对 S3、S4 阶段样本的识别准确率达到了 0.982。针对电晕放电图像特有的"线型"空间分布特征，提出了使用包含了色度、形态、亮度特征的低维组合特征 LDCF 用于表征放电状态，显著提高了识别准确率（0.987），同时大大降低了特征维度，对于实现数据的轻量化计算有帮助。

虽然本章并未从放电量的角度对放电进行评估，但利用可见光图像所反映的放电光辐射信息能够对放电的预击穿阶段做出预警（光辐射信号随着放电剧烈程度而增强），因此对放电可见光图像的监控是有意义的。

7.4 本章参考文献

[1] 孟晓波,梅红伟,陈昌龙,等. 绝缘介质表面流注发展特性的机理研究[J]. 中国电机工程学报, 2013, 33(22): 155-165.

[2] LINDEBERG T. Junction detection with automatic selection of detection scales and localization scales[C]// IEEE Signal Processing Society. 1st International Conference on Image Processing. Austin: IEEE, 1994: 924-928.

[3] LINDEBERG T, LI M X. Segmentation and classification of edges using minimum description length approximation and complementary junction cues[J]. Computer vision and image understanding, 1997, 67(1): 88-98.

[4] 郭自清. 基于数字图像处理技术的电晕放电跨尺度分析方法研究[D]. 武汉：华中科技大学, 2020[2023-01-16].

[5] GUO Ziqing, YE Qizheng, WANG Yuwei, et al. Colorimetric method for discharge status diagnostics based on optical spectroscopy and digital images[J]. IEEE Sensors journal, 2020, 20(16): 9427-9436.

[6] GOODFELLOW I, BENGIO Y, COURVILLE A. Deep Learning[M]. Cambridge: MIT Press, 2016.

[7] CHEN Z, CHAI K Y, BU S L, et al. Autoencoder-based network anomaly detection[C]// IEEE Communications Society. 2018 Wireless Telecommunications Symposium (WTS). Phoenix: IEEE, 2018: 1-5.

[8] DANISMAN K, YILBAS B S, GORUR A, et al. Measurement of temperature dependent reflectivity of Cu and Al in the range of 30~1000 ℃[J]. Measurement science and technology, 1991, 2(7): 668-674.

[9] 武占成, 张希军, 胡有志. 气体放电[M]. 北京: 国防工业出版社, 2012.

8 电气设备可见光图像人工智能温升监控方法

本章提出了一种基于热调制反射光的智能化测温方法,相比于以往的无接触式图像测温方法,本章所提方法可在全波长、多入射角的日光环境下利用可见光图像实施金属表面温度、温差监测,适用场景广阔,可大幅降低设备及人工成本。首先,通过图像采集和特征提取分析,论证了在日光环境下利用可见光图像实施金属表面温度监测的可行性;然后,利用机器学习方法成功实施了金属表面测温,并提出了改进方法,用于不同温度金属表面温差监测;最后,通过变电站现场试验,验证了所提方法的工程适用性。

8.1 实验装置与机理验证

8.1.1 金属材料温升与图像采集

1. 实验装置

首先,需要通过实验来获取金属材料在不同温度下的可见光图像。使用了一台自主研发的调温箱,它的前部有一个直径 26 cm 的圆形窗口,如图 8.1.1 所示,图中金属板材料为铜,金属板可以固定在其上,调温箱通过调节箱体内部电热丝的温度来加热内部空气温度,以此来对金属板进行加热,其温度调节的分度值为 0.1 ℃。

由于调温箱控制面板只显示设定温度和内部温度,当调温箱内部和被加热金属板的温度达到热均衡时,金属板表面的实际温度和设定值之间会存在一定差值,因此需要一个表面温度计来对金属板表面温度进行测量和标定。使用了一台由 ThermoWorks THS-160-000 表面温度探头和 ThermoWorks VA720 RTD 温度计组成的表面温度计。该温度探头在 −50~100 ℃ 范围内的测温精度为 ±0.35 ℃(最大绝对误差),时间常数小于 20 s,温度计的分辨率为 0.1 ℃。该表面温度探头是手持式的,

图 8.1.1 调温箱主视图

并非固定在金属板表面,因为需要对金属板表面多处位置进行测温,以确保表面温度是均匀分布的。在测温时,探头与表面之间需要有足够的压力,以确保良好接触;同时,考虑到探头本身的热容(尽管很小)可能会对金属板表面温度分布有轻微的影响,因此需要有足够的接触时间(60 s)来使金属板表面和探头之间达到热均衡,以削弱探头热容对金属板表面温度场分布的影响。当金属板表面温度趋于稳定后,使用该表面温度计对金属板表面随机选择的 10 处位置进行测温,如果 10 次测温中温度计的读数之间相差不超过 0.7 ℃(0.35 ℃×2),即认为此时金属板表面温度分布是均匀的,将 10 次测量结果的平均值作为此时金属板表面温度的标定值。

调温箱所使用的被加热金属板包括三种常用的金属材料:铜、铝合金、铁,这些都是制造电气设备导体、连接件、固定件以及其他机械部件常用的材料。使用一台像素可达 3600 万的 Nikon D800 数码相机来采集金属板表面图像,镜头型号为 Nikon AF-SVR105。相机置于调温箱窗口正前方,相机主轴线垂直于金属板所在平面,镜头到调温箱窗口的距离为 0.8 m。相机参数设置:曝光时间为 1/50 s,感光度 ISO=2000,光圈 F/2.8,颜色模式为标准红绿蓝(standard RGB,sRGB)。使用 ANT-TG6-12 LED(12 W)白光光源提供照明,用于模拟日光环境,光源置于调温箱前方,与调温箱窗口的水平距离为 3 m。光源水平位置需要略高于相机主轴线,以避免相机在金属板表面产生阴影,这意味着光线不是垂直入射到金属板表面的。室内温度保持在 26.0 ℃。实验设置的示意图和照片如图 8.1.2 和图 8.1.3 所示。

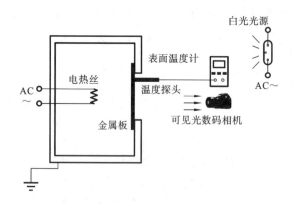

图 8.1.2 实验设置示意图

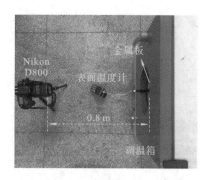

图 8.1.3 实验设置照片(俯视图)

2. 实验步骤

(1) 搭建完实验装置后,通过调温箱控制面板调节其内部温度,从室温(26.0 ℃)开始加热金属板。

(2) 每当金属板温度升高 1.0 ℃(10 次测量平均值),使用相机拍摄相同数目 N(N=20)的一组照片(24 位 JPG 格式),并记录当前温度。选择 1.0 ℃作为温度步长是因为太小的温度步长将会导致数据量剧增、数据收集困难,太大的温度步长将会导致温度标尺跨度太大、测温不准确。

(3) 重复步骤(2)直到金属板温度升高至 100.0 ℃。停止升温,关闭调温箱,并使其冷却至室温。一般来说,电气设备金属部件的温度不会超过这个值,即便在缺陷状况下。

(4) 更换不同材料的金属板,并重复步骤(2)、(3)。

通过以上步骤,采集了铜、铝合金、铁三种材料在不同温度下的可见光图像,每种材料对应的图像集包含该材料在 26.0~100.0 ℃范围内 75 个温度级下的图像,共计 $75×20=1500$ 幅。

3. 金属表面温度对 RGB 灰度分布的影响

通过金属材料的温升实验,采集了铜、铝合金、铁等材料在不同温度下的可见光图像。基于这些图像,观察其图像色度特征随温度的变化。由于所拍摄的原始图像中包含了部分没有温度变化的无效区域,即图 8.1.4 所示的圆部外围深色区域,因此需要从原始图像中裁剪出只反映温度变化的有效区域用于分析,如图 8.1.4 所示的白框区域。对于每幅图像,从中裁剪出尺寸为 1000×1000 的图像区域,即图 8.1.4 中,$n=1000$。

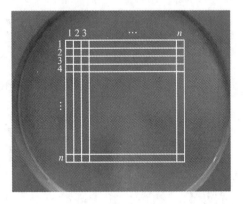

图 8.1.4 裁剪图像示意图(图中为铁材料)

图像尺寸为 7360×4912 像素。圆形窗口的直径为 26.0 cm。由此可以计算图像的空间分辨率为 $0.26 \text{ m}/7360 = 3.533×10^{-5}$ m。因此,裁剪区域对应的实际面积为 $(1000×3.533×10^{-5})^2 \text{ m}^2 = 1.248×10^{-3} \text{ m}^2$。

一般来说,在常温范围内,通过肉眼观察很难判断一个物体的温度高低。例如,铝合金板在 28.0 ℃和 90.0 ℃时的图像分别如图 8.1.5(a)、(b)所示(见附录 A)。

图 8.1.5 中,不同温度的铝合金图像似乎看不出明显的区别。但研究中观察到,即使在常温范围内,金属表面可见光图像的 RGB-GLPDF 也会随着温度的变化而变化。针对三种金属材料在不同温度下的图像,计算并绘制了其对应的 RGB-GLPDF,分别如图 8.1.6~图 8.1.8 所示,横轴表示灰度级,纵轴表示灰度概率。可以看到,三种金属材料图像对应的 RGB 灰度概率分布曲线均随着温度的变化发生了左右移动或者上下移动。但这种变化并不遵循单一趋势。以图 8.1.8 所示铁材料图像的 RGB-GLPDF 为例,当温度从低向高逐渐增加时,三个通道的灰度概率分布曲线会首先向右(高灰度

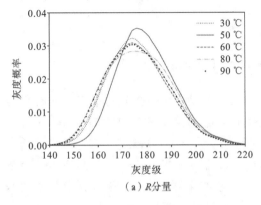
(a) R 分量

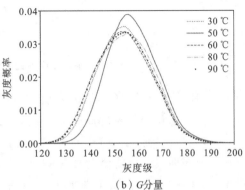
(b) G 分量

图 8.1.6 不同温度铜材料图像对应的 RGB-GLPDF

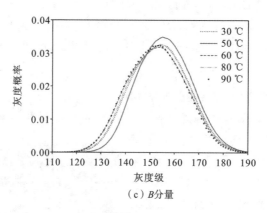

（c）B分量

续图 8.1.6

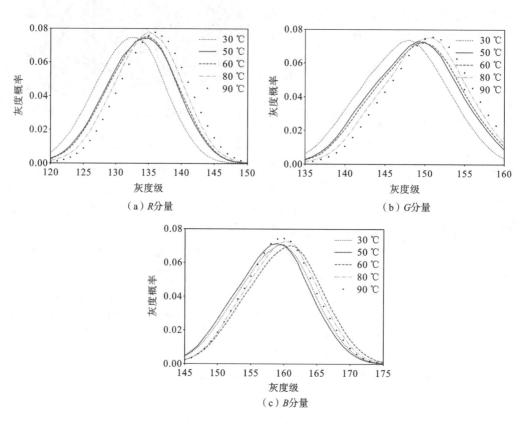

图 8.1.7 不同温度铝合金材料图像对应的 RGB-GLPDF

级方向)移动(30~50 ℃)，再向左(低灰度级方向)移动(50~60 ℃)，接着再向右移动(60~90 ℃)；R 分量灰度概率分布曲线的峰值会随着温度的升高而首先增大(30~50 ℃)，然后保持恒定(50~80 ℃)，接着再次增大(80~90 ℃)；对于 G 分量而言，其灰度概率分布曲线的峰值会先增大(30~50 ℃)，然后显著减小(50~60 ℃)，之后又会略微增大(60~90 ℃)。除此之外，还可以观察到一些有规律的变化，例如，B 分量灰度概率分布曲线的峰值随着温度升高而不断增大。对于另外两种金属材料，RGB-GLPDF 随温度的变化则又服从其他规律。

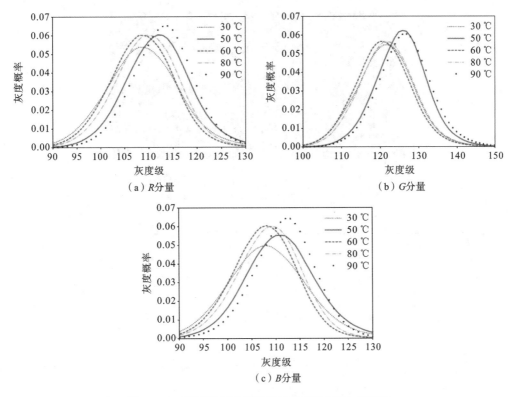

图 8.1.8　不同温度铁材料图像对应的 RGB-GLPDF

24 位 JPG 格式图像的完整灰度级范围是 0~255，但由于灰度概率分布曲线随温度变化幅度较小，因此图 8.1.7 中只绘制了灰度分布的主体区间。这种由温度变化导致的金属表面图像灰度及其频率分布的变化，意味着金属表面可见光图像的 RGB-GLPDF 与金属表面温度之间存在着某种函数关系。如果能够通过某种手段来拟合这种关系，那么当得到一幅金属表面可见光图像时，便可以通过统计其 RGB-GLPDF 并利用这个函数关系来判断其表面温度。但是从前面的分析中可以看到，首先，RGB-GLPDF 随温度的变化并不服从单一趋势，可能包括一些非线性、非单调的变化；再者，RGB-GLPDF 的数据维度较大，每个通道在 0~255 范围内有 256 个灰度级，也即 256 维特征，三个通道合并为一个特征向量后则有 256×3＝768 维特征。这两方面的原因使得其难以通过传统的数学方法对图像 RGB-GLPDF 和对应温度之间的映射关系进行人工拟合。因此，需借助机器学习方法来完成这一目的。

8.1.2　暗环境图像的机理验证实验

在常温范围内，由温度变化导致的可见光波段内金属热辐射能量变化不会导致金属的可见光图像像素灰度的变化。为了证实这一点，在暗环境下进行了相同的金属材料温升实验。在暗环境下，相机只能接收金属本身发出的热辐射能量，而无反射辐射能量。图 8.1.9 和图 8.1.10 分别展示了暗环境下不同温度的铝合金图像，以及其对应的 RGB-GLPDF。

可以看到，暗环境下的图像 RGB 灰度级集中在 0~4 的范围内，而且几乎不随温度

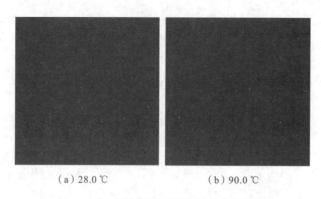

(a) 28.0 ℃　　　　　(b) 90.0 ℃

图 8.1.9　暗环境下不同温度铝合金图像

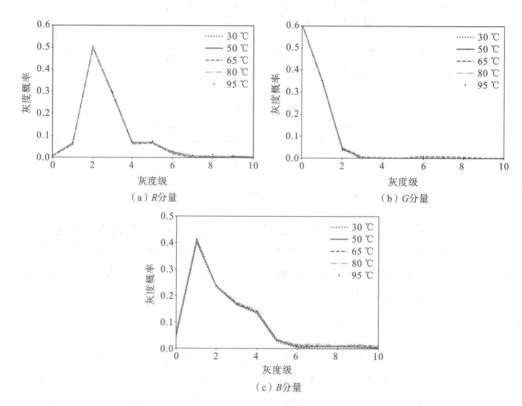

(a) R 分量

(b) G 分量

(c) B 分量

图 8.1.10　暗环境下不同温度铝合金图像对应的 RGB-GLPDF

的变化而变化。比较图 8.1.9 和图 8.1.5(见附录 A),虽然两图中的图(a)和图(b)看起来几乎都是相同的,但是它们在图像特征上有着本质的区别,这从图 8.1.10 和图 8.1.7 所绘制的图像对应的 RGB-GLPDF 可以看出来。图 8.1.5(a)、(b)是在光照环境下采集得到,温度对金属材料光学常数的调制作用将会使得材料表面的反射光随温度的变化而变化,而这些反射光的变化是很细微的,以至于人眼难以分辨,因此图 8.1.5(a)、(b)直观上看起来几乎相同,但它们的 RGB 灰度概率分布曲线随着温度的变化而发生了轻微的上下或左右移动,如图 8.1.6～图 8.1.8 所示。而图 8.1.9(a)、(b)则是在暗环境下采集得到,金属材料表面无反射光,因此,不仅它们的可见光图像看起来相同,它们所对应的 RGB-GLPDF 也并未随温度的变化而变化,如图 8.1.10 所示。以上对比结果说明,常温下的金属表面在可见光波段内发出的热辐射能量十分微弱,难以反映温度变化,因此可见光图像(至少在 24 位 JPG 格式下)在常温下无法基于热辐射能量来区分温度。由此可以排除热辐射能量变化导致可见光图像 RGB 灰度变化的可能。

8.1.3 激光图像的验证实验

为了验证测温机理——热调制反射光测温方法[1],我们先使用单频率(单一波长)的激光照射金属表面,观察其反射光图像的 RGB-GLPDF 是否发生变化以及是否有规律[2]。

在暗环境进行激光实验验证,实验装置主要由调温箱、激光发生器和相机组成。激光发生器型号为 MGL-III-532-200mW,提供实验唯一光源。相机型号为 Nikon D800。

532 nm 激光实验现场如图 8.1.11 所示,选择铜板作为被测材料,将其固定在调温箱上。实验时控制调温箱温度从 30 ℃缓慢上升至 100 ℃,确保在相机拍摄的时间段内材料温度基本不变;激光发生器功率设置为 0.45 W,发射波长 532 nm 的激光至铜板表面;相机参数的光圈值 $f=4.5$,曝光时间为 $1/250$ s,ISO=6400,其余参数均采用默认值。相机每隔 10 ℃拍 80 张照片,实验共采集 640 张照片。

图 8.1.11　532 nm 激光实验现场

原始图像大小为 4912×7360 像素,对激光照射的铜板表面进行裁剪,裁剪后图像大小为 70×70 像素。不同温度图像裁剪前后示意图如图 8.1.12 所示(见附录 A)。

提取 30 ℃和 100 ℃裁剪图像的概率分布直方图如图 8.1.13 所示。对比不同温度的直方图发现:红、蓝色变化不大,100 ℃下绿色在低灰度值(小于 50)的概率明显增大。

为了进一步寻找概率分布与温度之间的关系,将每幅图像中绿色灰度值小于 50 和大于 50 的像素点数进行统计,绘制了它们随温度变化的像素数图,如图 8.1.14 所示。

从图 8.1.14 可以看出,随着材料表面温度从 30 ℃升高到 100 ℃,绿色通道下灰度

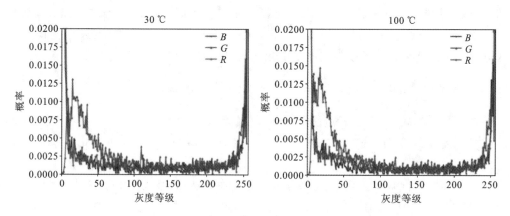

图 8.1.13　不同温度裁剪图像的概率分布直方图

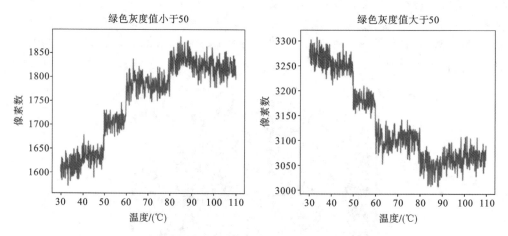

图 8.1.14　特定范围绿色像素点数目随温度变化的像素数图

值小于 50 的像素点数目逐渐增多,灰度值大于 50 的像素点数目逐渐减少,两幅图像从整体反映出绿色通道下的灰度值大小与样本表面温度呈负相关。这主要是因为:温度上升导致铜材料的表面反射系数下降。随着温度升高,激光经过铜材料表面的反射,受反射系数下降影响,反射光信号强度逐渐减弱,RGB 三种颜色通道下像素点的整体灰度值均呈现减小趋势。又因为 532 nm 波段的激光颜色呈现效果为翠绿,所以可见光图像上绿色通道的变化最为明显。该实验利用可见光图像间接验证了热调制反射光测温机制。

8.2　基于图像色度特征的金属表面机器学习测温方法

在 8.1 节中,通过金属材料的温升实验采集了铜、铝合金、铁三种材料在不同温度下的可见光数字图像集,并通过统计和绘制不同温度金属表面图像对应的 RGB-GLP-DF,发现了金属表面图像的灰度概率分布会随着温度的变化而变化,这是利用可见光图像对金属表面实施测温的依据,但是这种温度变化的规律不是很明显,或者说不是单调函数的关系,因此需要采用人工智能的建模方法。本节将利用机器学习方法来建立图像色度特征与金属表面温度之间的映射关系,并将训练后的模型用于测试集样本测温[3]。

8.2.1 机器学习应用方法与测温结果

1. 数据集构建与算法选择

应当明确,这里使用机器学习的目的是通过这种智能方法来拟合图像统计特征与图像对应的金属表面标定温度(标签)之间的函数关系,这种已知特征和标签、需要对其映射关系进行建模的问题属于监督学习范畴,而且由于温度标签值的相对连续性,该问题应当属于回归预测问题。

基于所采集的三种金属材料可见光图像集构建用于训练机器学习模型的特征-标签数据集。对每个图像样本,提取其 RGB-GLPDF,即为该图像样本的特征:从 RGB 三个基色通道的灰度矩阵中提取出的灰度概率分布直方图均为 256 维向量,将这三个向量合并,即得到 3×256＝768 维的 RGB-GLPDF 特征向量。以实验中所测得的标定温度作为每个图像样本对应的标签,与样本特征匹配,即得到了图像集对应的特征-标签数据集,如图 8.2.1 所示。

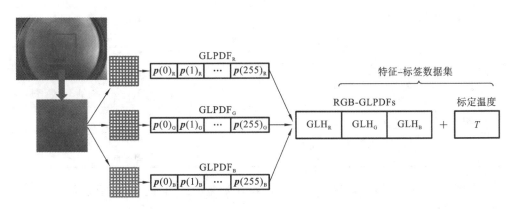

图 8.2.1 构建特征-标签数据集(RGB-GLPDF)

通过上述方法,分别构建了铜、铝合金、铁三种材料对应的特征-标签数据集。为了削弱奇异样本对机器学习模型的负面影响,还需要对每个数据集中的样本特征用式(8.1)进行归一化:

$$x^* = \frac{x - x_{\min}}{x_{\max} - x_{\min}} \tag{8.1}$$

式中:x 为一个样本的某一维度特征值;$x_{\min}$、$x_{\max}$ 分别为该数据集中所有样本在该维度上特征值的最小值和最大值;x^* 为归一化后的特征值。经过归一化的样本,其各个维度特征值分布范围均为[0,1]。之后便可以将归一化后的特征-标签数据集用于机器学习算法,训练金属表面测温模型。

8.1 节的分析结果表明,金属表面图像的 RGB-GLPDF 随温度的变化包含一些非单调、非线性的变化,这意味着图像 RGB-GLPDF 与温度标签之间的函数关系可能是非线性的,因此这里选择了 k-近邻(k-nearest neighbor,KNN)、回归树(regression tree,RT)、随机森林回归(random forest regression,RFR)和梯度提升回归树(gradient boosting regression tree，GBRT)这四种常用的机器学习算法，它们都具有较强的解决非线性问题的能力。

KNN是一种较为简单的机器学习算法，它的基本原理是将未知标签样本的特征与训练集中已知标签的样本点分别计算空间距离（如欧几里得距离），并根据距离其最近的 k（设定参数）个样本点的属性投票决定该未知样本的属性。RT是一种较为简单的树结构模型，由根节点、内部节点、叶节点组成，使用最大均方差划分节点，并用每个节点样本的均值作为测试样本的预测值。RFR和GBRT都是基于树结构的集成学习模型，它们的区别在于，RFR仅依靠各个弱学习器之间简单的模型平均（model averaging）来对样本标签做出综合判断，而GBRT对每个弱学习器赋予了一个权重（weight），通过迭代多棵树来实现共同决策。表8.2.1所示的是四种机器学习算法的比较。

表8.2.1 四种机器学习算法的比较

算法	优点	缺点	参数设置
KNN	精度高	懒惰算法，对于大数据集，在测试阶段较为耗时	权重="uniform" $N_{近邻}=2$
RT	计算速度快，占用内存少	精度较低	分割最小样本=4 最小样本数=1
RFR	精度高，弱学习器之间相互独立	对于噪声较多的数据容易过拟合	学习器数目=100 分割最小样本=8 最小样本数=1
GBRT	精度高，对奇异点稳定性强	较为耗时，弱学习器之间难以并行训练	学习器数目=100 分割最小样本=8 学习率=0.01

基于Python 3.6直接调用了scikit-learn函数包中的四种算法的相应程序，主要的超参数设置如表8.2.1所示。

2. 交叉验证方法及精度评价指标

每种算法在各个数据集上的实施分为训练过程和测试过程，即一个数据集需要按照一定比例被划分为训练集和测试集：在训练过程中，机器学习算法需要根据自身的学习规则，以训练集样本特征为输入，以已知的样本标签为输出目标，通过最小化训练集样本标签和模型针对每个训练样本的输出预测值之间的差异，来拟合样本特征和相应标签之间的映射关系；但是无论怎样，机器学习算法都无法做到完美的拟合，预测值和实际值之间总会存在误差，因此需要在测试过程中，把测试集中的样本当作未知样本，将样本特征输入训练后的机器学习模型，使其输出相应的预测结果，并将预测结果与测试样本的实际标签进行对比，通过它们之间的差异来反映训练后模型的性能。一次完整的机器学习实施流程示意图如图8.2.2所示。

由于机器学习模型的任务是输出金属板表面温度，而温度标签具有相对的连续性，因此这里将模型测试阶段对于测试集样本的温度预测值与样本标定温度之间的平均绝对误差（mean absolute error，MAE）：

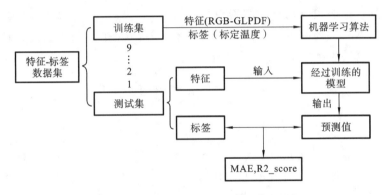

图 8.2.2　机器学习实施流程示意图

$$\mathrm{MAE} = \frac{1}{m} \sum_{i=1}^{m} | y_{\mathrm{pred}}^{i} - y_{\mathrm{label}}^{i} | \tag{8.2}$$

以及 R2 得分(R2-score):

$$\mathrm{R2\text{-}score} = 1 - \frac{\sum_{i=1}^{m}(y_{\mathrm{pred}}^{i} - y_{\mathrm{label}}^{i})^2}{\sum_{i=1}^{m}(\overline{y_{\mathrm{label}}^{i}} - y_{\mathrm{label}}^{i})^2} \tag{8.3}$$

作为模型的精度评价指标。式中:m 为测试集中样本数目;y_{pred}^{i},y_{label}^{i} 分别表示训练后的模型对测试集中第 i 个样本的温度预测值和该样本所对应的温度标定值。MAE 越接近于 0,R2-score 越接近于 1,说明模型对于测试集样本的温度输出值与温度标定值越接近,模型性能越好。可以看到,MAE 和 R2-score 是模型在诸多样本上的测试过程中产生的,因此是评价模型平均性能的指标。它们反映的是模型输出值与温度标定值之间的误差,而非与金属表面真实温度之间的误差(因为温度标定值与真实温度之间必然存在着误差,这是温度计本身决定的),这也是本书所提出的测温方法与传统温度测量方法之间的一个重要区别。

在实际操作时,采用了十折交叉验证(10-fold cross-validation)方法,即将一个数据集随机平均分成 10 组(每组 150 个样本),每次取其中 9 组(1350 个样本)作为训练集,另外一组(150 个样本)作为测试集,分别执行训练和测试任务,十折交叉验证示意图如图 8.2.3 所示。这是 N 折交叉验证在实际中的常用选择,因为如果 N 太小会导致训练集中样本数目不足,模型训练不充分,而 N 太大则会导致太多次的训练-测试过程,耗时增加。通过十折交叉验证,可以在每个数据集上实施 10 次独立的训练-测试过程,以

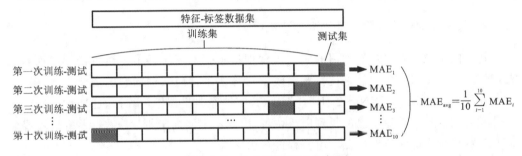

图 8.2.3　十折交叉验证示意图

充分利用数据。10次交叉验证意味着每次对训练后的模型进行评估时都会在测试集上产生一个MAE,因此取10次测试的MAE和R2-score的均值MAE_{avg}和$\text{R2-score}_{\text{avg}}$作为最终相应算法模型的整体评估指标：

$$\text{MAE}_{\text{avg}} = \frac{1}{10}\sum_{i=1}^{10}\text{MAE}_i \tag{8.4}$$

$$\text{R2-score}_{\text{avg}} = \frac{1}{10}\sum_{i=1}^{10}\text{R2-score}_i \tag{8.5}$$

式中：MAE_i和R2-score_i表示第i次交叉验证中产生的测试MAE和R2-score。根据以上定义可知,由于y_{pred}^i、y_{label}^i的单位是摄氏度(℃),因此平均绝对误差MAE以及其均值MAE_{avg}的单位也应为摄氏度(℃);R2-score无量纲。在实验中采集图像时,在每个温度级下采集了相同数目的图像,即图像样本在26.0~100.0 ℃范围内的各个温度级下是均匀分布的,这样的设定保证了通过随机平均划分数据集的方式获得的训练集和测试集中,各个温度级下的样本也是均匀分布的,这样一来,经过训练的机器学习模型拥有检索26.0~100.0 ℃所有温度级的能力。从图8.1.6~图8.1.8可以看出,不同类型金属材料图像的RGB-GLPDF随温度变化而变化的方式不同,因此需要对不同类型金属材料数据集分别训练相应的测温模型。

3. 模型测试结果

通过上述方法,将机器学习算法应用于三种金属材料图像的温升数据集,训练相应的金属表面测温模型,并评估了其在模型测试结果(10次交叉验证结果均值MAE_{avg}和$\text{R2-score}_{\text{avg}}$),基于RGB-GLPDF的测温结果$\text{MAE}_{\text{avg}}$和$\text{R2-score}_{\text{avg}}$如表8.2.2所示。

表8.2.2 基于RGB-GLPDF的测温结果MAE_{avg}和$\text{R2-score}_{\text{avg}}$

材料	MAE_{avg}/(℃)				$\text{R2-score}_{\text{avg}}$			
	KNN	RT	RFR	GBRT	KNN	RT	RFR	GBRT
铜	1.6	2.9	2.3	2.1	0.945	0.906	0.926	0.933
铝合金	1.7	2.4	2.0	2.0	0.940	0.907	0.930	0.938
铁	1.6	2.6	2.1	2.1	0.943	0.910	0.932	0.924

图8.2.4~图8.2.6分别展示了铜、铝合金、铁材料表面测温结果,即训练后的机器学习模型用于测试集样本测温的结果,图中横轴表示测试集中样本编号,纵轴表示温度,曲线为样本的标定温度,散点为模型输出的温度预测值。

8.2.2 基于深层语义色度特征的测温方法优化

特征的选取无疑是机器学习的实施步骤中最重要的一个环节。对机器学习而言,获取好的特征带来的收益往往比特意修改学习算法来适应某一问题的需要更快捷、直接。在前面使用到了KNN、RT、RFR、GBRT四种经典机器学习算法,这四种,算法的性能在人们的长期使用中已经得到广泛认可,因此本书倾向于不去修改这些算法本身,而是从特征选取的角度对机器学习流程进行优化。

根据8.1节中的分析以及所得结果,图像的RGB-GLPDF能够反映金属表面的温

8 电气设备可见光图像人工智能温升监控方法

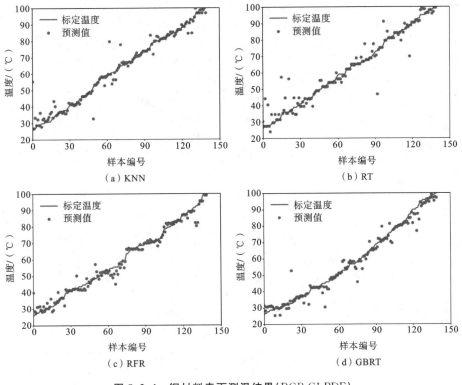

图 8.2.4 铜材料表面测温结果(RGB-GLPDF)

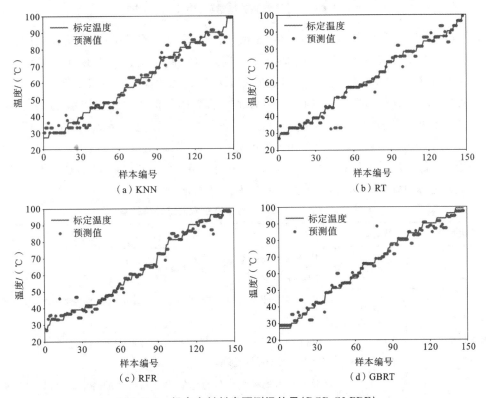

图 8.2.5 铝合金材料表面测温结果(RGB-GLPDF)

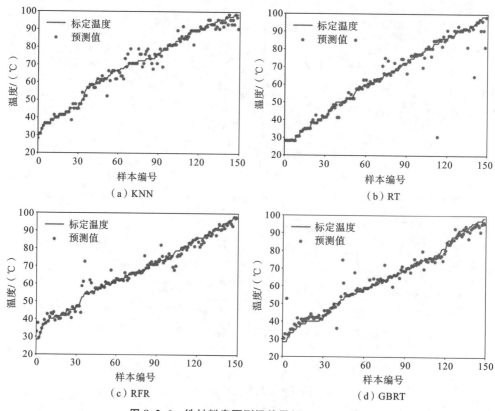

图 8.2.6　铁材料表面测温结果(RGB-GLPDF)

度,并且经过训练的机器学习模型能够判断金属表面温度。在此基础上,尝试从图像中提取出一些更为精炼的特征,这些特征需要满足:① 低维度;② 能够有效涵盖图像RGB灰度分布的主要特性;③ 易于计算且数据维度不随图像尺寸大小变化。

从图 8.2.4～图 8.2.6 可以看出,尽管金属表面图像的 RGB-GLPDF 随温度的变化发生了上下或左右的移动,但始终近似于正态分布。基于这一特点,从图像的 RGB-GLPDF 中选取了 9 项与正态分布相关的统计指标,分别是均值、方差、中位数、峰度、偏度、峰值、峰值对应的灰度级、下 α 分位点、上 α 分位点。表 8.2.3 所示的是深层语义色度特征所包含的统计特征项,并解释了它们对应的数学意义。

表 8.2.3　深层语义色度特征所包含的统计特征项

原始数据	索引	统计特征	说明
灰度概率密度分布函数	f_1	均值	反映灰度级的平均水平,在一定程度上反映了灰度概率分布曲线的形状和位置
	f_2	方差	反映灰度级的离散程度,与灰度概率分布曲线的主体分布范围有关
	f_3	中位数	相比均值而言,中位数可以更好地反映灰度的一般水平,而不受最大值和最小值的影响
	f_4	峰度	反映均值处概率分布的峰值锐度和高度的特征数,可以描述频率分布的陡度。正态分布的峰度为 3,通过计算随机变量的峰度并与 3 比较,可以检验随机变量相对于正态分布的偏离程度

续表

原始数据	索引	统计特征	说明
灰度概率密度分布函数	f_5	偏度	反映数据分布不对称性的特征数。当随机变量不是完全对称的严格正态分布时,可以通过计算偏度来检验分布的倾斜方向和程度。从图 8.1.6～图 8.1.8 可以看出,概率分布曲线在峰值处不是完全对称的,而是有所偏向
	f_6	峰值	灰度概率分布曲线的最大值
	f_7	峰值对应的灰度级	代表灰度级的众数
	f_8	下 α 分位点	假设随机变量 X 的概率密度分布函数为 $F(x)$,$p(0<p<1)$ 为实数,如果 x_p 能够使得: $$P\{X \leqslant x_p\} = F(x_p) = p$$ 则称 x_p 为该分布的下 α 分位点
	f_9	上 α 分位点	假设随机变量 X 的概率密度分布函数为 $F(x)$,$p(0<p<1)$ 为实数,如果 x_p 能够使得: $$P\{X \geqslant x_p\} = F(x_p) = p$$ 则称 x_p 为该分布的上 α 分位点。上 α 分位点和下 α 分位点可以界定图像灰度级的主体分布区间。这里取 $α=0.3$

这 9 项统计特征需要从 RGB 三个基色通道的 RGB-GLPDF 中分别提取,即每个通道对应 9 项特征,三个通道共 $3 \times 9 = 27$ 项特征,这 27 项特征被合并为一个特征向量,用于表征图像样本的对应温度,称为深层语义色度特征(deep semantic chromatic features, DSCF)。可以看到,此时对于同一个样本,当使用 27 维的 DSCF 时,其数据量相比使用 768 维的 RGB-GLPDF 是大幅缩减了,这对实现数据的轻量化计算有着极大的提升作用。对三种金属材料图像集中每个图像样本分别提取其 DSCF,然后按照图 8.2.7 所示方法构建了三种金属材料对应的特征-标签数据集,并同样使用 KNN、RT、RFR、GBRT 四种算法在这些数据集上训练出相应的测温模型。仍然沿用十折交叉验证方法,以 10 次训练-测试过程中的 MAE_{avg} 和 R2-score$_{avg}$ 作为经过训练的机器学习模型的评估指标。

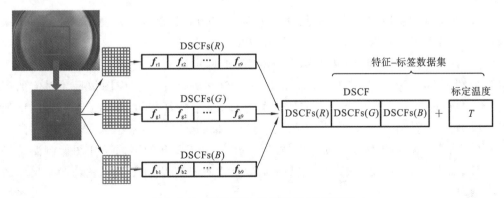

图 8.2.7　构建特征-标签数据集(DSCF)

表 8.2.4 展示了基于 DSCF 特征数据集用于三种金属材料表面测温结果的 MAE_{avg} 和 $R2\text{-}score_{avg}$。图 8.2.8～图 8.2.10 展示了四种机器学习算法用于三种金属材料表面测温的结果。

表 8.2.4 基于 DSCF 的测温结果 MAE_{avg} 和 $R2\text{-}score_{avg}$

材料	$MAE_{avg}/(℃)$				$R2\text{-}score_{avg}$			
	KNN	RT	RFR	GBRT	KNN	RT	RFR	GBRT
铜	0.9	2.1	1.4	1.3	0.985	0.952	0.966	0.969
铝合金	1.0	2.2	1.7	1.5	0.980	0.957	0.970	0.968
铁	0.9	1.8	1.4	1.4	0.983	0.950	0.972	0.974

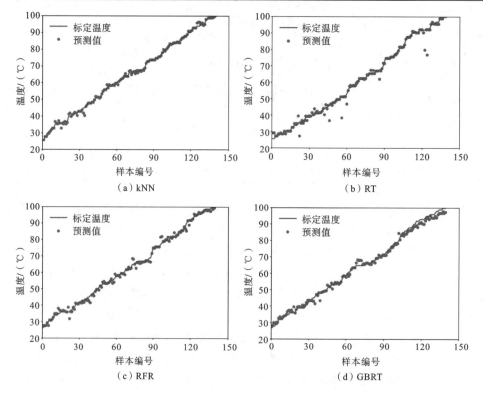

图 8.2.8 铜材料表面测温结果(DSCF)

以上是基于从原图中裁取的尺寸为 1000×1000 的图像得到的测温结果。接下来将讨论所裁剪图像的像素数目对温度预测精度的影响。

以铜材料图像集为例,从 1000×1000 的图像中进一步裁剪出更少像素数的图像,分别为 50×50,100×100,200×200,…,900×900,组成相应图像尺寸对应的图像集,并在这些图像集上进行先前所述的操作,包括特征提取、特征归一化、模型训练、模型测试等,并记录了机器学习算法测温结果的 MAE_{avg},基于 RGB-GLPDF 的不同尺寸图像测温结果 MAE_{avg} 如表 8.2.5 所示,基于 DSCF 的不同尺寸图像测温结果 MAE_{avg} 如表 8.2.6 所示。图 8.2.11 展示了上述测温结果 MAE_{avg} 随图像像素尺寸的变化趋势。

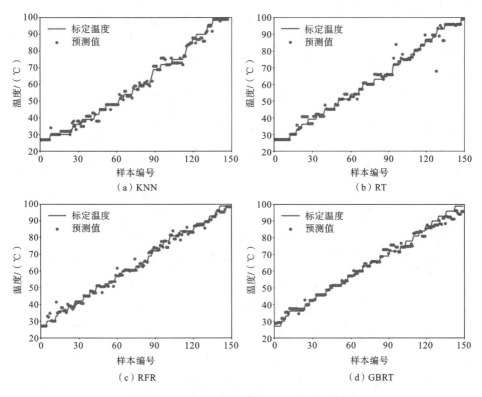

图 8.2.9 铝合金材料表面测温结果(DSCF)

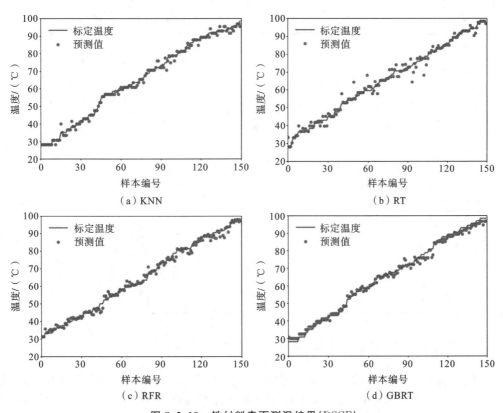

图 8.2.10 铁材料表面测温结果(DSCF)

表 8.2.5　基于 RGB-GLPDF 的不同尺寸图像测温结果 MAE_{avg}

图像尺寸	MAE_{avg}/(℃)			
	KNN	RT	RFR	GBRT
50×50	20.3	23.3	19.9	20.3
100×100	16.8	20.7	16.3	17.0
200×200	13.9	17.6	13.6	14.0
300×300	11.9	14.0	11.6	11.9
400×400	9.8	12.1	9.8	9.2
500×500	7.7	9.4	8.2	8.6
600×600	6.0	7.4	6.6	7.0
700×700	4.2	6.1	5.6	5.9
800×800	3.2	5.0	4.3	4.3
900×900	2.1	3.6	3.3	3.6
1000×1000	1.6	2.9	2.3	2.1

表 8.2.6　基于 DSCF 的不同尺寸图像测温结果 MAE_{avg}

图像尺寸	MAE_{avg}/(℃)			
	KNN	RT	RFR	GBRT
50×50	19.3	22.5	20.0	20.6
100×100	16.7	19.4	17.8	17.3
200×200	13.4	16.9	14.2	14.5
300×300	10.3	12.9	11.4	11.8
400×400	8.6	9.8	8.9	8.8
500×500	6.6	7.1	6.9	7.0
600×600	4.3	6.0	5.6	5.8
700×700	3.3	5.0	4.5	4.6
800×800	2.2	3.9	3.0	3.2
900×900	1.2	3.0	2.0	2.1
1000×1000	0.9	2.1	1.4	1.3

8.2.3　基于 ResNet 的测温基准模型

除了以上四种经典机器学习算法以外,作为对比,还尝试使用了卷积神经网络(convolution neural network,CNN)训练了测温基准模型。CNN 是一种常用于处理图片等具有矩阵形式数据的神经网络,相比较传统的全连接神经网络而言,CNN 具有参

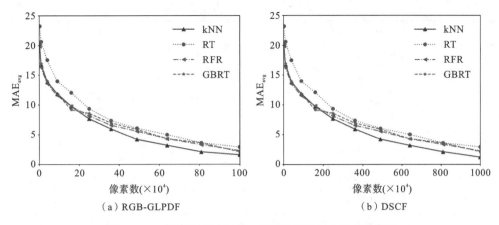

图 8.2.11 测温结果 MAE_{avg} 随图像像素尺寸的变化趋势

数共享、局部连接的优点,在参数数量方面相比全连接神经网络有了大幅缩减。当使用 CNN 来处理图片数据时,便不再需要人工地从图像中预先提取出统计特征,而是可以直接将图片作为网络的输入,网络在训练过程中能够利用卷积核自动完成特征提取,并通过梯度下降法在多轮迭代中逐步更新网络参数(卷积核权重),以此来使网络的输出逐渐逼近样本标签。

在此选择了残差网络 ResNet(residual network)来完成这一目的。ResNet 最早由微软研究院何凯明博士等四位华人学者提出[4]。该网络结构的提出是 CNN 发展历史上的里程碑事件,何凯明等也因此获得了 CVPR 2016 最佳论文奖。ResNet 网络参考了 VGG19 网络,在其基础上进行了修改,并通过短路机制加入了残差单元,形成残差学习。与以往 CNN 相比,ResNet 的优势在于其能够在保证网络深度的情况下,大大缩减了网络参数,残差学习的引入解决了深度网络容易出现的退化问题(degradation problem),因此,ResNet 在被提出之后,受到了人们的广泛关注。目前,常用的 ResNet 网络根据深度的不同被分为 ResNet18、ResNet34、ResNet50、ResNet101、ResNet152 等,我们从实用性、经济性的角度出发,选择了 ResNet18 和 ResNet50 网络架构进行模型训练。该模型将作为基准模型(baseline model)与先前所提出的利用图像色度特征的方法进行比较。

ResNet 最初的提出是针对图像的分类问题,在此为了适应本书对图像对应温度进行回归预测的问题需要,对网络的输出层进行了微调,删掉了用于分类问题的 softmax 层,最后一个全连接层与只有一个神经元的单层感知机相连,感知机直接输出温度结果。使用回归问题中常用的均方误差(mean square error,MSE)损失函数代替用于分类问题的交叉熵损失(cross-entropy loss,CEL)以适应问题的需要。该网络基于 Pytorch 1.7.1 实现,ResNet 网络超参数设置如表 8.2.7 所示。在训练过程中,网络将每个样本作为输入,并输出温度结果,计算其输出值与温度标签之间的差值,对每个网络参数求偏导,来实现误差的反向传播,在此迭代过程中对网络参数进行更新调整,以减少损失,提高测温精度。ResNet 测温结果 MAE_{avg} 如表 8.2.8 所示,表中列举了经过训练的 ResNet18 和 ResNet50 网络温度预测结果的 MAE_{avg} 和 R2-score$_{avg}$。图 8.2.12、图 8.2.13 分别展示了三种金属材料的 ResNet18 和 ResNet50 测温结果。

表 8.2.7 ResNet 网络超参数设置

超 参 数	设 定 值
转换尺寸	200×200
轮数	100
批量大小	32
优化器	Adam
初始学习率	0.001
卷积核大小	7×7
学习率衰减率	0.1
学习率衰减步长	40
提前终止耐心值	20

表 8.2.8 ResNet 测温结果 MAE_{avg}

网络模型	评价指标	铜	铝合金	铁
ResNet18	MAE_{avg}/(℃)	3.0	3.2	2.9
	R2-score$_{avg}$	0.892	0.881	0.901
ResNet50	MAE_{avg}/(℃)	3.9	4.1	3.6
	R2-score$_{avg}$	0.875	0.860	0.898

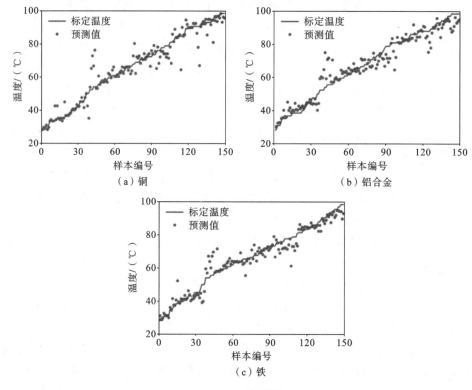

图 8.2.12 ResNet18 测温结果

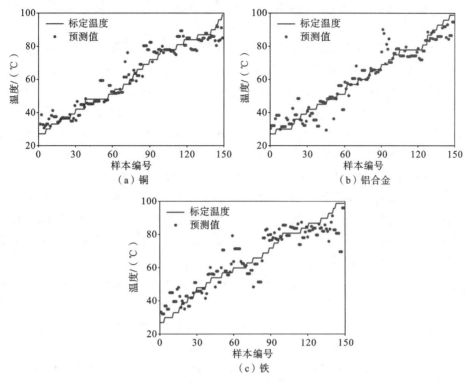

图 8.2.13　ResNet50 测温结果

除了从精度方面评价不同特征、不同机器学习模型的性能之外，还从运算效率方面比较了基于 RGB-GLPDF 特征训练模型、基于 DSCF 特征训练模型，以及基于图像本身训练 ResNet 网络的计算耗时，如表 8.2.9 所示。了解不同特征、不同模型的运算效率对工程应用有着重要的参考意义，特别是当数据量随着采集样本数不断增加时，运算时间更短的方法有助于提升模型更新的效率。

表 8.2.9　基于不同特征、不同模型的运算时间比较

原始数据	运算时间/s					
	KNN	RT	RFR	GBRT	ResNet18	ResNet50
RGB-GLPDF	53.8	5.6	192.2	438.1	—	—
DSCF	1.7	0.2	25.4	37.9	—	—
图像	—	—	—	—	2.1×10^4	3.6×10^4

8.2.4　结果分析

表 8.2.2、表 8.2.4、表 8.2.8 所示的结果表明，利用可见光图像和机器学习方法可以对常温、日光下的铜、铝合金、铁三种金属表面进行测温。分别横向比较表 8.2.2、表 8.2.4 所示的结果，可以看出 KNN 算法模型的结果 MAE_{avg} 最小、$R2\text{-}score_{avg}$ 最大，分别达到了 0.9~1.7 ℃、0.980~0.985，测温精度最高。

KNN 算法是一种基于样本特征的空间距离（如欧几里得距离）来对样本属性进行

判别的方法。它的基本假设是,当样本之间的空间距离越小,它们更有可能属于相同或相似的标签。因此,KNN 可以通过计算未知样本与已知标签样本在其特征上的空间距离,并通过距离未知样本最近的 k 个已知样本之间少数服从多数的投票决策方式来判断未知样本的标签。基于这种原理,KNN 算法不需要通过建立某种显式或隐式的函数来建立特征-标签映射关系。或者可以说,KNN 所建立的特征-标签函数就是训练数据本身,这一特性有利于 KNN 模型保留更详细的温度信息。因此,KNN 达到了较高的精度。对于其他三种算法,特征在建立特征-标签映射关系的过程中,会或多或少地丢失或忽略一些能够反映温度信息的有效细节,故而它们的精度略低于 KNN 的。算法 RT 虽然消耗最少的计算时间,但由于模型复杂度较低,准确率最低。因此,在数据体量很大,且对计算速度要求较高、对精度无较高要求时,可以选择使用 RT 算法。RFR 和 GBRT 达到的精度相当,但是 GBRT 所消耗的运算时间比 RFR 的更长,因为其在训练过程中需要持续更新各个弱学习器的决策权重,而 RFR 仅靠弱学习器之间的模型平均也可以达到与之相当的精度。

表 8.2.8 所示的结果表明,基于 ResNet18、ResNet50 网络结构训练得到的基准模型用于测温的平均绝对误差最小只能达到 2.9 ℃,远高于表 8.2.5 和表 8.2.6 所示的结果。并且由于 CNN 的参数众多,从表 8.2.9 可以看出,基准模型的训练和测试过程的运算耗时远大于使用 RGB-GLPDF 和 DSCF 特征实施测温的方法。这表明,所提出的利用可见光图像的 RGB 色度统计特征和经典学习算法进行金属表面测温的方法与使用 CNN 相比具有更好的性能。

比较表 8.2.2、表 8.2.4 可以看出,对于相同算法,利用图像 DSCF 特征实施测温,与使用 RGB-GLPDF 相比,具有更小的 MAE_{avg} 和更高的 $R2\text{-}score_{avg}$,MAE_{avg} 最低可达 $0.9\sim1.0$ ℃,$R2\text{-}score_{avg}$ 最高可达 0.985,基于 DSCF 的测温结果如表 8.2.10 所示,表中计算了两者相比,MAE_{avg} 降低、$R2\text{-}score_{avg}$ 提高的百分比,可以看到,DSCF 特征的使用使得 MAE_{avg} 最多降低了 43.8%,$R2\text{-}score_{avg}$ 最多提升了 5.5%,大幅度提升了测温精度。同时,比较图 8.2.4~图 8.2.6 和图 8.2.8~图 8.2.10,以及图 8.2.12、图 8.2.13,也可以看出,基于 DSCF 的温度输出结果的散点分布相较于基于 RGB-GLPDF 和 ResNet 的结果而言,更接近于温度标定值。这进一步表明,相较于高维基础特征 RGB-GLPDF,本书所提出的 DSCF 能够以更简洁的形式有效地反映与温度有关的关键信息,滤除无用信息和噪声,提高测温精度。

表 8.2.10 基于 DSCF 的测温结果

材料	MAE_{avg} 降低百分比				$R2\text{-}score_{avg}$ 提高百分比			
	KNN	RT	RFR	GBRT	KNN	RT	RFR	GBRT
铜	43.8%	27.6%	39.1%	38.1%	4.2%	5.1%	4.3%	3.9%
铝合金	41.1%	8.3%	15.0%	25.0%	4.3%	5.5%	4.3%	3.2%
铁	43.8%	30.8%	33.3%	33.3%	4.2%	4.4%	4.3%	5.4%

此外,低维度的 DSCF 特征能够节省运算时间。从表 8.2.9 可以看出,无论是与 ResNet 相比还是与基于 RGB-GLPDF 的模型相比,使用 DSCF 的运算时间都大大降低了。在数据存储方面,DSCF 相较于 RGB-GLPDF 也有着巨大优势。对于相同的 1500

个样本,RGB-GLPDF 特征数据占用的硬盘空间为 9001 KB,而 DSCF 特征数据仅占用了 317 KB,比前者节省约 97 % 的存储空间。总之,可见光图像 DSCF 特征的应用,在提高测温精度的同时,大大节省了运算时间和数据存储空间,对使用可见光图像和机器学习进行金属表面测温的方法有着极大的优化提升作用。

由表 8.2.5 和表 8.2.6 所示的数据表明,像素数目(图像尺寸)对测温精度有着显著影响。从图 8.2.11 所示的曲线可以看出,当像素数目增加时,MAE_{avg} 近似呈指数下降的趋势。当像素数目较少时,增加像素数目可以显著提高测温精度,当像素数目达到一定水平后,继续增加像素数目对精度提升效果不再明显,误差趋于稳定。

至于测温过程中的误差来源,可能有以下方面。首先,误差可能来自机器学习模型本身。机器学习模型本质上是使用特定算法来拟合特征和标签之间的函数关系的统计规律模型。但统计规律本身是一个不确定关系,输出结果难免与真实值之间存在偏差。其次,在相机成像系统中,一些随机噪声可能会导致误差。虽然现代相机的抗噪声能力已经大大提升,但成像系统内部仍然存在一些无法完全消除的噪声。图像灰度中含有的随机噪声会对测温过程产生干扰,造成误差。此外,如前所述,像素数也会影响测温精度。因此,需要保证待测物体在图像中具有充足的像素区域。

8.3 基于图像差分色度特征的金属表面温差监测方法

考虑到电气设备的工作环境往往出现光照变化,本节在温度监测方法的基础上,通过设计光照条件变化的温差实验,提出了一种利用双图像的差分色度特征来监测两个不同温度金属表面(以铜材料为例)之间温差的方法[5]。与温度监测方法相比,本章所提出的温差监测方法能够显著削弱光照变化对该测温方法鲁棒性的影响,在相同条件下达到更高的精度。

这种方法适用于工程中对于三相电气设备不同相的相同金属部件之间温差监测的情景。一般来说,当电气设备的三相均正常时,由于三相运行的对称性,它们的相同金属部件之间应当温度接近,而一旦两相之间存在了显著温差,那么温度较高的一相有较大概率存在着缺陷。因此,可以通过监测相与相之间的温差来诊断设备的异常温升,这往往也是巡检人员更为关注的,而对绝对温度的测量要求不高。接下来,首先介绍实验方法,之后介绍如何实施温差监测,给出在相同实验条件下温差与温度的监测结果对比。

8.3.1 温差实验与图像数据采集方法

1. 温差实验方法

本节所采用的实验方法与 8.1 节的相比具有较大不同。首先,在光源设置方面,前面的分析中总结出,光照条件的变化是影响测温鲁棒性关键因素,包括光源和环境光所提供的光谱辐照度以及入射角,因此这里使用了亮度可调的 ANT-TG6-12 LED 白光光源(12 W),在实验中模拟真实环境中往往会发生的光照变化。它具有 1,2,3,4 四个照明等级,等级越高,亮度越高。同时,它的位置也是可调的,用于模拟不同的入射角。其次,拍摄距离由之前的 0.8 m 增加至 8 m,这是由于考虑到在真实工况下的电气设备

图 8.3.1　温差实验装置图

金属导体部件通常架设在较高位置,而且对于高压带电导体来说通常需要保持一定的绝缘安全距离。拍摄设备选用了搭载于三台智能移动终端设备的相机,包括 OPPO FindX2、Mi10 pro、Huawei P30。这一方面是考虑到它们的相机性能更接近于易于获取的一般水平数码相机,可能略低于专业相机;另一方面,这将为在未来的工作中开发一套集成拍照、图像处理、温度监测功能的应用软件奠定基础。此外,本章实验与先前实验最重要的一点不同还在于,在实验中使用了两块相同的铜板,因为图像中必须要有两个具有不同温度的区域来反映温差。温差实验装置图如图 8.3.1 所示。

实验步骤如下:

(1) 准备两块相同的铜板 A 和 B,按照图 8.3.2 所示的温差实验示意图进行固定。铜板 B 安装在调温箱窗口,使用调温箱对其进行加热;铜板 A 置于调温箱上方,其朝向与铜板 B 的相同,且两者位于同一平面上,铜板 A 的温度保持在室温(20.0 ℃)不变。

(2) 将三台拍摄设备架于调温箱正前方,与调温箱窗口之间的水平距离为 8.0 m,相机主轴线垂直于金属板所在平面,拍摄模式为自动。拍摄时,铜板 A 和 B 须同时包含在相机视野范围内。由于拍摄距离较远,且两板具有相同的朝向,因此相机相对于铜板 A 和 B 的观察角可以被近似认为是相同的。亮度可调的光源同样也被置于调温箱前方,与调温箱窗口之间的水平距离为 5.0 m。光源的垂直位置是可调节的,以模拟入射角的变化,如图 8.3.2 所示,位置 1 到位置 3 分别对应的入射角为 15°、30°、45°。由于照明距离较远,因此光源相对于铜板 A 和 B 的入射角可以近似认为是相同的。

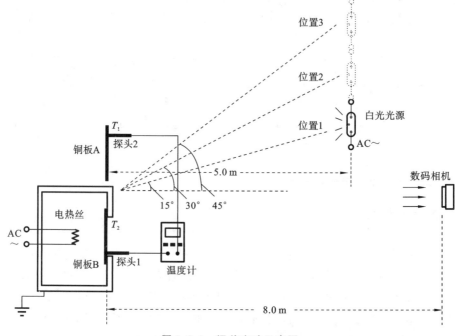

图 8.3.2　温差实验示意图

(3) 铜板 A 和 B 的初始温度均为室温 $T_1=20.0\ ℃$。将光源置于位置1,照明等级设为1。按照第2章实验中所述的方法,使用表面温度计对铜板 A 和 B 的温度进行标定。

(4) 调节调温箱控制面板,对铜板 B 进行加热。每当铜板 B 的温度稳定后,使用表面温度计在其表面随机选取 10 个位置进行测温,以确保其表面温度是均匀分布的,并使用 10 次测量的平均值作为此时铜板 B 的表面温度标定值。铜板 B 的温度(标定值)每升高 $1.0\ ℃$ 时,使用三台数码相机拍摄相同数目 $N(N=20)$ 的一组照片。直到铜板 B 的温度升至 $100.0\ ℃$,停止加热,关闭调温箱并使其静置冷却至室温。

(5) 将光源的照明等级分别调至 2、3、4,并重复步骤(4)。

(6) 将光源的位置分别置于 2、3,并重复步骤(4)、(5)。

通过以上步骤,收集了分别由三台数码相机所拍摄得到的三个铜材料温差图像集。每个图像集包含相应设备所拍摄的三种入射角度、四种照明等级下铜板 $A(T_1=20.0\ ℃)$ 和 $B(T_2=20.0\sim 100.0\ ℃)$ 的温差图像。由于温度步长设为 $1.0\ ℃$,因此 T_2 在 $20.0\sim 100.0\ ℃$ 范围内共有 81 个温度级,则每个图像集共有 $81\times 20\times 4\times 3=19440$ 幅图像。图 8.3.3(见附录 A)展示了在不同照明等级下所拍摄的部分图像,光源位于位置 2;图 8.3.4(见附录 A)展示了在不同光源位置所拍摄的部分图像,光照等级为 4。

2. 数据集构建

实验所采集的原始图像无法直接使用,需要从中裁剪出具有温度或温差变化的有效区域,并提取图像的统计特征,构建相应的数据集。我们进行了以下尝试:对于每个图像集,构建了其对应的两个数据集Ⅰ和Ⅱ,分别用于训练铜板 B 的温度 T_2 监测模型和 A、B 板之间的温差 (T_2-T_1) 监测模型。

1) 数据集Ⅰ

按照 8.2 节所述方法,对每个图像集中每个样本,分别从中裁剪出铜板 B 对应的区域,对该区域提取其对应的深层语义色度特征 DSCF,不同算法、不同设备图像集温度 T_2 监测结果 MAE_{avg} 和 $R2\text{-}score_{avg}$ 如表 8.2.2 所示,每个样本以其在实验中所测得铜板 B 对应的标定温度 T_2 作为标签,所有样本的特征和标签组成了三个图像集所对应的特征-标签数据集,构建用于监测铜板 B 温度 T_2 的数据集Ⅰ,如图 8.3.5 所示。

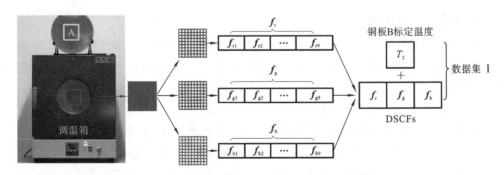

图 8.3.5 构建用于监测铜板 B 温度 T_2 的数据集Ⅰ

2) 数据集Ⅱ

在前一方法中,只有铜板 B 对应的图像区域特征得到了使用。这里所要监测的目标是铜板 A 和 B 之间的温差,因此需要一种样本特征能够同时计及铜板 A 和 B 分别对应的图像区域的特征。

采用的方法是,从原始图像中分别裁剪出铜板 A 和 B 对应的图像区域,从两者中分别提取其对应的 27 维深层语义色度特征 DSCF,分别表征铜板 A 的温度 T_1 和铜板 B 的温度 T_2,然后将 B 板与 A 板对应的 DSCF 特征向量作逐元素减法,把相减后的特征向量称为差分色度特征(differential chromatic features,DCF),该特征向量将用于表征温差(T_2-T_1)。从每个图像样本中分别提取了其 DCF 特征向量,并以在实验中所测得的该图像样本对应的铜板 B 和 A 之间的标定温度之差(T_2-T_1)作为该样本对应的标签,构建用于监测温差(T_2-T_1)的数据集Ⅱ,如图 8.3.6 所示。不同算法、不同设备图像集温差(T_2-T_1)监测结果 MAE_{avg} 和 $R_2\text{-score}_{avg}$ 如表 8.3.3 所示。对于三台设备所采集的图像集,从中分别构建了数据集Ⅰ和Ⅱ,即总共有 6 个数据集,这为后续机器学习方法的实施提供了数据基础。

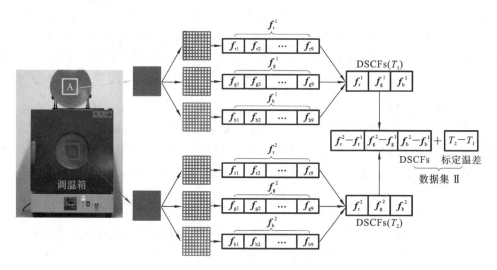

图 8.3.6 构建用于监测温差(T_2-T_1)的数据集Ⅱ

8.3.2 机器学习应用与结果

1. 机器学习实施方法

通过前面所述方法,使用三种移动终端设备采集了铜板在不同光照条件下的温差图像集,对每个图像集分别构建了用于 B 板温度监测的数据集Ⅰ,以及用于 B 板和 A 板温差监测的数据集Ⅱ。接下来将机器学习方法应用于这些数据集,以及训练温度、温差监测模型,并比较结果。

利用式(8.1)将数据集中样本特征进行归一化处理;然后将数据集随机划分为十等份,以进行十折交叉验证,每次取其中 9 组作为训练集,使用机器学习算法进行模型训练,在模型训练完成后,将模型应用于测试集样本,将输出结果与测试样本实际标签进行对比,按照式(8.2)、(8.3)分别计算 MAE 和 R2-score;十折交叉验证保证了在每个数据集上可以进行 10 次独立的训练-测试过程;在十折交叉验证完成后,按照式(8.4)、式(8.5)计算 10 次平均绝对误差的均值 MAE_{avg} 和 $R_2\text{-score}_{avg}$,作为评价温度或温差监测模型平均性能的指标。

仍然使用了 KNN、RT、RFR、GBRT 四种机器学习算法,它们的优缺点已在表 8.2.1 进行了比较,但由于本章中实验采集的样本数目远远大于先前实验,因此在进行了多次尝试后,对算法模型的超参数进行了相应的调整,如表 8.3.1 所示。

2. 应用结果

表 8.3.2 与表 8.3.3 分别展示了四种算法用于三种设备所拍摄得到的图像集的温度和温差监测结果的 MAE_{avg} 和 $R2\text{-}score_{avg}$。基于 OPPO FindX2 所拍摄得到的图像集训练得到的机器学习模型,铜板 B 温度 T_2 监测结果如图 8.3.7 所示,铜板 B 与铜板 A 温差 (T_2-T_1) 监测结果如图 8.3.8 所示。

表 8.3.1 机器学习模型超参数设置

算法	参数设置
KNN	权重="uniform",$N_{近邻}=2$
RT	分割最小样本=32,最小样本数=1
RFR	学习器数目=200,分割最小样本=16,最小样本数=1
GBRT	学习器数目=300,分割最小样本=10,学习率=0.01

表 8.3.2 不同算法、不同设备图像集温度 T_2 监测结果 MAE_{avg} 和 $R2\text{-}score_{avg}$

拍摄设备	MAE_{avg}/(℃)				$R2\text{-}score_{avg}$			
	KNN	RT	RFR	GBRT	KNN	RT	RFR	GBRT
OPPO FindX2	2.7	4.0	2.9	3.0	0.925	0.897	0.911	0.907
Mi10 Pro	2.7	4.2	2.8	3.0	0.926	0.886	0.912	0.908
Huawei P30	2.8	3.9	3.0	3.1	0.922	0.902	0.908	0.905

表 8.3.3 不同算法、不同设备图像集温差 (T_2-T_1) 监测结果 MAE_{avg} 和 $R2\text{-}score_{avg}$

拍摄设备	MAE_{avg}/(℃)				$R2\text{-}score_{avg}$			
	KNN	RT	RFR	GBRT	KNN	RT	RFR	GBRT
OPPO FindX2	1.7	2.8	1.7	2.0	0.947	0.906	0.922	0.918
Mi10 Pro	1.8	2.5	1.8	2.1	0.945	0.902	0.921	0.917
Huawei P30	1.6	2.6	1.9	1.9	0.946	0.907	0.924	0.920

8.3.3 结果分析

首先讨论针对铜板 B 的绝对温度 T_2 的监测结果。将表 8.3.2 与表 8.3.3 所示的结果进行对比,可以发现,表 8.3.2 中温度监测结果的误差明显增大了,平均绝对误差在 2.7~4.2 ℃ 范围内,这是由于在本章实验中设置了更为泛化的条件,包括更远的拍摄距离、性能稍低的拍照设备、变化的光照条件等。虽然此时误差较大,但这些结果也

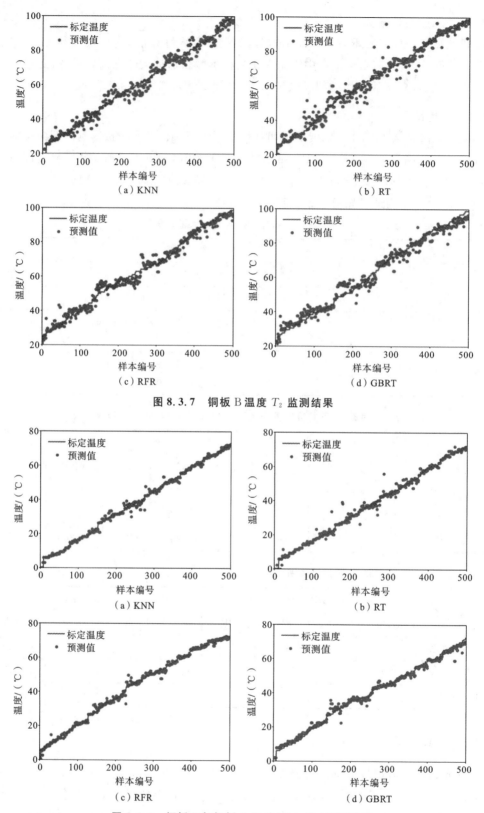

图 8.3.7　铜板 B 温度 T_2 监测结果

图 8.3.8　铜板 B 与铜板 A 温差（$T_2 - T_1$）监测结果

从另一方面说明所提出的方法在对精度要求不高的情况下能够适用于一般条件。

然后比较了本章实验中对铜板 B 的绝对温度 T_2 的监测结果以及对铜板 A、B 两板的温差(T_2-T_1)监测结果。对比表 8.3.2 和表 8.3.3 可以看到,具有相同模型容量的机器学习模型在用于实施温差与温度监测时相比,误差大幅减少了,MAE_{avg} 仅在 1.6～2.8 ℃范围内,R2-score$_{avg}$ 在 0.902～0.947 范围内。表 8.3.4 展示了不同设备图像集、不同算法用于温差和温度监测时相比 MAE_{avg} 降低、R2-score$_{avg}$ 提升的百分比,可以看到温差监测方法的平均绝对误差最多降低了 42.9%,R2-score$_{avg}$ 最多提升了 2.6%。

表 8.3.4　温差与温度监测相比时 MAE_{avg} 降低、R2-score$_{avg}$ 提升的百分比

拍摄设备	MAE_{avg} 降低百分比				R2-score$_{avg}$ 提升百分比			
	KNN	RT	RFR	GBRT	KNN	RT	RFR	GBRT
OPPO FindX2	37.0%	30.0%	41.4%	33.3%	2.4%	1.0%	1.2%	1.2%
Mi10 Pro	33.3%	40.5%	35.7%	30.0%	2.1%	1.8%	1.0%	1.0%
Huawei P30	42.9%	33.3%	36.7%	38.7%	2.6%	0.6%	1.8%	1.7%

同时,对比图 8.3.7 和图 8.3.8 也可以看出,机器学习模型温差与温度监测结果相比,预测值的散点分布更接近于标定值。这表明,所提出的利用双图像差分色度特征结构对两个温度不同的金属表面之间温差进行监测。

以上分析和实验结果表明,在温差实验中加入的温度恒定的铜板 A 提供了一个光照的参考项,使得在待测项(铜板 B)的温度和光照条件同时发生变化时,铜板 B 相对于铜板 A 的图像 RGB 灰度分布变化,能够在较大程度上反映仅由温度变化导致的图像灰度变化,保留有效信号,而几乎不受外界光照变化的干扰。由于在构建差分色度特征时实际使用的深层语义色度特征是基于图像的灰度概率分布曲线中提取得到的,因此在差分色度特征中,由光照变化导致图像特征变化的干扰成分也将被滤除,保留仅由温度变化产生的纯净、有效信号,从而提高了精度。

8.4　日光环境下金属器件测温应用

基于提出的热调制反射光测温方法,本节将其用于日光下实际线路中的金属器件和变电站现场设备的温度、温差监测。相对于实验室环境,日光下金属器件和变电站设备的测温需要在露天、日光环境下进行,此时光照条件非人为可控,材料表面状况也不如实验室所用金属板一般理想。

为此,收集了若干种用于 110 kV 输电线路的金属器件,制作了它们的加温装置,在户外日光环境下进行了它们的温升实验,采集图像,用于模型训练和实施温度、温差监测,以确保该方法在接近于现场条件下具有适用性,并且提出了随机顺序温差监测方法。

8.4.1　实验设置

本次实验中,从 110kV 输电线路中采集了若干种金属器件,包括铝合金线夹、铜线排和铜镀锡线排,110 kV 金属器件照片如图 8.4.1 所示。

（a）铝合金线夹　　　（b）铜线排　　　（c）铜镀锡线排

图 8.4.1　110 kV 金属器件照片

将这些金属器件分别固定在圆形金属板上,如图 8.4.2 所示。

（a）铝合金线夹　　　（b）铜线排　　　（c）铜镀锡线排

图 8.4.2　用于固定金属器件的金属板

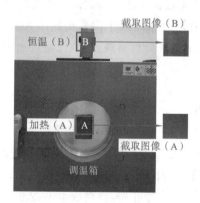

图 8.4.3　金属器件加温装置图（图中所示为铜线排）

圆形金属板可以固定在调温箱的窗口,进而可以通过调节调温箱的温度对金属器件 A 进行加温,加温装置图如图 8.4.3 所示,同时,对每种金属器件,还准备了另一个相同的金属器件 B,置于调温箱的上方,其温度与环境温度（30.0 ℃）保持一致,用于反映与被加热金属器件 A 之间的温差。

将实验装置置于户外,由真实日光提供照明。使用搭载于智能移动终端的数码相机（OPPO FindX2）进行拍摄。将拍摄距离增加至 15 m。由于日光会随着时间的变化而变化,因此选择了一天中的不同时段进行实验。分别选取了 9:00—9:40、12:00—12:40、16:00—16:40 三个时间段进行实验。用 HT620L 型照度计测得 9:00—9:40 内日光提供的照度约为 350 lx,12:00—12:40 约为 7500 lx,16:00—16:40 约为 750 lx。在每个时段内分别进行三种金属器件的温升实验。实验方法是从常温（30.0 ℃）开始,通过调节调温箱的控制面板改变其内部温度来加热金属器件。在该期间使用表面温度计对金属器件 A、B 的温度进行标定。金属器件 A 的温度每升高 1.0 ℃,使用相机拍摄相同数目 $N(N=20)$ 的一组图像。同时,记录金属器件 A、B 的温度 T_A、T_B 以及两者之间的温差 $\Delta T = T_A - T_B$。在金属器件加温实验中,增加了升温的上限,当金属器件 A 的温度升至 120.0 ℃时，停止升温，关闭调温箱并使其冷却。由此可以得到某一金属器件在该时段内的温差图像集。对三种金属器件在三个时段内分别采集相应的温升图像，得到 9 个相应的图像集，每个图像集中包含相应金属器件在相应时段内不同温度（温差）的图像样本 91×20＝1820 个。91 是 30.0～120.0 ℃内的温度级数目。

8.4.2 机器学习用于温度和温差监测

1. 金属器件 A 温度监测

按照 8.3 节所述方法，从每幅原始图像中截取出被加热金属器件 A 相应的区域，提取 DSCF 特征，并以在实验中所测得相应的标定温度 T_A 作为样本的标签，构建用于金属器件 A 温度监测的特征-标签数据集。在先前的实验中，我们对比了四种算法，认为 KNN 和 RFR 两种算法在精度和运算速度的综合性能上优于其他算法，因此这里继续使用了这两种算法。表 8.4.1、表 8.4.2 所示的是不同照度下两种算法模型对三种金属器件的温度监测 MAE_{avg} 和 $R2\text{-}score_{avg}$。图 8.4.4～图 8.4.6 所示的是以 7500 lx 照度下三种金属器件的表面温度监测结果。

表 8.4.1 不同照度下两种算法模型对三种金属器件的温度监测 MAE_{avg}　　　　单位：℃

照度	KNN			RFR		
	铝合金线夹	铜线排	铜镀锡线排	铝合金线夹	铜线排	铜镀锡线排
350 lx	5.1	4.9	6.9	5.8	5.5	7.9
750 lx	4.0	3.8	5.2	5.2	4.9	5.8
7500 lx	2.5	2.7	4.5	4.4	3.3	5.0

表 8.4.2 不同照度下两种算法模型对三种金属器件的温度监测 $R2\text{-}score_{avg}$

照度	KNN			RFR		
	铝合金线夹	铜线排	铜镀锡线排	铝合金线夹	铜线排	铜镀锡线排
350 lx	0.867	0.868	0.779	0.863	0.864	0.762
750 lx	0.870	0.872	0.866	0.865	0.867	0.850
7500 lx	0.902	0.891	0.867	0.868	0.870	0.866

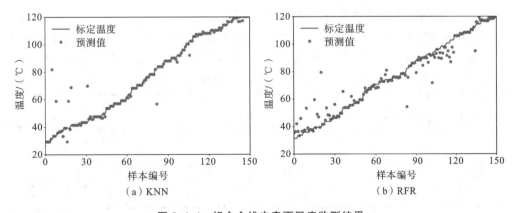

图 8.4.4　铝合金线夹表面温度监测结果

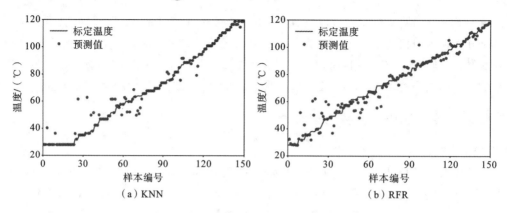

图 8.4.5 铜线排表面温度监测结果

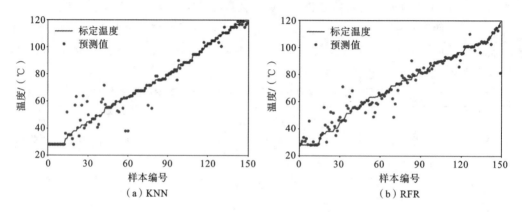

图 8.4.6 铜镀锡线排表面温度监测结果

2. 金属器件 A、B 温差监测

按照 8.3 节所述方法,在每个图像样本分别从原始图像中裁剪出金属器件 A、B 对应的区域,分别提取其相应的 DSCF 特征,并构建差分色度特征 DCF,同时,以金属器件 A、B 之间的温差 $\Delta T = T_A - T_B$ 作为样本标签,组成用于温差监测的特征-标签数据集。表 8.4.3、表 8.4.4 所示的是不同照度下两种算法模型对三种金属器件的温差监测 MAE_{avg} 和 $R2\text{-}score_{avg}$。图 8.4.7~图 8.4.9 所示的是以 7500 lx 照度下三种金属器件的表面温差监测结果。

3. 金属器件 A、B 温差监测(随机顺序)

之前提出的温差监测方法中,是在事先已知被加热金属器件 A 的温度高于常温金属器件 B 温度的条件下构建了温差特征-标签数据集,即差分色度特征在被构建时默

表 8.4.3 不同照度下两种算法模型对三种金属器件的温差监测 MAE_{avg} 单位:℃

照度	KNN			RFR		
	铝合金线夹	铜线排	铜镀锡线排	铝合金线夹	铜线排	铜镀锡线排
350 lx	4.0	2.5	5.5	4.8	3.5	6.7
750 lx	3.5	2.3	4.1	4.5	3.2	5.8
7500 lx	2.1	1.4	3.9	3.2	2.9	4.9

8 电气设备可见光图像人工智能温升监控方法

表 8.4.4 不同照度下两种算法模型对三种金属器件的温差监测 R2-score$_{avg}$

照度	KNN			RFR		
	铝合金线夹	铜线排	铜镀锡线排	铝合金线夹	铜线排	铜镀锡线排
350 lx	0.917	0.930	0.869	0.870	0.922	0.850
750 lx	0.923	0.932	0.874	0.871	0.923	0.861
7500 lx	0.933	0.948	0.879	0.881	0.925	0.870

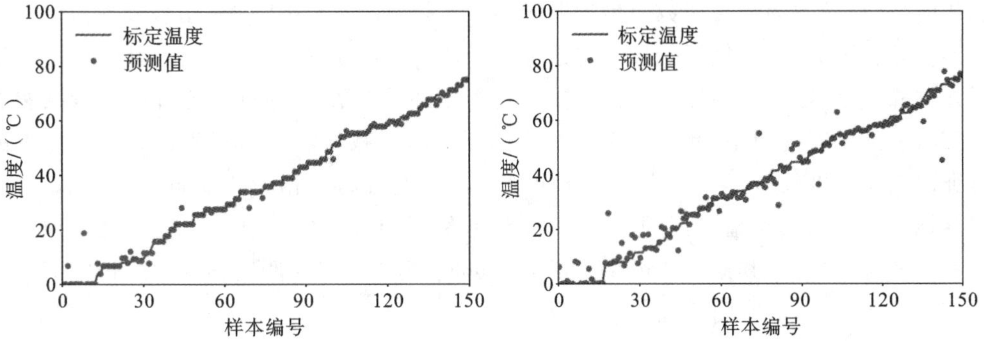

(a) KNN　　　　　　　　　　(b) RFR

图 8.4.7　铝合金线夹温差监测结果

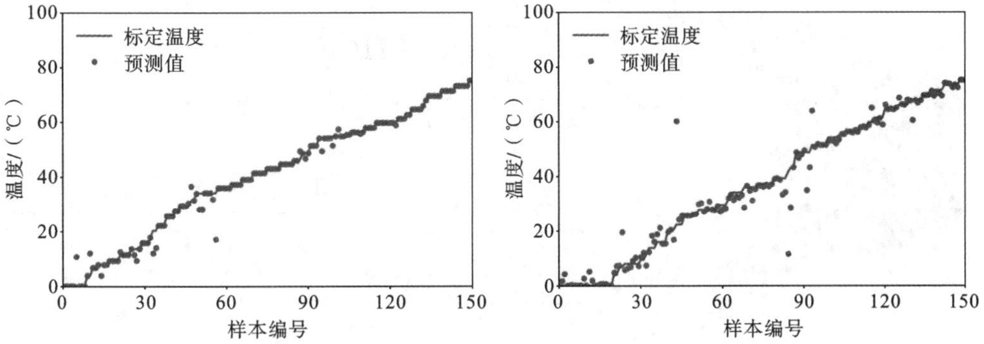

(a) KNN　　　　　　　　　　(b) RFR

图 8.4.8　铜线排温差监测结果

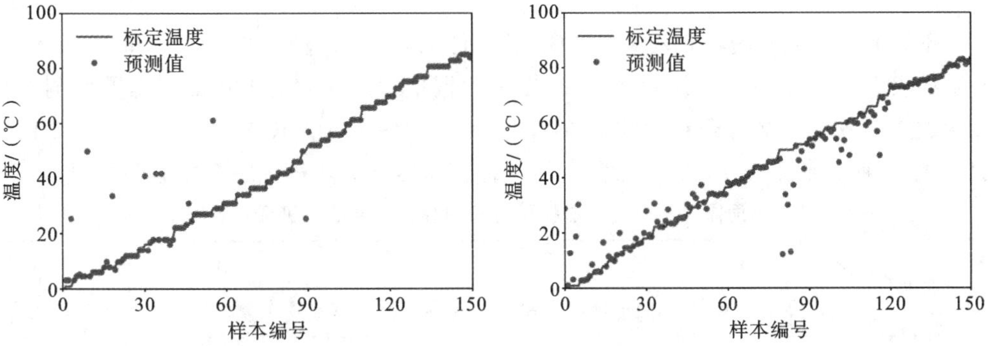

(a) KNN　　　　　　　　　　(b) RFR

图 8.4.9　铜镀锡线排温差监测结果

认使用温度较高器件的特征向量逐元素减去温度较低器件的特征向量。而在现实情况下，用户往往难以预知待测温差的两相器件之间哪个温度更高。需要开发一款温差监测应用软件，待测两相器件图像需要分先后顺序依次输入处理程序中，用户并不能事先确认被输入的两者温度的高低顺序，但程序默认是将前者特征向量去逐元素减去后者特征向量，此时如果是前者温度高于后者温度，则先前所得的模型仍然是适用的；但当温度顺序反过来时，需要模型具有识别相反温差的能力。

为了实现这一功能，提出了随机顺序温差的监测方法。具体方法是在构建温差数据集时，将被减数向量与减数向量的顺序随机调换，而温差标签则采用被减数向量对应的温度减去减数向量对应的温度，构建随机顺序温差特征-标签数据集，如图 8.4.10 所示。这样一来，数据集中样本的特征向量可能是温度较高器件对应的特征向量减去温度较低一相的特征向量，此时对应的温差标签是高温减低温，为正值；也有可能样本的特征向量是温度较低一相对应的特征向量减去温度较高一相的特征向量，此时对应的温差标签是低温减高温，为负值。基于该数据集所训练得到的温差监测模型无须预知哪一相的温度更高，其输出值可能为正值或负值，为正值时说明被输入的两相中前者温度高于后者；为负值时则反之。

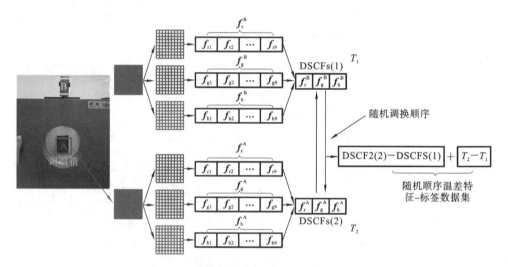

图 8.4.10　构建随机顺序温差特征-标签数据集

不同照度下两种算法模型对三种金属器件的随机温差监测 MAE_{avg} 和 $R2\text{-}score_{avg}$ 分别如表 8.4.5、表 8.4.6 所示，是基于以上数据集训练得到的随机顺序温差监测模型在测试集上的平均绝对误差的均值 MAE_{avg} 和 R2 得分均值 $R2\text{-}score_{avg}$。图 8.4.11～图 8.4.13 所示的是以 7500 lx 照度下的三种金属器件的随机顺序温差监测结果。

表 8.4.5　不同照度下两种算法模型对三种金属器件的随机温差监测 MAE_{avg}　　单位：℃

照度	KNN			RFR		
	铝合金线夹	铜线排	铜镀锡线排	铝合金线夹	铜线排	铜镀锡线排
350 lx	4.3	2.8	5.8	4.9	3.6	6.9
750 lx	3.7	2.5	4.4	4.8	3.4	6.0
7500 lx	2.5	2.0	4.0	3.5	3.0	5.0

表 8.4.6 不同照度下两种算法模型对三种金属器件的随机温差监测 R2-score$_{avg}$

照度	KNN			RFR		
	铝合金线夹	铜线排	铜镀锡线排	铝合金线夹	铜线排	铜镀锡线排
350 lx	0.915	0.928	0.866	0.867	0.918	0.848
750 lx	0.922	0.930	0.870	0.868	0.920	0.858
7500 lx	0.932	0.945	0.875	0.879	0.923	0.866

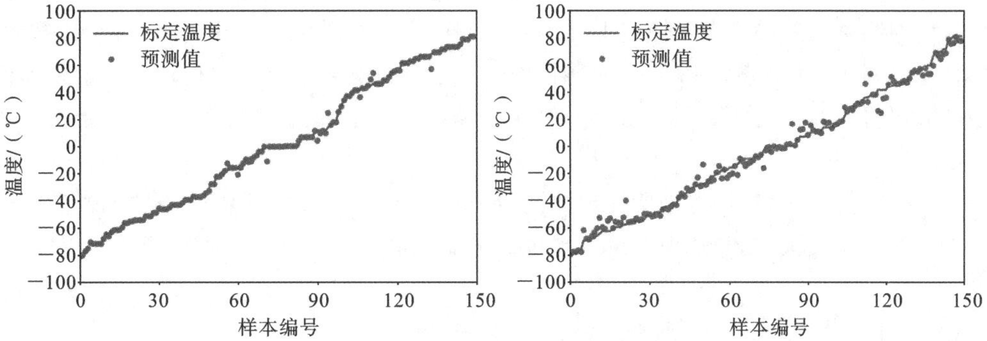

(a) KNN (b) RFR

图 8.4.11 铝合金线夹随机顺序温差监测结果

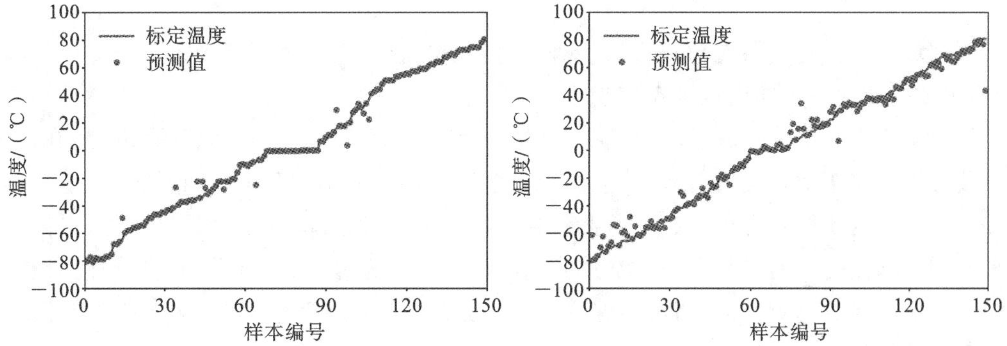

(a) KNN (b) RFR

图 8.4.12 铜线排随机顺序温差监测结果

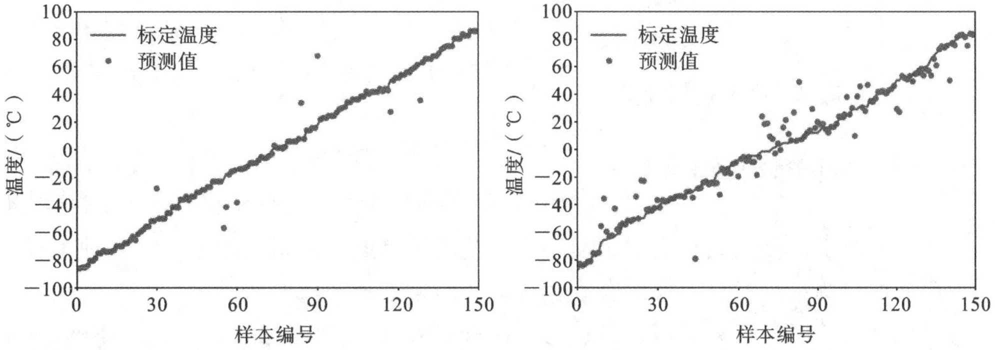

(a) KNN (b) RFR

图 8.4.13 铜镀锡线排随机顺序温差监测结果

8.4.3 结果分析

比较表 8.4.1 与表 8.4.3 中的数据可以看出,对于相同照度下同一种金属器件的实验组,温差监测的平均绝对误差明显小于温度监测的平均绝对误差,这与在前两节实验中所得结论是一致的。如果单独纵向比较表 8.4.1 或表 8.4.3 中的数据,可以发现,随着日光照度的增加,温度和温差监测的平均绝对误差是逐渐减小的。

比较表 8.4.3 与表 8.4.5 中的数据可以看出,对于相同的实验组,随机顺序温差监测的平均绝对误差要略大于固定顺序温差监测的平均绝对误差。这是因为在构建数据集时随机调换了特征顺序相当于向特征中加入了随机噪声。但是这样训练出的模型能够在未知两者温度高低顺序的情况下对两个输入之间温差进行判断,更适合用于工程实际的需要。

这些实验结果表明,本书所提出的测温方法在接近于现场环境的条件下仍然是适用的,接下来将通过变电站现场试验来进一步证明本方法在真实工程现场的实用性。

8.5 日光环境下现场金属器件应用

8.5.1 视频图像的温度识别

现场图像监控设备有照相机,也有监控摄像仪器,而摄像仪器得到了广泛应用。因此,本节介绍关于视频图像的温度识别。

在电力系统的应用场景下,常常受到空间大小、安全距离、线路布置等条件限制,拍摄装置不一定正对待测设备表面,它可能固定于拍摄对象的各种方位,拍摄方向也产生偏移。之前的实验只考虑了正对待测设备进行拍摄这种情况,因此再设置左偏、右偏两种不同方向进行实验,以研究拍摄方向对模型训练效果产生的影响;同时将每种拍摄方向下任取一组数据重新混合训练,建立多拍摄方向的测温模型,以研究多拍摄方向混合时模型的适用性。

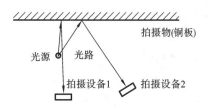

图 8.5.1 不同拍摄方向成像示意图

实验时,选择铜板作为加热金属器件,水平转动摄像头,将拍摄方向设为左偏 10°、右偏 10°两组。拍摄方向偏移前后的成像示意图如图 8.5.1 所示,其中拍摄设备 1 正对铜板,拍摄设备 2 左偏 10°。

不同拍摄方向的视频画面如图 8.5.2 所示,图中白色虚线为画面中心线,拍摄角度不偏移时铜板处于中心线上。分别进行三次重复性实验并取结果的平均值进行分析。三种拍摄方向下模型的训练结果汇总以及混合模型的训练结果如表 8.5.1 所示。

对比表 8.5.1 各行数据可以发现,拍摄方向会对模型训练效果产生一定影响,其中正对拍摄时模型的训练效果最好,并且在所有拍摄方向以及混合训练的情况下,KNN 算法的训练效果都优于 RFR 算法。拍摄方向不同,模型训练效果存在差异的主要原因是光线的入射角发生了改变。当拍摄设备正对拍摄物时,物体前方光源近似正入射,到

图 8.5.2 不同拍摄方向的视频画面(摄像头位置正对图中白色虚线)

表 8.5.1 不同拍摄方向及混合模型的训练结果

拍摄方向	KNN		RFR	
	MAE_{avg}/(℃)	$R2\text{-}score_{avg}$	MAE_{avg}/(℃)	$R2\text{-}score_{avg}$
左偏	1.232	0.978	1.598	0.985
正对	0.384	0.995	0.846	0.993
右偏	0.615	0.992	0.824	0.995
混合	1.172	0.979	0.959	0.993

达材料表面后反射进入镜头成像;但当拍摄设备侧对拍摄物时,同一光源到达材料表面的入射角发生了改变。光线入射角的改变会使材料反射率改变,由温度变化引起的反射率变化量也会改变,影响模型的训练效果。

同时发现,对于不同的拍摄方向,两种算法的 MAE_{avg} 均在 2 ℃以内,$R2\text{-}score_{avg}$ 均大于 0.9,而将三种拍摄方向的图像集混合训练后,算法 MAE_{avg} 并无明显增大。上述结果说明,该测温方法对拍摄方向的要求并不严格,能够适应一定程度上拍摄角度的改变。实际应用中,对于空间位置难到达、难以固定摄像头观测的设备,可利用无人机对其进行多角度拍摄、建立图像库,再进行温度识别。

8.5.2 不均衡温度样本的优化

目前,从实验室采样的数据集都是均衡分布的,在 30~100 ℃范围内,每个温度区间的样本数基本相同。但在实际环境中,设备正常运行时的温度主要集中在较低区间,而发生故障时的温度较高,次数又很少,因此实际采样得到的温度数据存在严重的不均衡问题,这可能对模型的预测准确度造成较大影响。

国内外专家学者对于不均衡数据的处理有两种方法:一种方法是针对算法进行改进,可以根据特定的研究问题提出新的算法,或对传统算法的缺陷进行改进,使之能更好地处理不均衡数据问题;另一种方法是针对原始数据进行改进,在原始数据集中重新采样得到训练数据,通常有欠采样、过采样、两者结合这三种重采样方式。本实验选择重采样的方法处理数据,并对采样方式进行深入研究。

数据集的重采样主要有欠采样、过采样和欠、过采样相结合的方式,重采样方式如图 8.5.3 所示。欠采样方式通常用于样本数量足够多的数据集,它通过减少多数类的样本数量以获得类别均衡的数据集,但在这个过程中会丢失一部分原始数据。过采样方式通常用于样本数量不够多的数据集,它通过增加少数类的样本数量以获得类别均衡的数据集,能较好地利用原始数据集的所有样本。欠、过采样相结合的方式适合用于对类别边界噪点敏感的数据集,对原始数据集先进行过采样,再进行数据清洗;因为采用了数据清洗,欠、过采样相结合的方式不保证采样后的数据集完全均衡。

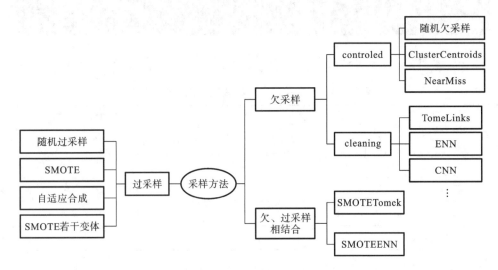

图 8.5.3 重采样方式

实验测试了 SMOTE 过采样、TomeLinks 欠采样和 SMOTETomek 欠、过采样相结合这三种典型的采样方式,它们的采样原理和特点如表 8.5.1 所示。

表 8.5.1 不同采样方式对比表

采样方式	采样原理	特点
SMOTE 过采样	对少数类样本插值生成新样本	能较好地生成不重叠的新样本
TomeLinks 欠采样	删除一些边界样本来清理数据集	适合用于对边界噪声敏感的数据集
SMOTETomek 欠、过采样相结合	先使用 SMOTE 方法对少数类进行过采样以达到均衡分布,再遍历所有样本剔除边界鉴别度不高的样本	均衡样本的同时能清洗过采样产生的噪声,得到较好的空间样本

实验在户外日光环境下进行。如图 8.5.4 所示,实验装置固定于暴露在日光下的窗台,摄像机放置在户外。

选择铜线排作为加热金属器件,在中午 12:00—12:30 的时间段进行实验,通过照度计测量得到该时间段内日光强度保持在 8000 lx 左右。为保证较好的视频成像效果,将曝光时间设置为 1/50 s,摄像头与实验装置的距离为 8 m,正对铜线排拍摄,得到温度均匀分布的原始数据集共 4800 幅图像。

(a) 日光环境下的加热装置　　　　　　(b) 实验装置

图 8.5.4　户外实验现场

原始数据组温度均匀分布,对其进行一定处理,使得低温图像(30～65 ℃)数目与高温图像(65～100 ℃)数目不等,得到两组不均衡数据集:① 低温数:高温数＝3:1;② 低温数:高温数＝5:1。三组图像数目均为 4800 幅。之后利用表 8.5.1 中不同重采样方法分别进行处理,训练结果如表 8.5.2 所示。

表 8.5.2　不同重采样方法的训练结果

数据组		KNN		RFR	
		MAE_{avg}/(℃)	R2-score$_{avg}$	MAE_{avg}/(℃)	R2-score$_{avg}$
原始图像(1:1)		0.311	0.996	1.249	0.988
不均衡图像(3:1)	不处理	0.322	0.994	0.905	0.993
	SMOTE	0.109	0.998	0.658	0.995
	TomeLinks	0.314	0.995	0.94	0.991
	SMOTETomek	0.136	0.999	0.679	0.994
不均衡图像(5:1)	不处理	0.355	0.992	0.946	0.987
	SMOTE	0.151	0.996	0.653	0.992
	TomeLinks	0.362	0.992	0.948	0.989
	SMOTETomek	0.122	0.997	0.67	0.993

对比表 8.5.2 中第 3 行(原始图像)、4 行(不处理)、8 行(不处理)没有经过重采样的数据发现:KNN 算法受样本分布影响严重,随着数据不均衡程度的增大,MAE_{avg} 逐渐增大,R2-score$_{avg}$ 逐渐减小;RFR 算法在处理不均衡数据集时,MAE_{avg} 和 R2-score$_{avg}$ 无明显变化。这是因为 RFR 算法本身具有随机性,其训练时样本随机、特征随机,它对于不均衡的数据集来说可以均衡误差。为修补 KNN 算法在处理不均衡数据时的缺陷,有必要对数据进行预处理。

对比表中第 4～7 行或第 8～11 行数据发现:经过 SMOTE 过采样或者 SMOTE-Tomek 欠、过采样相结合的方式处理不均衡数据后,KNN 算法和 RFR 算法的 MAE_{avg} 均有明显下降,R2-score$_{avg}$ 相应增大。因此对于本测温模型,SMOTE 和 SMOTE-

Tomek 两种重采样方式都是有效的优化手段。

8.5.3 日光强度大范围变化对模型的影响

室内实验时白炽灯的光照强度基本保持不变,但在实际日光环境下,一天时间内光照强度会发生较大范围的变化,因此还需研究日光强度大范围变化时模型的适用性以及合适的曝光时间。

固定距离 8 m 正对铜线排拍摄。拍摄时间设为 9:00—9:30、12:00—12:30、16:30—17:00,通过照度计测量得到这三个时间段内日光强度分别为 1000 lx、8000 lx、100 lx。每个时间段日光强度下,将摄像头的曝光时间分别设为 1/25 s、1/50 s、1/100 s、1/150 s 四组进行实验。共得到不同日光强度和不同曝光时间组合的 12 组数据。对相同曝光时间下 3 个时间段日光强度的数据进行混合训练,得到 4 种曝光时间下日光强度大范围变化时模型的训练结果,如表 8.5.3 所示。

表 8.5.3 不同曝光时间下大范围日光强度混合训练结果表

曝光时间/s	KNN		RFR	
	MAE_{avg}	$R2\text{-}score_{avg}/(\degree C)$	MAE_{avg}	$R2\text{-}score_{avg}/(\degree C)$
1/25	6.622	0.784	5.65	0.828
1/50	1.558	0.960	1.996	0.966
1/100	2.794	0.887	2.76	0.938
1/150	5.952	0.757	4.807	0.867

对比表 8.5.3 第 3~6 行发现:随着曝光时间从 1/25 s 减小到 1/150 s,两种算法的 MAE_{avg} 均呈现先减小后增大的变化趋势,$R2\text{-}score_{avg}$ 也相应地先增大后减小。产生这种规律的原因在于拍摄设备的成像过程并非简单的冲激响应,它需要一定时间进行光信号的积累,一幅视频图像的原始数据就与积累的进光量大小相关。当光照强度相同时,曝光时间越长,通过镜头投射到感光元件上的光信号越多,由于反射率变化引起的图像 RGB 灰度值变化越明显,不同温度下图像 RGB 灰度值的差异越大,模型的训练效果越好。但这也不意味着曝光时间越长越好,曝光时间太长,图像会出现过曝泛白,RGB 通道灰度值基本达到满值 255,不同温度下的图像特征无明显差别。

当曝光时间为 1/50 s 和 1/100 s 时,MAE_{avg} 均不大于 3 ℃,在大部分应用场景下为可接受的测温误差,$R2\text{-}score_{avg}$ 最小也达到了 0.887,模型拟合效果良好,说明一天时间里日光强度在 100~8000 lx 大范围变化时,利用视频图像测温仍可行。实验结果显示,当曝光时间为 1/50 s 时,两种算法的 MAE_{avg} 均最小,模型的拟合效果最好。若本测温模型应用于日光环境下一天时间内的温度监测,则可将曝光时间设置为 1/50 s。

8.5.4 变电站现场试验

为了进一步测试所提出的测温方法在真实工程现场的实用性,在 W 变电站进行了相关测温试验,现场环境照片如图 8.5.5 所示。

1. 相机试验

选取了变电站 110kV 母线中某个存在异常温升的隔离开关,利用 OPPO FindX2

相机进行了监控拍摄,采集了由于负荷、气温的变化导致的其温度、温差变化的图像,发热相(A相)与正常相(B相)照片如图8.5.6所示。采集的图像用于训练温度、温差监测模型,其结果说明了本方法在真实现场环境中的适用性。

图8.5.5 现场环境照片

图8.5.6 发热相(A相)与正常相(B相)照片

图8.5.7所示的是A、B两相对应的红外图像。从图8.5.7可以看出,在某一时刻隔离开关A相出线端线夹位置温度约为64.8 ℃,而B相出线端线夹相同位置处的温度约为28.4 ℃,A相温度明显大于B相温度,由此可以判断A相在线夹位置处有异常温升,因此,针对该母线出线端的A相和B相线夹位置进行了为期三天(选取了2021年11月1日至3日)的监控拍摄,采集图像。变电站现场试验安排如表8.5.4所示。

（a）A相（64.8 ℃）

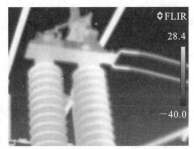
（b）B相（28.4 ℃）

图8.5.7 A、B两相对应的红外图像

表8.5.4 变电站现场试验安排

日期	天气	时段	气温/(℃)	拍摄距离/m	拍摄相	监测目标
2021-11-1	多云	10:00—16:00,每隔半小时采集100幅	21	5	A	A相温度
2021-11-2	晴		23	5	A、B	A相温度,A、B相温差
2021-11-3	晴		25	10	A、B	A相温度,A、B相温差

由于出线端线夹的温度会随着一天中不同时段负荷和气温的变化而变化,因此需要对A、B两相线夹处的温度进行实时标定。与先前在实验室条件下进行的温升实验

不同,由于现场试验中待测部件均为高压带电设备,因此不能使用接触式表面温度计对线夹位置进行测温。使用了型号为 FLIR T420 的红外热成像仪,其测温范围为 $-20 \sim 1200$ ℃,热灵敏度小于 45 mK,红外图像的像素尺寸为 320×240 像素。

在每天的试验中,将拍摄设备架设在固定位置观察待测部位,从上午 10:00 开始,每隔半小时使用红外相机测量一次 A、B 相温度,并拍摄 100 幅图像,至下午 4:00,这期间共有 13 个图像采集的时间点,即每天采集了 13 个温度对应的 1300 幅图像。在 2021-11-1 试验组中,只针对存在异常发热的 A 相进行拍摄,所采集的样本用于训练 A 相线夹温度监测模型;2021-11-2、2021-11-3 的试验组中,同时拍摄了发热的 A 相和正常的 B 相,所采集的样本用于训练 A 相线夹温度监测模型和 A、B 相温差(包括固定顺序和随机顺序温差)监测模型,以下分别介绍。

1)2021-11-1 试验组

本试验组只针对有异常发热的 A 相线夹处进行拍摄,因此为了保证待测位置在原始图像中具有充足像素数,可以将相机放大倍数调至最大($\times 20.0$)。

红外热成像仪所测得 A 相线夹在不同时刻的温度如表 8.5.5 所示。图 8.5.8 所示的是 2021-11-1 试验组中 A 相线夹温度随时间变化而变化的曲线。在图像采集完成后,按照前述方法对图像进行裁剪处理、提取图像特征、构建特征-标签数据集,构建用于训练 A 相线夹温度监测的特征-标签数据集,如图 8.5.9 所示。

表 8.5.5　2021-11-1 试验组 A 相线夹不同时刻温度

时刻	温度/(℃)	时刻	温度/(℃)
10:00	34.9	13:30	31.3
10:30	31.5	14:00	32.8
11:00	35.2	14:30	38.3
11:30	34.5	15:00	44.0
12:00	31.5	15:30	44.0
12:30	33.5	16:00	44.0
13:00	31.5		

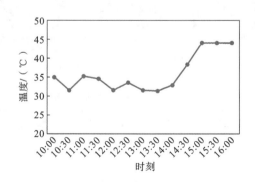

图 8.5.8　2021-11-1 试验组 A 相线夹温度随时间变化而变化的曲线

采用 KNN 和 RFR 两种算法模型,十折交叉验证,2021-11-1 试验组 A 相线夹温度监测的 MAE_{avg} 和 $R2\text{-}score_{avg}$ 如表 8.5.6 所示。图 8.5.10 展示了部分监测结果。

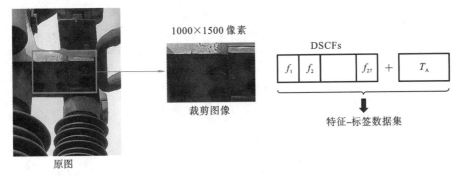

图 8.5.9 构建用于 A 相线夹温度监测的特征-标签数据集

表 8.5.6 2021-11-1 试验组 A 相线夹温度监测 MAE_{avg} 和 $R2\text{-}score_{avg}$

评价指标	$MAE_{avg}/(℃)$		$R2\text{-}score_{avg}$	
	KNN	RFR	KNN	RFR
结果	0.1	0.3	0.988	0.985

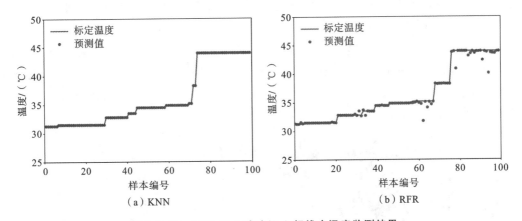

图 8.5.10 2021-11-1 试验组 A 相线夹温度监测结果

2) 2021-11-2 试验组

2021-11-2 试验组针对 A、B 两相线夹位置的温差,拍摄时相机的视角内需要同时包含 A、B 相,拍摄距离仍然为 5 m,相机放大倍数为×3.0,拍摄期间使用红外热成像仪对 A、B 两相温度进行标定。红外热成像仪测得不同时刻间 A、B 两相线夹的温度 T_A、T_B 以及由此计算出两者之间的温差($T_A - T_B$),如表 8.5.7 所示。

表 8.5.7 2021-11-2 试验组 A、B 相线夹不同时刻温度及温差

时刻	温度/(℃)		温差/(℃)
	A 相(T_A)	B 相(T_B)	$T_A - T_B$
10:00	46.4	35.0	11.4
10:30	47.4	33.1	14.3
11:00	64.1	33.4	30.7
11:30	58.1	32.8	25.3

续表

时刻	温度/(℃)		温差/(℃)
	A 相(T_A)	B 相(T_B)	$T_A - T_B$
12:00	60.1	33.3	26.8
12:30	62.7	34.3	28.4
13:00	66.4	34.0	32.4
13:30	32.4	30.1	2.3
14:00	24.6	23.7	0.9
14:30	26.5	24.7	1.8
15:00	24.2	23.3	0.9
15:30	25.1	24.8	0.3
16:00	26.0	25.4	0.6

图像采集完成后，对图像进行裁剪处理、提取图像特征、构建特征-标签数据集。分别构建了三个数据集：① 仅由 A 相图像 DSCF 特征和标定温度组成的数据集，用于训练 A 相温度监测模型；② A、B 相图像差分色度特征 DCF 和固定顺序温差组成的数据集，用于训练固定顺序温差监测模型；③ A、B 相图像差分色度特征 DCF（随机顺序）和随机顺序温差组成的数据集，用于训练随机顺序温差监测模型。图 8.5.11 所示的是构建随机顺序温差数据集。图 8.5.12 所示的是 2021-11-2 试验组 A、B 相线夹温度及温差随时间变化而变化的曲线。

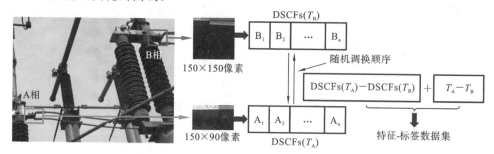

图 8.5.11 构建随机顺序温差数据集

基于这些数据集分别训练了 A 相温度监测模型，A、B 相固定顺序和随机顺序温差监测模型，2021-11-2 试验组不同监测目标的 MAE_{avg} 和 R2-score$_{avg}$ 如表 8.5.8 所示。图 8.5.13～图 8.5.15 展示了部分监测结果。

表 8.5.8 2021-11-2 试验组不同监测目标的 MAE_{avg} 和 R2-score$_{avg}$

监测目标	MAE_{avg}/(℃)		R2-score$_{avg}$	
	KNN	RFR	KNN	RFR
A 相温度	0.2	0.7	0.987	0.982
A、B 相温差（固定顺序）	0.1	0.3	0.990	0.988
A、B 相温差（随机顺序）	0.2	0.5	0.989	0.985

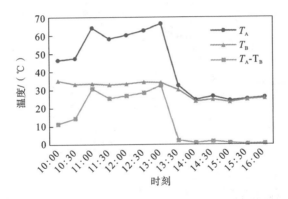

图 8.5.12 2021-11-2 试验组 A、B 相线夹温度及温差随时间变化而变化的曲线

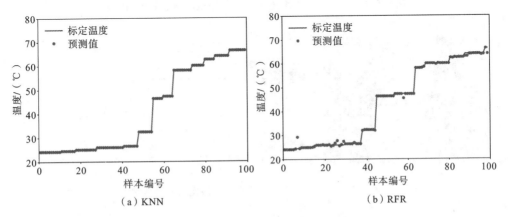

图 8.5.13 2021-11-2 试验组 A 相温度监测结果

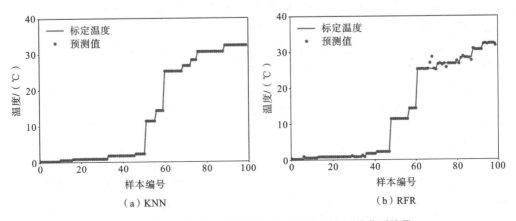

图 8.5.14 2021-11-2 试验组 A、B 相固定顺序温差监测结果

3) 2021-11-3 试验组

2021-11-3 试验组仍然针对 A、B 两相线夹进行拍摄,但是拍摄距离由前一试验组的 5 m 增加至 10 m,相机放大倍数为×5.0,所拍摄原图及裁剪图像如图 8.5.16 所示。

表 8.5.9 所示的是 2021-11-3 试验组 A、B 相线夹不同时刻温度及温差,图 8.5.17 所示的是 2021-11-3 试验组 A、B 两相线夹温度及温差随时间变化而变化的曲线。图像采

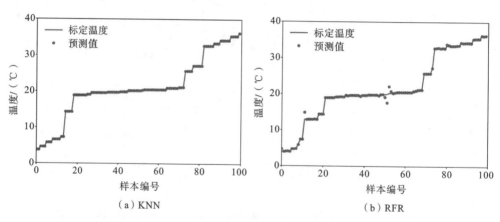

图 8.5.15　2021-11-2 试验组 A、B 相随机顺序温差监测结果

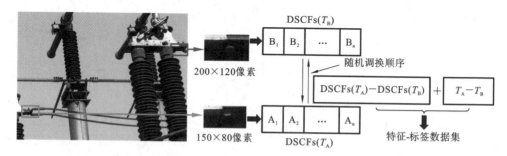

图 8.5.16　2021-11-3 试验组拍摄原图及裁剪图像

集完成后,同样按照先前所述方法提取了图像特征并分别构建了 A 相温度监测数据集,A、B 两相固定顺序温差监测数据集,A、B 两相随机顺序温差监测数据集,并用于训练相应监测目标的机器学习模型。表 8.5.10 所示的是 2021-11-3 试验组不同监测目标的 MAE_{avg} 和 $R2\text{-score}_{avg}$。图 8.5.18~图 8.5.20 展示了部分监测结果。

表 8.5.9　2021-11-3 试验组 A、B 相线夹不同时刻温度及温差

时刻	温度/(℃)		温差/(℃)
	A 相(T_A)	B 相(T_B)	$T_A - T_B$
10:00	59.5	27.4	32.1
10:30	64.7	28.2	36.5
11:00	63.2	29.9	33.3
11:30	63.6	32.9	30.7
12:00	69.4	35.3	34.1
12:30	67.5	32.6	34.9
13:00	62.7	32.0	30.7
13:30	71.7	34.1	37.6
14:00	74.3	32.0	42.3
14:30	72.6	32.4	40.2

续表

时刻	温度/(℃)		温差/(℃)
	A 相(T_A)	B 相(T_B)	$T_A - T_B$
15:00	66.7	31.8	34.9
15:30	68.1	29.2	38.9
16:00	71.2	31.6	39.6

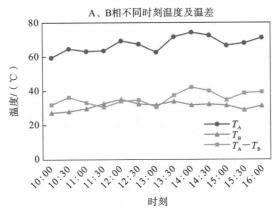

图 8.5.17　2021-11-3 试验组 A、B 相线夹温度及温差随时间变化而变化的曲线

表 8.5.10　2021-11-3 试验组不同监测目标的 MAE_{avg} 和 R2-score$_{avg}$

监测目标	MAE_{avg}/(℃)		R2-score$_{avg}$	
	KNN	RFR	KNN	RFR
A 相温度	0.3	0.9	0.984	0.980
A、B 相温差(固定顺序)	0.1	0.5	0.989	0.983
A、B 相温差(随机顺序)	0.2	0.7	0.987	0.984

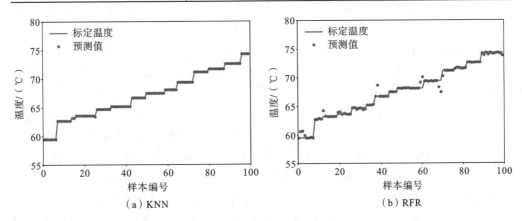

图 8.5.18　A 相温度监测结果

从变电站现场试验结果可以看到,先前所提出的测温方法在工程实际环境中有着良好的实用性。比较表 8.5.6、表 8.5.8 和表 8.5.10 中的数据,仍然能够得到与之前

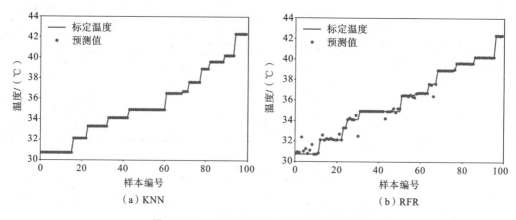

图 8.5.19　A、B 相固定顺序温差监测结果

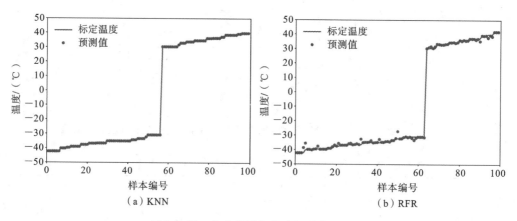

图 8.5.20　A、B 相随机顺序温差监测结果

相同的结论,即温差监测方法相比于直接监测温度而言具有更小的误差,2021-11-2、2021-11-3 试验组中,温差(固定顺序)监测的 MAE_{avg} 均达到了 0.1 ℃,$R2\text{-}score_{avg}$ 达到了 0.98 以上。尽管作为光照参考项的 B 相温度并非完全恒定,而是在小范围内波动,但这种温差监测方法仍然有效;随机顺序的温差监测方法虽然与固定顺序温差监测方法相比误差略有增大,但仍然维持在较高的精度水平,且这种方法得到的监测模型更能适用于未知两者温度高低顺序的情况。2021-11-2、2021-11-3 试验组中,温差(随机顺序)监测的 MAE_{avg} 均达到了 0.2 ℃,$R2\text{-}score_{avg}$ 达到了 0.98 以上。

如果将表 8.5.6、表 8.5.8 和表 8.5.10 中的数据与先前在实验室条件下进行相关实验的结果相比,可以看出,在变电站现场得到的温度、温差监测结果的平均绝对误差甚至比实验室理想条件下所得误差更小,这可能是由于在变电站采集的图像集对应的温度级较少,且日照条件会随着时间的变化而变化,使得不同温度级对应的图像特征差异较大,增加了不同温度级样本之间的区分度,因而使得结果更加准确。

仍然需要强调的是,虽然在这三个试验组中得到了良好的结果,但并不意味着该模型能够直接应用于各种场合、各种设备的测温,需要在巡检工作中针对特定设备采集其处于不同温度、不同日照条件下的图像样本,持续更新数据集和模型,逐渐提高模型在不同日照条件下的适用性、准确性。

2. 摄像头试验

试验时,将摄像头固定在 110 kV 母线下方,每隔 0.5 h 拍摄一段时长 1 min 的视频,观察正常运行时三相母线出线端连接处一天内的温度变化。根据摄像头与线夹之间的直线距离,将试验设为 11 m、14 m 两组,拍摄位置示意图如图 8.5.21 所示。每组试验下三相线夹与摄像头的直线距离略有差异,实际的拍摄画面中同时包含 A、B、C 三相的出线端连接处,见图 8.5.22 中方框部分,即需要裁剪的区域。变电站现场视频裁剪前后图像如图 8.5.22 所示。

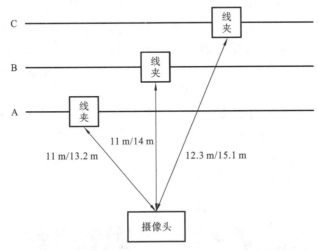

图 8.5.21　拍摄位置示意图

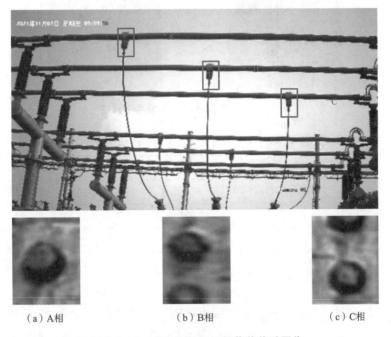

(a) A相　　　　(b) B相　　　　(c) C相

图 8.5.22　变电站现场视频裁剪前后图像

在拍摄视频的同时,使用 FLIR T420 红外热成像仪对母线出线端温度进行标定。图 8.5.23 所示的是 11 m 距离下 A 相线夹红外测量温度随时间变化而变化的曲线。

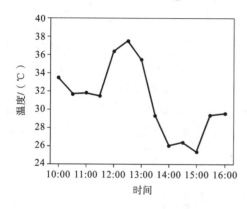

图 8.5.23　A 相线夹红外测量温度随时间变化而变化的曲线

可以看出一天内正常线夹的温度处于 24~38 ℃，变化范围较小，因此后续试验结果中的预测误差相比于前期实验室实验的结果也较小。

需要注意的是，后续训练模型的算法识别精度比红外热成像仪的测温精度更高，不代表该测温方法的预测精度比红外热成像仪的更高。这里的 MAE_{avg} 反映的是模型输出值与温度标定值（红外热成像仪的测量值）之间的误差，并非与金属表面真实温度之间的误差。而温度标定值与真实温度值之间存在误差，该误差由测温设备本身决定。

下面对不同表面状况、拍摄方向、样本像素大小和拍摄距离下测温模型的变电站现场应用效果进行分析验证。

1）表面状况

选择拍摄距离为 11 m 的 A 相图片进行处理，裁剪区域分为有、无螺钉两种，裁剪示意图如图 8.5.24 所示，裁剪大小均为 25×25 像素，训练结果如表 8.5.11 所示。

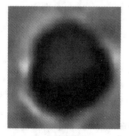　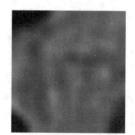

（a）有螺钉　　　　　　　　　　（b）无螺钉

图 8.5.24　不同表面状况裁剪示意图

表 8.5.11　不同表面状况的训练结果表

表面状况	KNN		RFR	
	$MAE_{avg}/(℃)$	$R2\text{-}score_{avg}$	$MAE_{avg}/(℃)$	$R2\text{-}score_{avg}$
有螺钉	0.017	0.993	0.163	0.994
无螺钉	0.011	0.998	0.048	0.995

表 8.5.11 所示的结果显示：无论采用 KNN 算法还是 RFR 算法，有、无螺钉的温度预测误差均很小，最大的 MAE_{avg} 也仅为 0.163 ℃，两种算法的 $R2\text{-}score_{avg}$ 均在 0.99 以上，模型的拟合效果很好。说明该测温方法对于不平整金属表面仍然适用。对比有、无螺钉表面的训练结果可以看出，无螺钉表面的训练结果优于有螺钉表面的，说明材料表面反射光光谱通量的变化程度：无螺钉表面＞有螺钉表面。

2）拍摄方向

选择 11 m 拍摄距离下，对 A、B 相图片进行处理。从图 8.5.21 可以看到，摄像头基本正对 B 相拍摄，A 相拍摄角度有一定偏移。为控制裁剪区域基本相同，选择裁剪大小均为 40×30 像素。图 8.5.25 展示了 A、B 相裁剪后的图像，裁剪区域均只包含 1 颗螺钉。不同拍摄方向下的训练结果如表 8.5.12 所示。

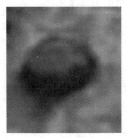 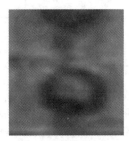

（a）A相　　　　　　　　　　（b）C相

图 8.5.25　A、B 相裁剪示意图

表 8.5.12　不同拍摄方向的训练结果表

拍摄方向	KNN		RFR	
	MAE_{avg}/(℃)	$R2\text{-}score_{avg}$	MAE_{avg}/(℃)	$R2\text{-}score_{avg}$
正	0.004	1	0.064	0.994
偏	0.013	0.999	0.059	0.996

由表 8.5.12 所示结果可以看出，当采用 KNN 算法时，正对金属器件拍摄明显比偏移一定角度拍摄的 MAE_{avg} 更小，$R2\text{-}score_{avg}$ 更大，模型拟合效果更好；当采用 RFR 算法时，两种方向的模型训练效果相差不大。两种算法的 MAE_{avg} 均较小，模型拟合效果良好。上述结果验证了前期实验结论，说明现场应用时该测温模型能够适应一定程度上拍摄角度的改变。

3）样本像素大小

选择拍摄距离 11 m 的 A 相线夹图片进行处理。不同样本像素大小下的模型训练结果如表 8.5.13 所示。

表 8.5.13　不同样本像素大小的训练结果

像素大小	KNN		RFR	
	MAE_{avg}/(℃)	$R2\text{-}score_{avg}$	MAE_{avg}/(℃)	$R2\text{-}score_{avg}$
40×30	0.013	0.999	0.059	0.996
50×40	0.002	1	0.011	0.999
60×50	0.001	1	0.010	1

由表 8.5.13 所示结果可以看出，随着样本像素大小从 40×30 增大到 60×50，两种算法的 MAE_{avg} 均呈现明显的下降趋势，$R2\text{-}score_{avg}$ 也更接近 1，模型的拟合效果更好。说明实际应用时应尽量选择更大的样本像素，以获得更好的温度识别效果。

4) 拍摄距离

选择拍摄距离 11 m 和 14 m 的 A 相线夹图片进行处理,裁剪大小均为 60×50 像素,不同距离下的训练结果如表 8.5.14 所示。

表 8.5.14　不同拍摄距离的训练结果

拍摄距离/m	KNN		RFR	
	$MAE_{avg}/(℃)$	$R2\text{-}score_{avg}$	$MAE_{avg}/(℃)$	$R2\text{-}score_{avg}$
11	0.001	1	0.010	1
14	0.005	0.999	0.023	0.998

对比表 8.5.14 所示结果发现:无论是 KNN 算法还是 RFR 算法,拍摄距离越近,算法的 MAE_{avg} 越小,模型的拟合效果越好,说明实际应用时应尽量选择更近的拍摄距离。

8.5.5　基于现场扩充图像库的模型更新方法

基于数据驱动的可见光图像测温方法需要充足的样本以提高模型的泛化能力和精度,因此,在测温装置投入使用初期,利用新拍摄得到的待测设备图像和温度(温差)标签对数据集进行扩充,并利用扩充后的数据集对基础模型进行更新,是保证测温装置精度必不可少的步骤。本节以 G 变电站若干电气设备测温试验为例,说明了在 W 变电站模型基础上,采用 G 变电站更新模型对于提升测温系统在待测设备上的专用性和精度的作用。

所采集的 G 变电站电气设备图像样本名称及标定温度如表 8.5.15 所示。

表 8.5.15　G 变电站电气设备图像样本名称及标定温度

设备编号	设备名称	标定温度/(℃)
1	500 kV,第五串,联络开关 1M 侧 505221 刀闸,C 相	29.9
2	500 kV,第五串,联络开关 2M 侧 50522 刀闸,C 相	52.2
3	500 kV,峰香甲线 5053 开关,B 相	15.7
4	#3 主变,B 相,油箱顶部	27.5
5	#3 主变,B 相,套管	16.0
6	#2 主变,35 kV,开关非母线侧 302C0 地刀	19.9
7	35 kV,331 电容器组串联电抗器,线夹 1	55.0
8	35 kV,331 电容器组串联电抗器,线夹 2	47.2
9	220 kV,1M、5M 分段,5M20155 地刀,B 相	21.0
10	220 kV,1M、5M 分段,5M20155 地刀,C 相	36.0

对于每种电气设备,分别在同一时刻、以同一观察角度、相同拍摄参数采集了 10 幅图像,所采集的部分 G 变电站电气设备图像样本如图 8.5.26 所示。从每种电气设备对应的 10 幅图像样本中抽取 9 幅,作为更新模型样本组(A 组),共 $9 \times 10 = 90$ 幅;另外 1 幅作为更新模型测试样本组(B 组),共 $1 \times 10 = 10$ 幅。分别进行以下两种操作:

(1)将基础模型(W 变电站 2021-11-1 试验组母线出线端线夹测温模型)直接用于

B组样本温度测试；

（2）将A组样本与基础模型图像集合并，并用合并后的图像集重新训练测温模型，得到更新模型，并将更新模型用于B组样本温度测试。

（a）设备2　　　　　　　　（b）设备4

（c）设备6　　　　　　　　（d）设备7

图8.5.26　G变电站电气设备图像采集示例

基础模型与更新模型对B组样本输出结果及误差如表8.5.16所示，由此计算出基础模型与更新模型的误差绝对值的平均分别为14.4℃和0.9℃。可以看到，将基础模型直接用于B组图像样本测温时，误差普遍较大，因为用于训练基础模型的图像集中没有包含这些电气设备的图像样本，因此基础模型并未学习到关于这些电气设备图像特征与温度之间函数关系的"知识"，即便所测部件与基础模型图像集对应的均为铝合金材料，但由于日照条件、观察位置等方面因素的差异，这些部件对应的图像特征与基础模型图像集中铝合金部件的差异较大，使得基础模型无法对这些电气设备部件做出准确的测温。而将A组图像样本加入基础模型图像集之后，重新训练得到的更新模型则具有了这些电气设备图像特征与温度之间函数关系的"知识"，因此更新后的模型能够对B组样本温度做出更为准确的判断，误差最多降低到零。

表8.5.16　基础模型与更新模型对B组样本输出结果及误差

设备编号	标定温度/(℃)	基础模型		更新模型		更新模型误差降低百分比
		输出值/(℃)	误差/(℃)	输出值/(℃)	误差/(℃)	
1	29.9	37.8	7.9	29.9	0.0	100.0%
2	52.2	43.3	−8.9	52.2	0.0	100.0%
3	15.7	38.2	22.5	15.9	0.2	99.1%
4	27.5	37.5	10.0	27.5	0.0	100.0%
5	16.0	38.4	22.4	15.9	−0.1	99.6%

续表

设备编号	标定温度/(℃)	基础模型		更新模型		更新模型误差降低百分比
		输出值/(℃)	误差/(℃)	输出值/(℃)	误差/(℃)	
6	19.9	37.8	17.9	17.9	−2.0	88.8%
7	55.0	31.4	−23.6	53.6	−1.4	94.1%
8	47.2	34.6	−12.6	51.5	4.3	65.9%
9	21.0	37.8	16.8	20.5	−0.5	97.0%
10	36.0	37.8	1.8	36.0	0.0	100.0%

上述结果表明，一方面，温度（温差）监测模型具有专用性，将某一设备的测温系统直接用于其他设备测温时误差较大；另一方面，通过不断收集新样本对数据集进行扩充，并更新模型，能够有效提升其对于待测设备的适用性和精度。本节通过向基础图像集中扩充了若干种电气设备的图像样本，对基础模型进行更新，有效提高了测温模型对于这些新样本的精度，说明扩充数据集能够增强其对测温过程的驱动能力，提升模型的适用性。但在实际运用中通常不会采取将多种电气设备的样本一同并入更新图像集的方式，而是针对特定待测设备，在一定的巡检周期内，通过固定位置的监控装置持续收集其在不同光照、不同温度下的图像样本，更新基础模型，开发出一套专用于此设备的测温系统，以保证该测温系统具有较短的响应时间，避免由于图像集中包含的电气设备类别、图像样本数过多而导致的运算速度慢、响应时间长等问题。这样更新得到的测温系统具有专用性。

综上所述，热调制反射光智能测温机制能够从理论层面为在工程实际中减少影响测温系统鲁棒性的因素提供指导，而利用扩充数据集对基础模型进行更新则为增强测温模型对于待测设备的专用性、提高精度提供了方法，两者相辅相成，形成互补，为保障该测温方法在工程中的实用性提供了完整的解决方案。

8.6 本章参考文献

[1] WANG Ming, YE Qizheng, YUAN Zhe. A temperature measurement method based on visible light chromaticity index and k-nearest neighbors algorithm[C]// The Electromagnetics Academy. 2019 Photonics & Electromagnetics Research Symposium-Spring. Rome：IEEE, 2019：1467-1472.

[2] NIE Xiaofei, CHENG Zipeng, YE Qizheng. Intelligent Recognition Method of Laser Image for Surface Temperature of Metallic Materials under Ambient Light [C]// National University of Singapore. 2023 Second International Conference On Smart Technologies For Smart Nation. Singapore：IEEE, 2023：12-17.

[3] YUAN Zhe, YE Qizheng, WANG Yuwei, et al. Temperature measurement of metal surface at normal temperatures by visible images and machine learning[J]. IEEE Transactions on instrumentation and measurement, 2021, 70：1-16.

[4] HE Kaiming, ZHANG Xiangyu, REN Shaoqing, et al. Deep residual learning for

image recognition[C]// IEEE Computer Society. 2016 IEEE Conference on Computer Vision and Pattern Recognition. Las Vegas：IEEE，2016：770-778.

[5] YUAN Zhe，YE Qizheng，LI Wenmao, et al. Temperature difference measurement of metal surfaces at normal temperatures under sunlight by differential chromatic features of visible images[J]. IEEE Sensors journal，2021，21(19)：21221-21238.

9 基于数值计算云图的均匀电磁场人工智能设计方法

本章首先介绍了工程中均匀电磁场的设计方法,然后介绍了利用数值计算生成的电场和磁场强度云图作为数字图像,结合机器学习方法优化设计均匀电场和磁场的方法。

9.1 均匀电磁场设计现状

高电压工程中为了降低设备附近的电场强度,或者均匀化电极间的电场分布,需要进行电场优化设计;为了维持两个电极间的电场强度尽可能均匀,需要对畸变电场最严重的区域即电极边缘进行优化设计。与此同时,实际应用中对均匀磁场也有一定需求,比如通过线圈制造均匀磁场时,需要对线圈进行优化设计。这类设计过程实际上是一个电磁场计算逆问题,即根据均匀性要求确定电磁场边界条件。

目前,已有若干近似满足要求的电极设计方法,例如,众所周知的 Rogowski 面型[1]实际上由三个光滑的部分组成,这些线段取自无限宽的解析轮廓,但它们之间的连接方式没有给出明确方法,导致连接处不光滑,存在改进空间。在 Stephenson 做的气体电晕和火花放电研究基础上[2],Bruce 提出了一种基于经验近似设计电极的方法[3]。Harrison 和 Pearson[4-6]采用了一种数值方法生成电极面型。Stappaerts 面型[7]采用的是解析方法。Chang 基于保角变换设计了 Chang 面型电极[8],这个分析面型的系列只涉及双曲函数,所得面型优于 Rogowski、Bruce、Harrison 面型的平滑度、紧凑度,以及电场均匀性。Ernst 面型[9,10]也是基于保角变换的解析面型,Ernst 面型是在 Chang 面型的基础上增加了一些项概括出来的,这些面型中的曲线具有最小的宽度,可以在电极表面产生较好的电场均匀性。研究人员使用 Chang 和 Ernst 面型已经有几十年了[11],但是这些曲线的优化只是为了在电极表面获得最大的、平坦的电场分布,并消除边缘的高场点,它们在优化区域上均存在不足。通过改变电极的形状参数也可以获得更均匀的电场,但逐步调节电极形状参数的均匀电场设计通常是一个耗时和迭代的过程,面对不同种类的电极还需要重新经历这样的设计过程,此方法在通用性上存在不足,而且缺乏设计和优化工具也限制了对此的研究和应用。

在产生均匀磁场上,比较常见的有利用亥姆霍兹线圈来提供较为均匀的局部磁场。传统的亥姆霍兹线圈是一对等大、彼此平行且串联连通的共轴载流圆形线圈,两线圈内的电流方向一致,大小相同,且线圈之间的圆心距离正好等于圆形线圈的半径,它的特点是只在其公共轴线中点附近产生小范围区域的均匀磁场。还有双锥改进式的亥姆霍兹线圈,它采用单层绕线法通过同步增大载流圆线圈半径和它们的圆心距,可以使产生的均匀强度磁场范围更大且精度更高[12]。在特定情况下的共轴三线圈,产生的磁场均匀性在轴线上会优于亥姆霍兹线圈的[13]。将三组亥姆霍兹线圈相互叠加,通入频率、相位、幅值满足一定关系的三组电流,可以产生沿空间任意方向旋转的均匀空间磁场[14]。本章介绍的方法可以通过更加直观且便于设计的方式产生均匀磁场,那就是将数值计算的结果通过云图表示,再根据云图的特征,对亥姆霍兹线圈轴向和径向的磁场进行优化设计。

机器学习是一种通过对数据进行学习和训练,使计算机能够自主发现数据中的规律并进行预测和决策的技术。在电磁领域使用机器学习方法有许多优势[15],相比于传统的数学方法建立基于已知规律的数学模型,机器学习更注重数据驱动和模型自适应,算法中已经包含了一些数学原理和公式。

在电磁领域,使用机器学习进行优化设计的例子包括:基于神经网络的高压电器绝缘设计[16]、采用人工神经网络对电极形状进行优化[17]、利用机器学习求解电磁逆散射问题[18]。它们克服了传统方法可能会遇到的一些困难,比如求解过程中固有的强非线性、病态问题、大量迭代和高计算成本。也有使用机器学习结合其他方法实现优化设计的例子包括:采用支持向量机结合间接边界元法优化高压系统支撑绝缘子的沿面电场[19]、使用 Big M 算法结合边界元法优化带电电极上的电场强度分布[20]、使用深度神经网络结合有限元分析去优化压力机腔体中的磁通密度分布[21]、机器学习结合有限元软件优化设计真空灭弧室等高压设备内部形状[22]、哈希集成自适应遗传算法(hashing integrated adaptive genetic algorithm)和电荷模拟法结合设计支撑绝缘子的外形[23]。它们都能有效获得想要的场分布,除了拥有更好的准确性还能降低时间成本。总的来说,这些研究证明了机器学习在优化设计方面的潜力,并强调了电磁和机器学习领域之间跨学科合作的重要性。

在其他领域,存在使用机器学习结合图像处理解决生物医学、光学或仪器测量的问题,包括深度学习结合图像处理用于光声内窥镜图像的电磁干扰噪声去除算法[24]、卷积神经网络结合图像处理技术用于光场图像的深度估计[25]、机器学习结合图像处理实现电气设备金属部件的非接触温度测量等[26]。总之,目前机器学习方法在各个领域均取得了长足的发展,但是还没有出现发挥图像形象化的技术优势来优化设计均匀电磁场的方法。

本书通过电磁场有限元计算电极以及线圈各种形状参数下的电磁场分布,获得大量数据,为使用机器学习创造了条件,由此提出基于机器学习对已知电场或磁场云图分布特征求取对应电极或线圈边界条件,这类逆问题的解决方法。

9.2 机器学习建模方法

采用监督学习的方法来建立预测模型,将形状参数确定为标签,再提取数值计算云图中包含的特征,这样可以构成特征-标签数据集,再通过合适的算法对其进行训练,最后通过交叉验证的方法以及一系列优化得到预测模型,此模型可以通过输入特征预测出对应的形状参数。

9.2.1 特征量的选取

为了对电磁场分布特征进行研究,需要提取电磁场分布云图的灰度特征,并在此基础上采用了统计指标作为描述电磁场分布的特征量。

首先,采用灰度矩阵来描述云图每个像素点的特征。对于彩色云图,按色度学理论,所有颜色都可以用红(red,R)、绿(green,G)、蓝(blue,B)三种颜色来合成,这三种颜色称为三基色,每个颜色由 0~255 灰度级表示。如图 9.2.1 所示(见附录 A),彩色云图有 RGB 三个灰度通道,300×600 像素点组成 3 个 300×600 的灰度矩阵。对于黑白云图,将原来的彩色云图通过机器读取为黑白云图,黑白云图只有一个单独的灰度通道,可以得到 1 个 300×600 的灰度矩阵。

然后,采用灰度概率密度函数来描述整个云图的特征。灰度概率密度函数 GLPDF 是表征单通道内各个灰度级的频率分布,对于像素尺寸为 $W \times L$ 的图片,在其 l 通道($l \in \{R, G, B\}$)的灰度矩阵中,灰度级为 N($N \in [0, 255]$ 且为整数)的像素数目为 $\text{Num}(N)_l$,则该通道中该灰度级对应的灰度概率 $p(N)_l$ 可以表示为

$$p(N)_l = \frac{\text{Num}(N)_l}{W \times L} \tag{9.1}$$

应用图像处理技术提取每张电磁场分布云图中的统计特征,灰度信息所包含的统计特征项如表 9.2.1 所示。特征包括图片灰度矩阵中像素点灰度级的平均灰度、偏度、峰度、方差、众数和中位数,图片灰度概率密度函数的峰值以及其上、下 α 分位点。对于彩色云图,每个灰度通道分析的特征量为上述 9 个,RGB 三个灰度通道共 27 个特征,称为 RGB 灰度特征。对于黑白云图,只分析一个单独的灰度通道,提取的特征量共 9 个,称为黑白灰度特征。

表 9.2.1 灰度信息所包含的统计特征项

数据来源	统计特征	说明
灰度概率密度函数	平均灰度	反映灰度级的平均水平。在一定程度上反映了灰度频率分布曲线的形状和位置
	偏度	反映数据分布不对称性的特征数。当随机变量不是完全对称的严格正态分布时,可以通过计算偏度来检验分布的倾斜方向和程度
	峰度	反映均值处概率分布的峰值锐度和高度的特征数,可以描述频率分布的陡度
	方差	反映灰度级的离散程度。与灰度频率分布曲线的主体分布范围有关
	众数	反映了出现次数最多的灰度级
	中位数	相比平均灰度而言,中位数可以更好地反映灰度的一般水平,而不受最大值和最小值的影响
	峰值	灰度频率分布曲线的最大值

续表

数据来源	统计特征	说明
灰度概率密度函数	下 α 分位点	假设随机变量 X 的概率密度分布函数为 $F(x)$,$p(0<p<1)$为实数,如果 x_p 能够使得: $$P\{X \leqslant x_p\} = F(x_p) = p$$ 则称 x_p 为该分布的下 α 分位点
	上 α 分位点	假设随机变量 X 的概率密度分布函数为 $F(x)$,$p(0<p<1)$为实数,如果 x_p 能够使得: $$P\{X \geqslant x_p\} = F(x_p) = p$$ 则称 x_p 为该分布的上 α 分位点。 上 α 分位点和下 α 分位点可以界定云图灰度级的主体分布区间,它们的 α 均取 0.3

9.2.2 七种算法的介绍

采用七种比较常见的机器学习算法用于训练预测模型,它们分别为 k-最邻近(k-nearest neighbor,KNN)算法、随机森林回归(random forest regression,RFR)算法、决策树(decision tree,DT)算法、多输出支持向量回归算法(multi-output regressor-support vector regression,MOR-SVR)、多输出梯度回归算法(multi-output regressor-gradient boost regression tree,MOR-GBRT)、链式支持向量回归算法(regressor chain-support vector regression,RC-SVR)、链式梯度回归算法(regressor chain-gradient boost regression tree,RC-GBRT)。每种算法都有各自的优缺点,算法优缺点比较如表9.2.2所示。

表 9.2.2 算法优缺点比较

算法	优 点	缺 点
KNN	精度高	懒惰算法,对于大数据集,在测试阶段较为耗时
RFR	精度高,弱学习器之间相对独立	对于噪声较多的数据容易过拟合
DT	具有相当好的鲁棒性,建立模型快	容易过拟合,泛化能力不强
SVR	精度高,泛化能力强	不适合大型数据集,噪声多时表现不佳
GBRT	精度高,对奇异点稳定性强	较为耗时,弱学习器之间难以并行训练

关于 MOR 与 RC 的介绍:MOR 是一种直接对多输出回归问题进行建模的方法。在多输出回归问题中,每个样本都对应多个输出变量,而不是单一的目标变量。MOR 的目标是直接预测所有输出变量的值,而不是将多输出问题拆分成多个独立的单输出问题。RC 是一种通过将多输出问题转化为一系列单输出问题来解决多输出回归问题的方法。在 RC 中,首先选择一个输出变量作为第一个目标变量,然后将该目标变量与输入特征一起构建模型进行训练。在预测阶段,使用第一个模型的预测结果作为输入,再与其他未预测的输出变量一起构建新的模型。这样不断重复,直到所有输出变量都得到预测。

9.2.3 预测模型的建立

为了训练出可以通过灰度特征预测出形状参数的预测模型,首先将数值计算出的每张电场云图或者磁场云图对应的形状参数作为标签,然后将这些云图的特征量与形状参数作为特征-标签数据集,最后使用不同的机器学习算法对其进行训练。

彩色云图训练出的模型称为彩色模型,黑白云图训练出的模型称为黑白模型。预测模型的任务是根据输入特征从而输出形状参数,这里将模型测试阶段对于测试集样本的形状参数预测值与标定值之间的平均绝对误差(MAE)以及 R2-score 作为模型的精度评价指标。采用十折交叉验证方法优化了对七种算法预测模型的评价指标,详见第 8 章的介绍。

9.3 两个平行圆盘电极间均匀电场优化

首先使用有限元计算出多组不同形状参数电极的电场分布,然后建立多种电极形状参数下的电场分布云图库,提取云图的灰度特征,通过不同的机器学习算法,建立可以根据云图特征预测出形状参数的预测模型,最后对模型的优化设计能力进行评价。

9.3.1 电场数值计算

对如下圆盘电极面型的实例进行说明。该电极是采用二维轴对称模型在三维空间进行仿真。对电极的二维截面进行介绍:两个圆盘电极用于计算其电场,分布如图 9.3.1 所示,图中的点划线即为对称轴,电极面型由直线和二次抛物线($\pm R(r-A)^2 - B$,其中(A,B)为抛物线顶点 b、e、h、k 的坐标)组成,为了使水平直线和抛物线的连接处光滑,将抛物线的顶点固定于抛物线与水平直线的连接处,由于抛物线顶点被固定,所以只剩下抛物线的二次项系数可以作为参数。

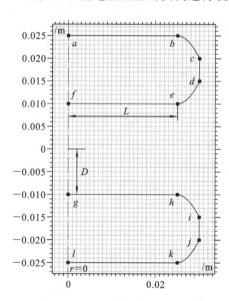

图 9.3.1 两个圆盘电极用于计算其电场分布

如图 9.3.1 所示,ab、cd、ef、gh、ij、kl 均为直线,bc、ed、hi、kj 均为二次抛物线。$ab = ef = gh = kl = L$,$fg = 2D$。b、e、h、k 为抛物线的顶点,抛物线的二次项系数为 R。本实例中 $af = gl = 0.015$ m,即电极的厚度为 0.015 m;抛物线的水平长度为 0.005 m,所以电极的总水平长度为($L + 0.005$) m。

材料属性设置空气相对介电常数为 1。

电场计算边界条件设置:上方圆盘电极边界设为 5000 V,下方圆盘电极边界设为 -5000 V。外部边界用水平方向长为 0.1 m、垂直方向长为 0.2 m 的正方形边界包裹,除对称轴外均设置为零电荷,即 $n \cdot D = 0$。

不同电极形状参数范围:L(10 组)=0.02~0.029,变化步长为 0.001 m;D(10 组)=0.006~0.015,变化步长为 0.001 m;R(20 组)=150~245,变化步长为 5(无量纲)。这样可以通过有限元计算得到由 2000(10×10×20)张不同电极形状参数下电场分布云图组成的图库。

通过仿真绘制的电场云图均采用彩色云图建立云图库,颜色表采用 Rainbowlight,如图 9.3.2 所示(见附录 A)。根据电场分布中各处的电场强度生成相应的云图的具体方式:将所述场分布中最大电场强度处设为第一预设颜色,最小电场强度处设为第二预设颜色;根据最大电场强度、最小电场强度、第一预设颜色和第二预设颜色,自动生成其他电场强度处的颜色,以得到所述云图,颜色与电场强度的对应关系在各云图中保持一致。

在使用仿真软件计算时,为保证仿真结果的准确需要电场边界比电极尺寸大几倍,图 9.3.2(a)中的云图像素为 900×1800,但优化关心的重点在于电极间及其周围的电场。为了减少关注区域外的因素带来的影响,需要对导出的电场分布云图进行统一截图处理,后续实际训练采用的云图为处理后的电场分布云图,图 9.3.2(b)中实际训练时的电场分布云图像素为 300×600。

9.3.2 机器学习模型识别性能比较

下面比较了电场彩色云图的灰度特征和黑白云图的灰度特征、七种机器学习算法对模型识别能力的影响。对于两个平行圆盘电极的形状参数,由于 L 和 D 的单位为 m,而 R 是无量纲的,所以 L 和 D 的 MAE_{avg} 单位为 m;R 的 MAE_{avg} 为无量纲,$R2\text{-}score_{avg}$ 为无量纲。

各机器学习算法对彩色和黑白模型的优化训练结果如表 9.3.1、表 9.3.2 所示。为了区分训练结果,在此设定一个标准,将训练效果较好的算法定义为同时满足:

$L\_MAE < 0.002$ m,$L\_R2\text{-}score > 0.8$

$D\_MAE < 0.0015$ m,$D\_R2\text{-}score > 0.8$

$R\_MAE < 15$,$R\_R2\text{-}score > 0.8$

表 9.3.1 彩色模型机器学习算法的优化训练结果

算法	L_MAE/m	L_R2-score	D_MAE/m	D_R2-score	R_MAE	R_R2-score
KNN	0.000064	0.995122	0	1	2.8725	0.973484
RFR	0.000788	0.843439	0.000171	0.993635	8.788742	0.828625
DT	0.001194	0.669219	0.000270	0.974395	13.85218	0.620733
MOR-SVR	0.001020	0.827944	0.001027	0.844722	4.736619	0.929423
MOR-GBRT	0.000132	0.996468	0.000123	0.997566	13.35294	0.615277
RC-SVR	0.001020	0.827944	0.001510	0.608349	4.673185	0.931606
RC-GBRT	0.000132	0.996467	0.000123	0.997566	13.28596	0.618495

表 9.3.2　黑白模型机器学习算法的优化训练结果

算法	L_MAE/m	$L\_R2\text{-score}$	D_MAE/m	$D\_R2\text{-score}$	R_MAE	$R\_R2\text{-score}$
KNN	0	1	0	1	3.2525	0.967998
RFR	1.3e-06	0.999988	0.00215	0.186973	3.537271	0.952098
DT	1.26e-06	0.999902	0.002179	0.12851	6.459796	0.892261
MOR-SVR	0.000786	0.910991	0.00096	0.873632	8.010887	0.80298
MOR-GBRT	0.000123	0.997587	0.000123	0.997565	7.73626	0.877602
RC-SVR	0.000786	0.910991	0.001145	0.8093	9.02104	0.759996
RC-GBRT	0.000123	0.997587	0.000123	0.997566	7.738299	0.87748

1. 彩色模型

对于彩色模型，上述七种算法中有的算法对 L、D 的训练效果好，但是对 R 的训练效果一般。例如，MOR-GBRT、RC-GBRT、DT 算法对 L、D 的训练效果好，但是对 R 的训练效果一般。RC-SVR 算法对 L、R 的训练效果好，但是对 D 的训练效果一般。

2. 黑白模型

对于黑白模型，上述七种算法整体的训练效果都较好，除了 RFR 和 DT 算法对 D 的训练效果一般，RC-SVR 算法对 R 的训练效果一般。

综上所述，针对该组云图集，对彩色模型训练效果较好的算法有 KNN、RFR、MOR-SVR，黑白模型训练效果较好的算法有 KNN、MOR-SVR、MOR-GBRT、RC-GBRT。MOR-GBRT 算法更适合低维数据，所以在黑白模型中表现较好。每种算法都有各自出色的地方，只是考虑到三个形状参数都需要满足一定标准的情况下，上面的几种算法表现较好。

9.3.3 电场优化设计

第一步，选取理想化均匀电场云图。在云图库中提取某一电场分布较为均匀（如离电极边缘较远的区域，其中每个像素点的 RGB 灰度级都分别近似相等）的云图，作为均匀电场的参考云图。

为了补充验证这两种预测模型优化均匀场电极的能力，分别选取电极间距最小与最大时两张 D 不同的云图。选取的第一张云图 A 的 $[L,D,R]=[0.02,0.006,150]$，如图 9.3.3(a) 所示（见附录 A）；第二张云图 B 的 $[L,D,R]=[0.02,0.015,150]$，如图 9.3.4(a) 所示（见附录 A）。提取灰度特征后，得知它们中心均匀部分的 RGB 灰度级分别为 $[255,255,2]$、$[0,199,255]$，然后用机器生成两张均匀电场云图 M、N，分别如图 9.3.3(b)、图 9.3.4(b) 所示（见附录 A），像素为 300×600，每一个像素点的 RGB 灰度级相同，称它为理想化均匀电场云图。

第二步，预测均匀电场的电极形状参数。提取云图 M、云图 N 的 RGB 灰度特征与黑白灰度特征，再分别用彩色模型与黑白模型对其进行形状参数预测。不同算法对形状参数预测的结果如表 9.3.3～表 9.3.6 所示。

表 9.3.3 彩色模型不同算法预测云图 M 的形状参数

算法	L/m	D/m	R
KNN	0.029	0.008	152.5
RFR	0.023949	0.014108	158.64
DT	0.025438	0.014125	155.31
MOR-SVR	0.024956	0.012281	199.16
MOR-GBRT	0.027828	0.010210	158.77
RC-SVR	0.024956	0.010811	199.14
RC-GBRT	0.027828	0.010117	148.51

表 9.3.4 黑白模型不同算法预测云图 M 的形状参数

算法	L/m	D/m	R
KNN	0.021	0.015	187.5
RFR	0.029	0.011976	192.93
DT	0.029	0.012	197.5
MOR-SVR	0.024822	0.010522	196.93
MOR-GBRT	0.028779	0.014781	204.14
RC-SVR	0.024822	0.010439	197.83
RC-GBRT	0.028779	0.014781	208.61

表 9.3.5 彩色模型不同算法预测云图 N 的形状参数

算法	L/m	D/m	R
KNN	0.02	0.01	237.5
RFR	0.023895	0.014122	158.89
DT	0.025438	0.014125	155.31
MOR-SVR	0.024956	0.012281	199.16
MOR-GBRT	0.027828	0.012836	164.47
RC-SVR	0.024956	0.010811	199.14
RC-GBRT	0.027828	0.012773	157.82

表 9.3.6 黑白模型不同算法预测云图 N 的形状参数

算法	L/m	D/m	R
KNN	0.02	0.015	240
RFR	0.029	0.011976	192.93
DT	0.029	0.012	197.5
MOR-SVR	0.024822	0.010522	196.93
MOR-GBRT	0.028779	0.014781	204.14
RC-SVR	0.024822	0.010439	197.83
RC-GBRT	0.028779	0.014781	208.61

对预测出的电极的三个形状参数,再次通过有限元仿真软件计算出相应的电场云图,并将云图统一截图为300×600像素,结合参考云图(未经过优化设计的云图A或者云图B)进行对比,彩色模型不同算法对云图M预测形状参数的仿真电场云图如图9.3.5所示(见附录A);黑白模型不同算法对云图M预测形状参数的仿真电场云图如图9.3.6所示;彩色模型不同算法对云图N预测形状参数的仿真电场云图如图9.3.7所示(见附录A);黑白模型不同算法对云图N预测形状参数的仿真电场云图如图9.3.8所示。

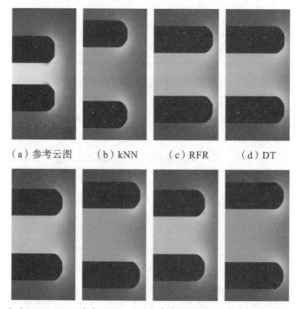

图9.3.6 黑白模型不同算法对云图M预测形状参数的仿真电场云图

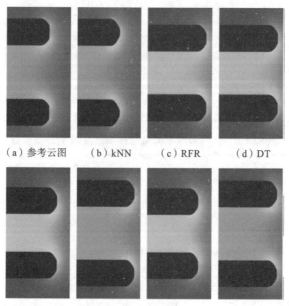

图9.3.8 黑白模型不同算法对云图N预测形状参数的仿真电场云图

9.3.4 设计结果评价

为了定量比较电场均匀度,引入如下均匀度评价指标:

$$\eta_1 = \left| \frac{E_1}{E_2} - 1 \right| \tag{9.2}$$

式中:E_1 为电极边缘的局部区域平均电场模值;E_2 为中心点电场模值。电场均匀度评价指标 η_1 的值越接近 0 越好。

中心点与电极边缘的局部区域示意图如图 9.3.9 所示,对中心点与局部区域的定义进行说明:以 r 为水平方向坐标,z 为竖直方向坐标,(r,z) 表示点坐标,$\{(r_1,z_1),(r_2,z_2)\}$ 为两点定义的线段,中心点为 $(0,0)$。电极边缘的局部区域由以下四个部分围成:

(Ⅰ)电极边缘轮廓;

(Ⅱ)线段$\{(L+0.005,D+0.0075),(L+0.01,D+0.0075)\}$;

(Ⅲ)线段$\{(L-0.002,D),(L-0.002,D+0.0075-0.012)\}$;

(Ⅳ)圆心为$(L-0.002,D+0.0075)$,半径为 0.012 m 的四分之一圆弧。

根据表 9.3.3~表 9.3.6 中的数据,计算出电极经过两种模型优化后以及未经过优化设计时的 η_1,均匀度评价指标对比柱状图如图 9.3.10 所示。

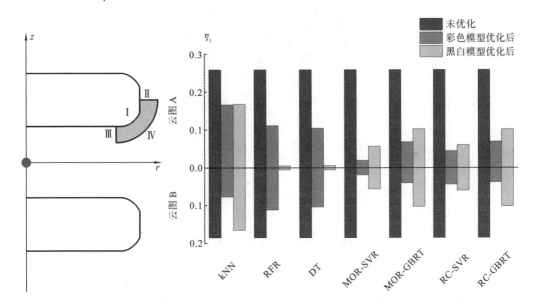

图 9.3.9　中心点与电极边缘的局部区域示意图

图 9.3.10　均匀度评价指标对比柱状图

在此评价指标下,将两种预测模型对于两张云图的电场优化效果进行对比,得出结论如下。

(1)彩色模型与黑白模型都具有优化设计均匀电场的能力。黑白模型采用 RFR 与 DT 算法时的电场优化效果要优于彩色模型,其余算法的电场优化效果不如彩色模型。整体而言,彩色模型对均匀电场的优化效果要优于黑白模型。

(2)经过两种预测模型的优化设计,两张不同云图的电场均匀性均得到进一步的提高,补充证明了两种预测模型均具有优化产生均匀场的电极结构的能力。

9.4 两个平行线圈间均匀磁场优化实例

首先使用有限元计算出多组不同形状参数线圈的磁场分布,然后建立多种线圈形状参数下的磁场分布云图库,提取云图的灰度特征,通过不同的机器学习算法,建立可以根据云图特征预测出线圈形状参数的预测模型,最后对模型的优化设计能力进行了评价。

9.4.1 磁场数值计算

两个平行线圈用于计算其磁场分布的实例,模型如图 9.4.1 所示。该模型在三维空间内建模并仿真。模型由两个平行线圈,以及外部空气域组成。两个线圈用一个半径为 1 m 的球体将线圈包裹在内,球体外部的壳体为坐标经过拉伸的虚拟无限元域。

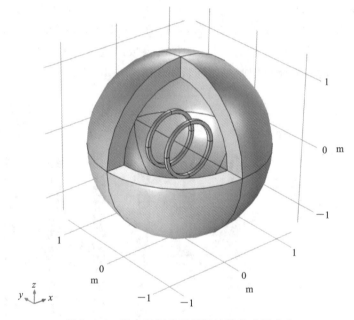

图 9.4.1　两个平行线圈用于计算其磁场分布

模型在 $z=0$ 的截面图如图 9.4.2 所示,线圈形状参数:线圈是由两个正方形(黑色部分所示)绕 y 轴转一圈形成,正方形的边长为 0.05 m,线圈间距 D 指的是两个线圈的距离。

材料属性设置:线圈部分相对磁导率为 1,相对介电常数为 1,电导率为 6×10^7 S/m。其余部分设定为空气,相对磁导率为 1,相对介电常数为 1,电导率为 0。

磁场计算边界条件设置:线圈内部的导线设置为均匀多匝,匝数 N 为 10。每匝线圈电流 $I_{coil}=0.1$ A,且两个线圈通同向电流。外部边界是半径为 1.3 m 的球体表面,其满足磁绝缘,即 $n\times \boldsymbol{D}=\boldsymbol{0}$。

不同线圈形状参数范围:R(20 组)$=0.4\sim0.59$,变化步长为 0.01 m;D(20 组)$=0.4\sim0.59$,变化步长为 0.01 m。这样可以通过有限元计算得到由 400(20×20)张不同

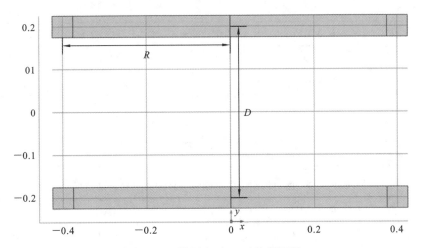

图 9.4.2　模型在 $z=0$ 时的截面图

线圈形状参数下磁场分布云图组成的图库。

通过仿真绘制的磁场云图均采用彩色云图建立云图库,颜色表采用 Rainbowlight,磁场分布云图如图 9.4.3 所示(见附录 A)。根据磁场分布中各处的磁场强度生成相应云图的具体方式:将所述磁场分布中最大磁场强度处设为第一预设颜色,最小磁场强度处设为第二预设颜色;根据最大磁场强度、最小磁场强度、第一预设颜色和第二预设颜色自动生成其他磁场强度处的颜色,以得到所述云图,颜色与磁场强度的对应关系在各云图中保持一致。

当使用仿真软件计算时,为保证仿真结果的准确需要磁场边界比线圈尺寸大几倍,如图 9.4.3(a)所示的云图像素为 1000×1000,但优化关心的重点在于线圈间的磁场,为了减少关注区域外的因素带来的影响,需要对导出的磁场分布云图进行统一截图处理,后续实际训练采用的云图为处理后的磁场分布云图。图 9.4.3(b)所示的是实际训练时的磁场分布云图,像素为 500×300。

9.4.2　机器学习模型识别性能比较

下面比较了磁场彩色云图的灰度特征和黑白云图的灰度特征、七种机器学习算法对模型识别能力的影响。对于两个平行线圈的形状参数,由于 R 和 D 的单位为 m,所以 R 和 D 的 MAE_{avg} 单位为 m,$R2\text{-score}_{avg}$ 为无量纲。

各机器学习算法对彩色和黑白预测模型的优化训练结果如表 9.4.1、表 9.4.2 所示。为了区分训练结果,在此设定一个标准,将训练效果较好的算法定义为同时满足:

$R\_MAE < 0.02$ m,$R\_R2\text{-score} > 0.9$;

$D\_MAE < 0.02$ m,$D\_R2\text{-score} > 0.9$。

表 9.4.1　彩色预测模型机器学习算法的优化训练结果

算　　法	R_MAE/m	$R\_R2\text{-score}$	D_MAE/m	$D\_R2\text{-score}$
KNN	0.002769	0.995213	0.004644	0.984927
RFR	0.005602	0.983588	0.00591	0.979307

续表

算法	R_MAE/m	R_R2-score	D_MAE/m	D_R2-score
DT	0.013313	0.923788	0.015173	0.899315
MOR-SVR	0.005054	0.973683	0.00615	0.960694
MOR-GBRT	0.003342	0.994124	0.006276	0.976697
RC-SVR	0.005054	0.973683	0.005936	0.963197
RC-GBRT	0.003343	0.994131	0.006298	0.97662

表 9.4.2　黑白预测模型机器学习算法的优化训练结果

算法	R_MAE/m	R_R2-score	D_MAE/m	D_R2-score
KNN	0.003631	0.992112	0.005231	0.984398
RFR	0.005488	0.984124	0.006376	0.976555
DT	0.013061	0.923707	0.016279	0.877122
MOR-SVR	0.00396	0.981289	0.005243	0.966804
MOR-GBRT	0.002694	0.996495	0.007263	0.974896
RC-SVR	0.00396	0.981289	0.004769	0.972225
RC-GBRT	0.002698	0.996495	0.007306	0.974581

1. 彩色模型

彩色模型中各种算法的训练效果都较好,除了 DT 算法对 D 的训练效果一般。

2. 黑白模型

黑白模型中各种算法的训练效果都较好,除了 DT 算法对 D 的训练效果一般。

综上所述,针对该组云图集,彩色模型及黑白模型除了 DT 算法表现存在不足(因为 DT 算法不太擅长处理特征关联性比较强的数据),其余算法的训练效果均较好。这里需要补充说明一点,虽然有的算法在训练模型时表现一般,但是该算法训练出的模型依旧可以根据输入的特征预测出其形状参数,仍可以实现对磁场的优化。

9.4.3　磁场优化设计

第一步,选取理想化均匀磁场云图。在云图库中提取某一磁场较为均匀(如离线圈边缘较远的区域,其中每个像素点的 RGB 灰度级都分别近似相等)的云图,作为均匀磁场的参考云图。

选取云图 P 的 $[R,D]=[0.4,0.4]$,如图 9.4.4(a)所示(见附录 A),提取其灰度特征后,得知其中心均匀部分的 RGB 灰度级分别为 $[58,141,228]$,然后用机器生成一张均匀磁场云图 Q,如图 9.4.4(b)所示(见附录 A),像素为 500×300,每一个像素点的 RGB 灰度级相同,称它为理想化均匀磁场云图。

第二步,预测均匀磁场的线圈形状参数。提取云图 Q 的 RGB 灰度特征与黑白灰度特征,再分别用彩色模型与黑白模型对其进行形状参数预测。彩色模型和黑白模型不同算法对形状参数预测的结果如表 9.4.3、表 9.4.4 所示。

表 9.4.3　彩色模型不同算法预测云图 Q 的形状参数

算　　法	R/m	D/m
KNN	0.505	0.4
RFR	0.506011	0.416651
DT	0.563158	0.411579
MOR-SVR	0.471313	0.497106
MOR-GBRT	0.578165	0.407899
RC-SVR	0.471313	0.497067
RC-GBRT	0.578211	0.408183

表 9.4.4　黑白模型不同算法预测云图 Q 的形状参数

算　　法	R/m	D/m
KNN	0.56	0.405
RFR	0.53061	0.415275
DT	0.562083	0.413750
MOR-SVR	0.466799	0.495377
MOR-GBRT	0.585313	0.435991
RC-SVR	0.466799	0.495254
RC-GBRT	0.585313	0.436678

将预测出的线圈的两个形状参数，再次通过有限元仿真软件计算出相应的磁场云图。为了评价两个不同切面下的优化效果，在 $z=0$ 切面下将云图统一截图为 500×300 像素，在 $y=0$ 切面下将云图统一截图为 500×500 像素，结合未经过优化的参考云图（即 $[R,D]=[0.4,0.4]$）进行对比，彩色模型不同算法对云图 Q 预测形状参数的 $z=0$ 切面仿真磁场云图如图 9.4.5 所示（见附录 A）；黑白模型不同算法对云图 Q 预测形状参数的 $z=0$ 切面仿真磁场云图如图 9.4.6 所示；彩色模型不同算法对云图 Q 预测形状参数的 $y=0$ 切面仿真磁场云图如图 9.4.7 所示（见附录 A）；黑白模型不同算法对云图 Q 预测形状参数的 $y=0$ 切面磁场云图如图 9.4.8 所示。

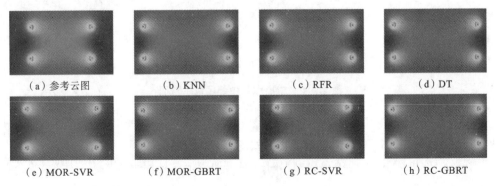

图 9.4.6　黑白模型不同算法对云图 Q 预测形状参数的 $z=0$ 切面仿真磁场云图

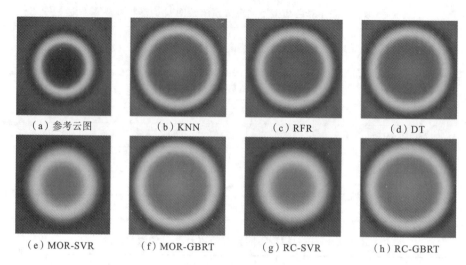

图 9.4.8　黑白模型不同算法对云图 Q 预测形状参数的 $y=0$ 切面仿真磁场云图

9.4.4　设计结果评价

为了定量比较磁场均匀度,引入如下均匀度评价指标:

$$\eta_2 = \left| \frac{B_1}{B_2} - 1 \right| \tag{9.3}$$

式中:B_1 为中部区域平均磁场模值;B_2 为中心点磁场模值。磁场均匀度评价指标 η_2 的值越接近 0 越好。

中心点与中部区域示意图如图 9.4.9 所示,对中心点与中部区域的定义进行说明:中心点为 $(0,0,0)$,中部区域考虑两种情况,$z=0$ 切面中部区域为 $1\,\text{m} \times 0.3\,\text{m}$ 的矩形,$y=0$ 切面中部区域为 $0.8\,\text{m} \times 0.8\,\text{m}$ 的正方形。

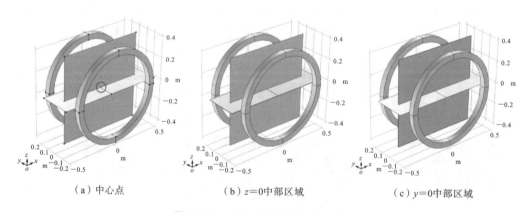

图 9.4.9　中心点与中部区域示意图

根据表 9.4.3、表 9.4.4 中的数据,计算出线圈经过两种模型优化后以及未经过优化设计的 η_2,均匀度评价指标对比柱状图如图 9.4.10 所示。

在此评价指标下,将两种预测模型对于两个切面上磁场优化效果进行对比,得出结论如下。

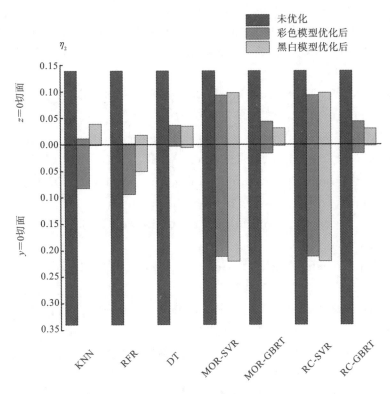

图 9.4.10　均匀度评价指标对比柱状图

（1）未优化的亥姆霍兹线圈（$R=D=0.4$ m）经过彩色模型与黑白模型的优化设计，轴向和径向中部区域的磁场均匀性均得到了提升，说明两个模型都具有优化设计均匀磁场的能力。

（2）在 $z=0$ 切面上，黑白模型采用 DT、MOR-GBRT 与 RC-GBRT 算法的磁场优化效果要优于彩色模型，其余算法的磁场优化效果不如彩色模型。

（3）在 $y=0$ 切面上，彩色模型采用 MOR-SVR 与 RC-SVR 算法的磁场优化效果要优于黑白模型，其余算法的磁场优化效果不如黑白模型。

9.5　本章参考文献

[1] ROGOWSKI W. Die elektrische festigkeit am rande des plattenkondensators：Ein beitrag zur theorie der funkenstrecken und durchführungen[J]. Archiv für Elektrotechnik，1923，12(1)：1-15.

[2] STEPHENSON J D. Corona and spark discharge in gases[J]. Journal of the institution of electrical engineers，1933，73(439)：69-82.

[3] BRUCE F M. Calibration of uniform-field spark-gaps for high-voltage measurement at power frequencies[J]. Journal of the institution of electrical engineers，1947，94(38)：138-139.

[4] HARRISON J A. A computer study of uniform-field electrodes[J]. British jour-

nal of applied physics，1967，18(11)：1617-1627.

[5] PEARSON J S, HARRISON J A. A uniform field electrode for use in a discharge chamber of restricted size：design and performance[J]. Journal of physics D：applied physics，1969，2(1)：77-84.

[6] HARRISON J A. The electric field on the surface of Bruce electrodes[J]. Journal of electrostatics，1977，2(4)：327-330.

[7] STAPPAERTS E A. A novel analytical design method for discharge laser electrode profiles[J]. Applied physics letters，1982，40(12)：1018-1019.

[8] CHANG T Y. Improved uniform-field electrode profiles for TEA laser and high-voltage applications[J]. Review of scientific instruments，1973，44(4)：405-407.

[9] ERNST G J. Compact uniform field electrode profiles[J]. Optics communications，1983，47(1)：47-51.

[10] ERNST G J. Uniform-field electrodes with minimum width[J]. Optics communications，1984，49(4)：275-277.

[11] PEZH A. Practical approach for the design of uniform-field electrodes in transversely excited CO_2 lasers[J]. Applied optics，2021，60(16)：4690.

[12] 王倩，周晓华，朱强，等. 关于产生均匀磁场的亥姆霍兹线圈的研究[J]. 大学物理实验，2022，35(3)：23-28.

[13] 方明月，郭瑞雪，谢翠婷. 基于多种方法探究的亥姆霍兹和多线圈磁场分析[J]. 大学物理实验，2021，34(6)：10-15.

[14] 徐长亮. 三轴亥姆霍兹线圈的物理特性及其应用的研究[D]. 大连：大连理工大学，2013[2013-07-16].

[15] BARBA P D. Future trends in optimal design in electromagnetics[J]. IEEE Transactions on magnetics，2022，58(9)：1-4.

[16] OKUBO H, OTSUKA T, KATO K, et al. Electric field optimization of high voltage electrode based on neural network[J]. IEEE Transactions on power systems，1997，12(4)：1413-1418.

[17] MUKHERJEE P K, TRINITIS C, STEINBIGLER H. Optimization of HV electrode systems by neural networks using a new learning method[J]. IEEE Transactions on dielectrics and electrical insulation，1996，3(6)：737-742.

[18] WANG Yan, ZHAO Yanwen, WU Lifeng, et al. Hybrid dilated convolutional neural network for solving electromagnetic inverse scattering problems[J]. International journal of RF and microwave computer-aided engineering，2022，32(3)：23023.

[19] BANERJEE S, LAHIRI A, BHATTACHARYA K. Optimization of support insulators used in HV systems using support vector machine[J]. IEEE Transactions on dielectrics and electrical insulation，2007，14(2)：360-367.

[20] DASGUPTA S, BARAL A, LAHIRI A. Optimization of electric stress in a vacuum interrupter using Charnes' Big M algorithm[J]. IEEE Transactions on die-

lectrics and electrical insulation, 2023, 30(2): 877-882.

[21] BARMADA S, FONTANA N, FORMISANO A, et al. A deep learning surrogate model for topology optimization[J]. IEEE Transactions on magnetics, 2021, 57(6): 1-4.

[22] SHEMSHADI A, AKBARI A, TAGHI BATHAEE S M. A novel approach for reduction of electric field stress in vacuum interrupter chamber using advanced soft computing algorithms[J]. IEEE Transactions on dielectrics and electrical insulation, 2013, 20(5): 1951-1958.

[23] CHEN W, YANG H, HUANG H. Optimal design of support insulators using hashing integrated genetic algorithm and optimized charge simulation method [J]. IEEE Transactions on dielectrics and electrical insulation, 2008, 15(2): 426-433.

[24] GULENKO O, YANG H, KIM K, et al. Deep-learning-based algorithm for the removal of electromagnetic interference noise in photoacoustic endoscopic image processing[J]. Sensors, 2022, 22(10): 3961.

[25] FENG M, WANG Y, LIU J, et al. Benchmark data set and method for depth estimation from light field images[J]. IEEE Transactions on image processing, 2018, 27(7): 3586-3598.

[26] YUAN Zhe, YE Qizheng, WANG Yuwei, et al. Temperature measurement of metal surface at normal temperatures by visible images and machine learning [J]. IEEE Transactions on instrumentation and measurement, 2021, 70: 1-16.

附录 A 彩图

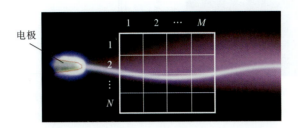

图 2.1.3 电弧图像及其采样区域($M \times N$ 像素)

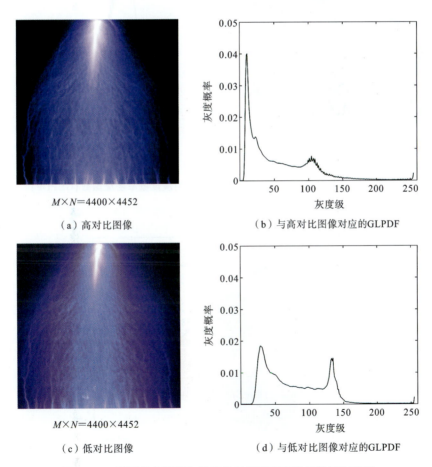

图 2.2.1 沿面放电图像和相应的灰度概率密度函数(GLPDF)

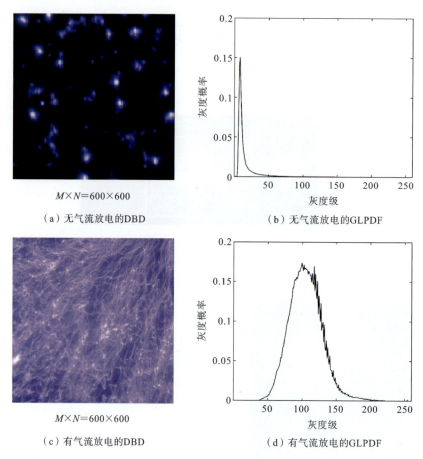

图 2.2.2　介质阻挡放电(DBD)图像和相应的灰度概率密度函数(GLPDF)

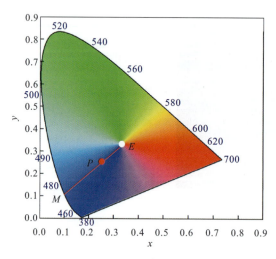

图 2.3.4　CIE 1931 标准色度系统色品图

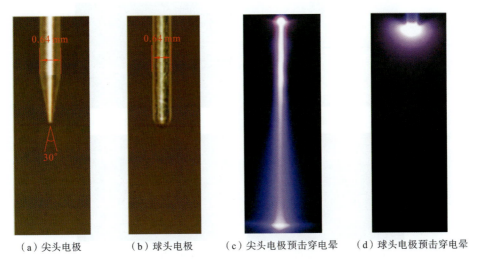

(a)尖头电极　　(b)球头电极　　(c)尖头电极预击穿电晕　　(d)球头电极预击穿电晕

图 3.1.2　两种电极几何形状与两种电极结构下交流预击穿阶段电晕的照片

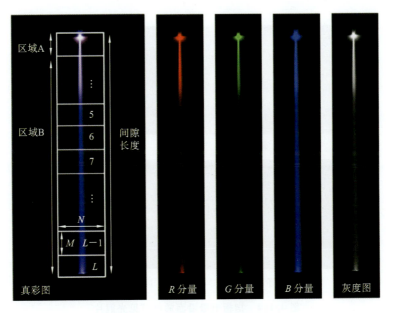

真彩图　　　　　　　　R 分量　　G 分量　　B 分量　　灰度图

图 3.1.3　放电轴向特征提取示意图

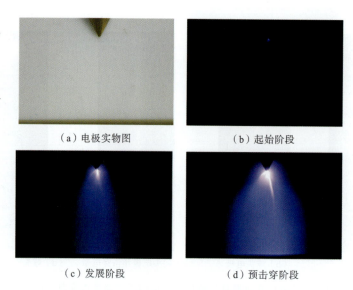

图 4.1.3 针板电极沿面放电可见光照片

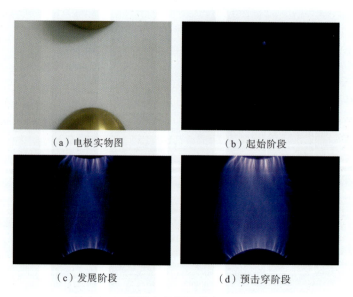

图 4.1.4 指指电极沿面放电可见光照片

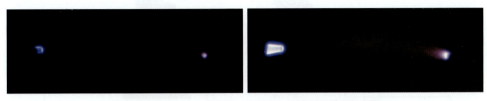

(a) 零休阶段　　　　　　　　(b) 燃弧阶段

图 4.3.13　交流电弧不同阶段可见光照片

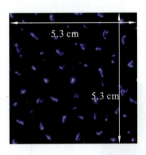

图 5.2.4　大气压空气中的典型放电图像

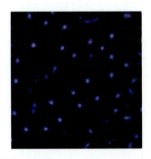 

(a) 大气压，$U=3.7\,\text{kV}$，$f=5.5\,\text{kHz}$　　(b) 低气压，$P=0.01\,\text{MPa}$，$U=1.8\,\text{kV}$，$f=5.5\,\text{kHz}$

图 5.2.27　空气中的放电图像

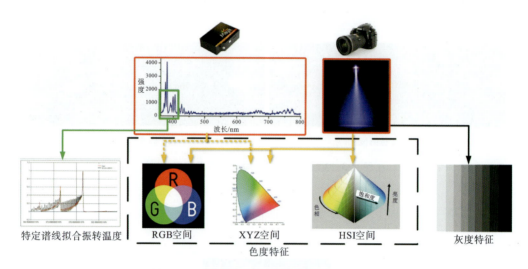

图 6.2.9　图像结果与光谱结果的关联示意图

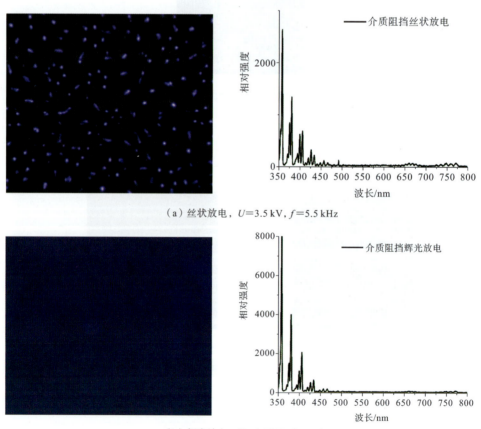

（a）丝状放电，$U=3.5\,\text{kV}$，$f=5.5\,\text{kHz}$

（b）辉光放电，$U=1.5\,\text{kV}$，$f=5.5\,\text{kHz}$

图 6.4.1　两种模式介质阻挡放电图像及可见光波段光谱

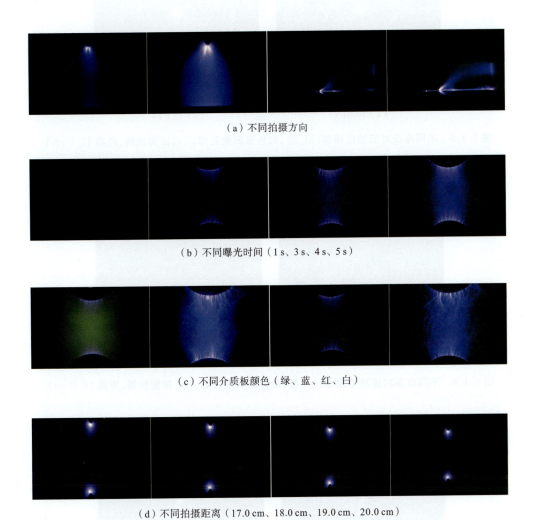

(a) 不同拍摄方向

(b) 不同曝光时间 (1 s、3 s、4 s、5 s)

(c) 不同介质板颜色 (绿、蓝、红、白)

(d) 不同拍摄距离 (17.0 cm、18.0 cm、19.0 cm、20.0 cm)

图 7.1.4 沿面放电图像样本示例

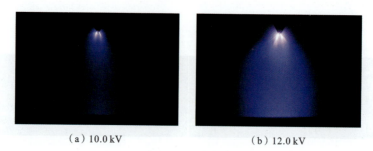

(a) 10.0 kV　　　　　　　　(b) 12.0 kV

图 7.1.6　不同电压对应放电图像（M_2 型，白色聚四氟乙烯，5 s，正面拍摄，距离 17.0 cm）

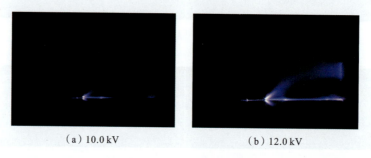

(a) 10.0 kV　　　　　　　　(b) 12.0 kV

图 7.1.8　不同电压对应放电图像（M_2 型，白色聚四氟乙烯，5 s，侧面拍摄，距离 17.0 cm）

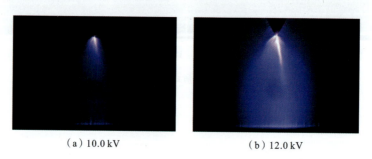

(a) 10.0 kV　　　　　　　　(b) 12.0 kV

图 7.1.10　不同电压对应放电图像（M_2 型，白色有机玻璃，5 s，正面拍摄，距离 17.0 cm）

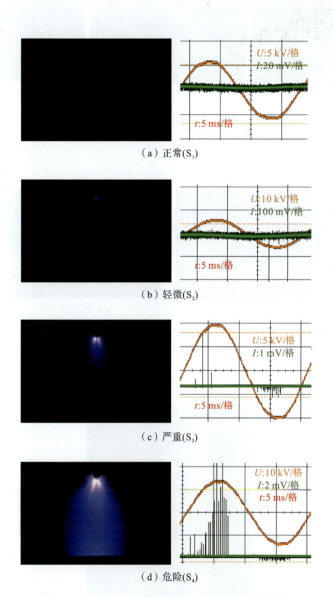

图 7.1.17　不同阶段放电图像及电压、电流波形图

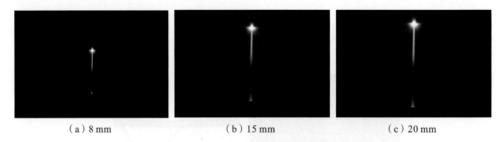

图 7.2.2　不同间隙距离电晕放电图像

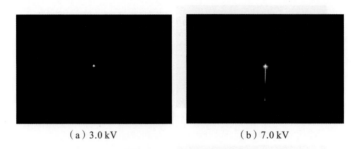

图 7.2.3　不同电压下 8 mm 间隙放电图像

图 7.2.7　放电区域分割示意图

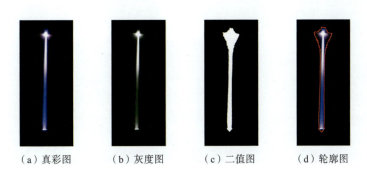

(a) 真彩图　　(b) 灰度图　　(c) 二值图　　(d) 轮廓图

图 7.2.8　提取放电通道形态特征示意图

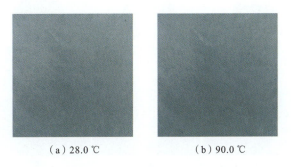

(a) 28.0 ℃　　　　　(b) 90.0 ℃

图 8.1.5　不同温度铝合金图像

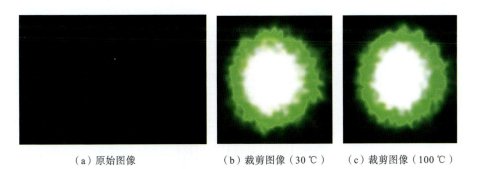

(a) 原始图像　　(b) 裁剪图像（30 ℃）　　(c) 裁剪图像（100 ℃）

图 8.1.12　不同温度图像裁剪前后示意图

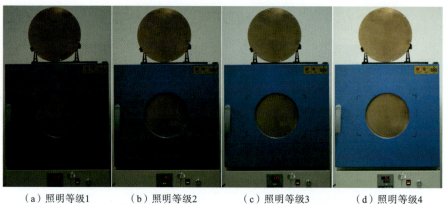

(a) 照明等级1　　(b) 照明等级2　　(c) 照明等级3　　(d) 照明等级4

图 8.3.3　照明等级 1~4 所拍摄的图像(光源位于位置 2)

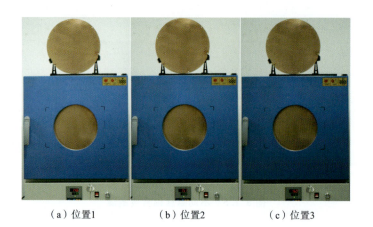

(a) 位置1　　　(b) 位置2　　　(c) 位置3

图 8.3.4　光源位置 1~3 所拍摄的图像(光照等级 4)

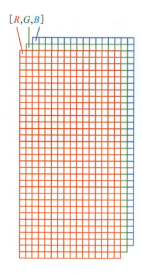

图 9.2.1　RBG 灰度矩阵示意图

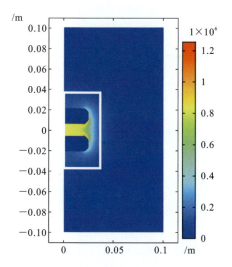

（a）仿真计算出的电场分布云图　　（b）机器训练时的电场分布云图（图(a)中白框）

图 9.3.2　彩色云图库样图

（a）云图库选取的云图 A　　（b）理想化均匀电场云图 M

图 9.3.3　选取云图 A 并获得理想均匀电场云图 M

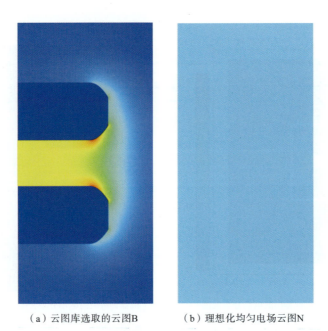

(a) 云图库选取的云图 B　　(b) 理想化均匀电场云图 N

图 9.3.4　选取云图 B 并获得理想均匀电场云图 N

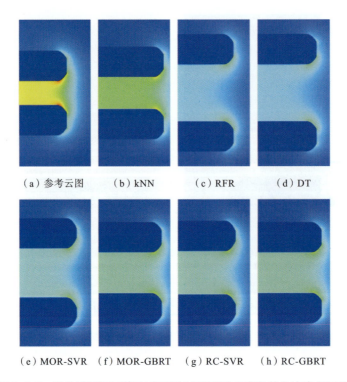

(a) 参考云图　(b) kNN　(c) RFR　(d) DT

(e) MOR-SVR　(f) MOR-GBRT　(g) RC-SVR　(h) RC-GBRT

图 9.3.5　彩色模型不同算法对云图 M 预测形状参数的仿真电场云图

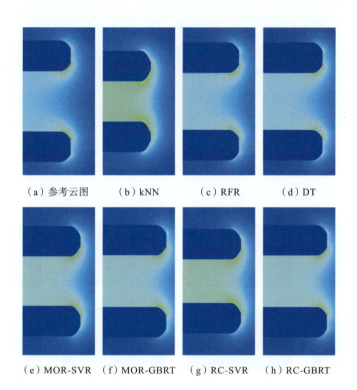

图 9.3.7 彩色模型不同算法对云图 N 预测形状参数的仿真电场云图

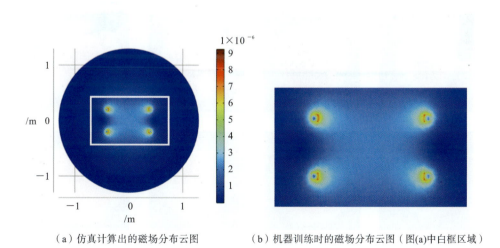

图 9.4.3 磁场分布云图

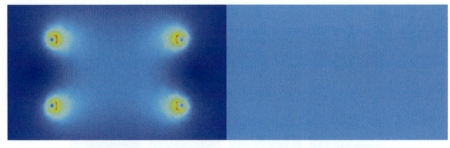

(a) 云图库选取的云图P　　　　　　(b) 理想化均匀磁场云图Q

图 9.4.4　选取云图 P 并获得理想均匀磁场云图 Q

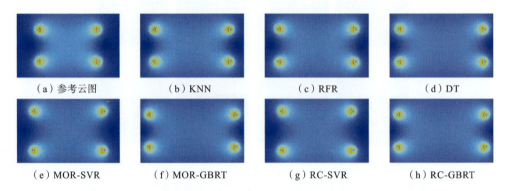

(a) 参考云图　　　(b) KNN　　　(c) RFR　　　(d) DT

(e) MOR-SVR　　(f) MOR-GBRT　　(g) RC-SVR　　(h) RC-GBRT

图 9.4.5　彩色模型不同算法对云图 Q 预测形状参数的 $z=0$ 切面仿真磁场云图

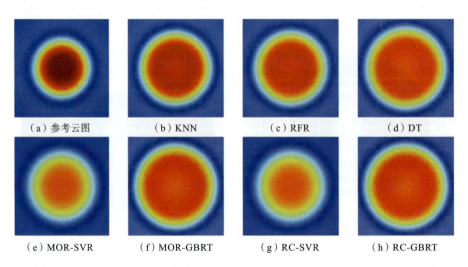

(a) 参考云图　　　(b) KNN　　　(c) RFR　　　(d) DT

(e) MOR-SVR　　(f) MOR-GBRT　　(g) RC-SVR　　(h) RC-GBRT

图 9.4.7　彩色模型不同算法对云图 Q 预测形状参数的 $y=0$ 切面仿真磁场云图

附录 B 课题组在该领域发表的论文和授权的专利

一、授权的专利

[1] 叶齐政，李飞行，胡昱. 一种利用可见光图像色度处理划分电晕放电阶段的方法：中国，201611121473[P]. 2019-5-10.

[2] 叶齐政，郭自清. 一种日光环境下输电设备电晕的可见光图像 RGB 识别方法：中国，201710994649.3[P]. 2020.7.7.

[3] 叶齐政，董轩，王玉伟. 一种日光环境下基于可见光图像诊断沿面放电的方法：中国，201810046906.5[P]. 2021.3.26.

[4] 叶齐政，王玉伟，董轩. 一种诊断电弧放电非热平衡物理特性的方法：中国，201810030349.8[P]. 2019.7.9.

[5] 叶齐政，叶平晓，郭自清，等. 一种基于三基色色度信息和机器学习的放电状态识别方法：中国，201810999419.0[P]. 2020.5.19.

[6] 叶齐政，王明. 一种基于可见光照片的物体表面温度的测量方法及装置：中国，201910449026.7[P]. 2020.8.18.

[7] 叶齐政，程子鹏，聂晓菲. 基于电场强度分布云图色度信息的电极设计方法：中国，202211199254.1[P]. 2022.12.27.

二、发表的论文

1. 数字图像方面

[1] YE Qizheng, ZHANG Ting, LU Fei, et al. Dielectric barrier discharge in a two-phase mixture[J]. Journal of physics D: applied physics, 2008, 41(2): 025207.

[2] YE Qizheng, WU Yunfei, LI Xingwang, et al. Uniformity of dielectric barrier discharges using mesh electrodes[J]. Plasma sources science and technology, 2012, 21(6): 065008.

[3] WU Yunfei, YE Qizheng, LI Xingwang, et al. Classification of dielectric barrier discharges using digital image processing technology[J]. IEEE Transactions on plasma science, 2012, 40(5): 1371-1379.

[4] 于大海，杨苈藜，叶齐政，等. 利用旋转电极形成 50 Hz 带状介质阻挡放电的研究[J]. 高电压技术，2012，38(5): 1114-1119.

[5] 陈田，叶齐政，谭丹，等. 两相体介质阻挡放电中的三种放电形式[J]. 中国电机工程学报，2012, 32(22): 182-187.

[6] 吴云飞，叶齐政，李兴旺，等. 利用不同曝光时间放电图像的灰度直方图识别介质

阻挡放电模式[J]. 高电压技术,2012,38(5):1120-1125.

[7] YE Qizheng, YU Dahai, YANG Fuli, et al. Application of the gray-level standard deviation in the analysis of the uniformity of DBD caused by the rotary electrode [J]. IEEE Transactions on plasma science, 2013, 41(3): 540-544.

[8] WU Yunfei, YE Qizheng, LI Xingwang, et al. Applications of autocorrelation function method for spatial characteristics analysis of dielectric barrier discharge [J]. Vacuum, 2013, 91: 28-34.

[9] 于大海,叶齐政,杨芾藜,等. 图像灰度标准差对介质阻挡丝状放电分布均匀性的定量评价[J]. 中国电机工程学报,2013,33(28):193-200.

[10] 吴云飞,叶齐政,陈田,等. 介质阻挡放电灰度直方图的高斯混合概率模型研究[J]. 中国电机工程学报,2013,33(1):179-187.

[11] YU Dahai, YE Qizheng, YANG Fuli, et al. Influence of a rotating electrode on the uniformity of an atmospheric pressure air filamentary barrier discharge[J]. Plasma processes and polymers, 2013, 10(10): 880-887.

[12] YE Qizheng, LI Xingwang, HU Yu, et al. Research the length of the positive corona using the digital image processing technology[C]//IEEE Dielectrics and Electrical Insulation Society. 2014 IEEE Conference on Electrical Insulation and Dielectric Phenomena. IA: IEEE, 2014: 98-101.

[13] CHEN Tian, YE Qizheng, WU Yunfei, et al. The influence of tube diameter and gas gap on breakdown characteristic of capillary discharge[J]. IEEE Transactions on dielectrics and electrical insulation, 2014, 21(4): 1600-1605.

[14] LI Xingwang, YE Qizheng, GU Wenguo. Statistical evaluation of AC corona images in long-time scale and characterization of short-gap leader[J]. IEEE Transactions on dielectrics and electrical insulation, 2016, 23(1): 165-173.

[15] 郭自清,孙小茹,叶齐政,等. 短间隙放电中的电晕型先导特性[J],中国电机工程学报,2017,37(11):3339-3347.

[16] 李飞行,叶齐政,王玉伟,等. 电晕放电可见光数字图像的RGB色度研究[J]. 中国电机工程学报,2018,38(6):1881-1888.

[17] GUO Ziqing, YE Qizheng, LI Feixing, et al. Study on corona discharge spatial structure and stages division based on visible digital image colorimetry information[J]. IEEE Transactions on dielectrics and electrical insulation, 2019, 26(5): 1448-1455.

[18] GUO Ziqing, YE Qizheng, WANG Yuwei, et al. Study of the development of negative DC corona discharges on the basis of visible digital images[J]. IEEE Transactions on plasma science, 2020, 48(7): 2509-2514.

[19] GUO Ziqing, YE Qizheng, WANG Yuwei, et al. Colorimetric method for discharge status diagnostics based on optical spectroscopy and digital images[J]. IEEE Sensors journal, 2020, 20(16): 9427-9436.

[20] WANG Yuwei, LI Xingwang, GUO Ziqing, et al. Discharge status diagnosis